湛庐 CHEERS

与最聪明的人共同进化

HERE COMES EVERYBODY

人生
十二法则 2

BEYOND ORDER

12 MORE RULES FOR LIFE

[加] 乔丹·彼得森（Jordan B. Peterson）著

史秀雄 张鹏程 杨翊瑄 译

中国纺织出版社有限公司

Jordan B.Peterson
乔丹·彼得森

多伦多大学心理学教授
临床心理学家
大五人格研究专家
曾任哈佛大学心理学系副教授
主要研究变态心理、社会心理以及人格心理学

跨界成长起来的"硬核"教授

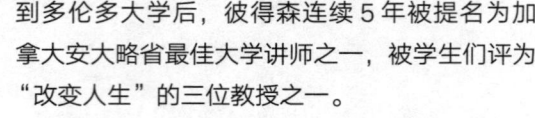

乔丹·彼得森在加拿大阿尔伯塔省北部酷寒的荒原长大,为了生存,他做过洗碗工、加油站员工、厨师、养蜂人、油田工人、铁路工人。因为兴趣,他曾驾驶着碳纤维特技飞机在高空进行过特技飞行,和一群宇航员探索亚利桑那州的一个陨石坑,受邀加入加拿大"第一民族"并获得了族名。

相比丰富多彩的个人经历,彼得森的求学之路与职业生涯则完美展现了一名"学霸"的成长之路。1982年,彼得森获得加拿大阿尔伯塔大学政治学学位。1984年,他获得心理学学位。1991年,他获得加拿大麦吉尔大学临床心理学专业博士学位,之后又在麦吉尔大学做博士后两年。离开麦吉尔大学之后,彼得森移居美国马萨诸塞州并在哈佛大学心理学系担任副教授。1998年起,他以教授的身份在加拿大多伦多大学任教。

深受学生们尊重的"学术咖"

彼得森与哈佛大学、多伦多大学的同事及学生联合发表了100多篇学术论文,推动当代人对人格的理解。他在哈佛大学执教时,入围过极富声望的利文森教学奖。来到多伦多大学后,彼得森连续5年被提名为加拿大安大略省最佳大学讲师之一,被学生们评为"改变人生"的三位教授之一。

1999年,彼得森出版了经典著作《意义地图》。在书中,他运用包括神经心理学、人格心理学、神话学等在内的大量跨学科知识来验证和描述宗教信仰与神话系统的结构。《意义地图》被加拿大公共电视台制作成13集热门电视节目,这也是彼得森成名的开端。

"世界舞台上最重要的思想家之一"

2012年,彼得森开始在美国问答网站Quora上回答问题,迄今为止,他已成为"价值与原则""教养与教育"两大板块下点击率最高的作者之一。而他在Quora上回答"每个人都该知道的最有价值的事是什么"这一问题,更是成为《人生十二法则》诞生的契机。

2013年,彼得森开始将在大学讲课的视频发布到YouTube上;2016年,他开通了播客并将其发布在YouTube上,探讨文化、宗教、神话与哲学等领域的话题,并与世界上许多伟大的思想家对谈,目前视频播放量累计超3亿次。

2018年,彼得森出版了他的第二本书《人生十二法则》,该书通过12条最基本的关于重建生活秩序的人生法则,帮助读者找到摆脱人生困境的方法,甫一出版就风靡全球,雄踞近60个国家的畅销榜,全球销量累计突破600万册。深谙道家哲学的彼得森同时非常看重阴阳平衡的重要性,相信过犹不及,因此又在3年后出版了更为成熟、更具智慧的《人生十二法则2》,这本书振聋发聩地指出,虽然过度的混乱会给我们带来不确定性,但过度的秩序又会制约好奇心和创造力。因此,平衡现实中秩序和混乱两个基本原则才是重要的生活智慧,而我们在划分和追求它们的道路上也会找到深刻的意义。

彼得森在写作《人生十二法则2》时正饱受病痛的折磨,家人也经历了几次痛苦乃至危及生命的手术,这些经历给他带来了更深层意义的启发:在动荡和苦难时期,我们可以从心理学、哲学和人类最伟大的神话和故事中获得启迪与勇气,从而走向更勇敢、更真实和更有意义的生活。彼得森因为在学术领域的卓越建树,以及通过演讲、播客和写作影响乃至改变了成千上万人生活轨迹的社会贡献,被媒体誉为"世界舞台上最重要的思想家之一"。

外硬心软的"严父"

很多看过彼得森视频或者讲座的人都认为彼得森很像自己的父亲。一方面，他严格、权威、要求高而且高度理性；另一方面，他情感丰沛，愿意认真倾听，也发自内心地希望你过得好。

《人生十二法则》出版后，彼得森在全球130多个城市举办了巡回演讲，至少有50%的观众会在演讲后向他表示感谢。他们说，是彼得森教授改变了他们的生活，让他们的人生变好。一位年轻的听众曾告诉彼得森，两年前他刚刚刑满释放，穷困潦倒、无家可归，正是听了彼得森的演讲后才决心改变，如今他已经拥有了满意的工作和自己的公寓，妻子还在不久前生下了女儿。这样的例子不胜枚举。

作为全世界参与人数最多的图书系列巡回演讲之一，彼得森在《人生十二法则2》的巡回演讲中持续发力，以尽可能地指导越来越多的人拥有更好的生活。

此外，彼得森创立的精神健康网站已帮助数万人纠正性格缺陷，深入了解和疗愈自己，改善与他人的关系，从而拥有更好的未来。

致我的妻子塔米·莫琳·罗伯茨·彼得森，

我深爱了她 50 年。

在我看来，无论从哪方面看，

她都令人钦佩。

作者的话

在全球经济受新冠肺炎疫情广泛影响的时期,要写一本非虚构类的书算是一项难以把握的工作。从某种意义上说,在这个艰难时刻思考疫情之外的任何事似乎都很荒谬。可是将当前作品的所有思考都和疫情捆绑在一起似乎也颇为不妥,因为疫情会过去,而日常生活的问题总有一天会回到眼前,也幸好会回来。因此,写作者很容易在此刻犯错误,即要么太过关注难以预料的疫情,写出一本很快就过时的书;要么忽视疫情,把它当作藏在地毯下面的那只大象[①]。在考虑了这些问题并和出版商讨论之后,我决定按照几年前制订的计划来写《人生十二法则2》。冒着犯后一个错误的风险,集中精力解决不局限于当前时代的问题,我想这或许也能让读者们松一口气,把注意力暂时从疫情上移开。

---

① 指一些非常显见却始终被忽视的问题。——编者注

前　言

超越秩序，不要试图控制一切，适度混乱才是最好的

2020 年 2 月 5 日，我在莫斯科的一间重症监护室里醒来，发现自己被一根近 2 米长的绳索绑在床上，因为在无意识状态下，我曾经激动地试图拔掉手臂上的输液管并离开重症监护室。我困惑又沮丧，不知道自己在哪里，周围都是说着外语的人，女儿米凯拉和女婿安德雷也不见踪影。允许探视的时间很短，他们无法在我醒来时陪在身边。我也为自己的处境感到愤怒，因此在几个小时后，冲着来探望的女儿发了火。我感到自己被背叛了，但这和事实完全相反。在异国他乡求医问药面临着许多生活起居问题，而家人一直在尽心尽力地满足我各方面的需求。我对来这里之前的几个星期没有任何记忆，再往前也只是依稀记得 12 月中旬自己曾在多伦多住院。回顾 2019 年最初的日子，我少有的能回忆起的事情之一就是写这本书。

一个难关之后是另一个难关

在我写作《人生十二法则2》期间，家人接二连三地遭遇了严重的疾病。这些情况广受舆论关注，也因此有必要详细说明一下。首先是女儿。2019年1月，她不得不找外科医生更换她大约10年前植入的人造脚踝，因为这个装置的使用情况并不理想，给她带来了严重的疼痛和行动障碍，最终几乎失效。我在瑞士苏黎世的一家医院待了一个星期，陪她做完手术并度过了最初的恢复期。

接着是妻子。3月初，妻子塔米在多伦多做了个常规手术，治疗一种常见且不难治疗的肾脏癌。那次手术切除了她三分之一的肾脏，但术后一个半月我们才发现她其实患的是一种极其罕见的恶性肿瘤，一年内的死亡率接近100%。两周后，医生切除了塔米剩余的三分之二肾脏，以及很大一部分的腹腔淋巴系统。手术似乎阻止了癌症的蔓延，却导致她受损的淋巴系统产生每天多达4升的体液渗漏。这种情况被称为乳糜性腹水，其危险性堪比之前的癌症。我们前往美国费城求助于一个医疗团队，在注射了本来是用于增强磁共振成像的罂粟籽油染色剂之后的第4天，塔米的体液渗漏完全停止了。这个好转刚好发生在我们结婚30周年纪念日那一天。塔米恢复得很快，后来各方面情况都证明她已经痊愈。这个结果既证明了我们的幸运，又证明了她令人钦佩的力量和勇气。

最后是我。在上述一切发生的同时，我的健康状况也每况愈下。我曾在2017年初开始服用抗焦虑药物，因为2016年圣诞节期间我吃的某些食物可能引起了一些自身免疫反应[1]，我对食物的反应给我带来了持续的急性焦

---

[1] 女儿脚踝的损坏与置换也和免疫系统有关，而妻子也有一些类似的关节炎症状，这足以证实我关于免疫反应的猜测。

虑，而且无论盖多少毯子都觉得浑身冰冷。此外，我差不多完全失眠，血压也急剧下降，以至于每当我想站起来时都几乎晕厥，也只能蹲下好几次。医生给我开了一种苯二氮䓬类药物和一些安眠药，安眠药我只吃了几次，因为包括失眠在内的糟糕症状几乎立刻被苯二氮䓬类药物治疗完全根除。我继续服用了整整三年的苯二氮䓬类药物，因为此间我面临着巨大的压力——从一个不知名的大学教授和临床咨询师变成了一个生活跌宕起伏的公众人物，也因为我认为苯二氮䓬类药物像宣传的那样是对人体没有太大副作用的。

然而，当妻子在 2019 年 3 月开始对抗病魔时，我的情况发生了变化。我的焦虑在女儿入院接受手术的过程中激增，因此我让家庭医生给我增加了苯二氮䓬类药物的剂量，以避免焦虑问题干扰我和家人。遗憾的是，剂量调整后我的负面情绪显著增加了。这时候我们正在应对妻子的第二次手术和并发症，我以为这才是焦虑加剧的根源，于是再次提出增加剂量，但焦虑还是进一步增加了。我以为是困扰自己多年的抑郁症倾向复发了[①]，后来才诊断出，问题出在我对苯二氮䓬类药物的逆向反应。于是我在 5 月完全停用了苯二氮䓬类药物，并在一位精神科医生的建议下开始一周两次服用氯胺酮。这是一种非常规的麻醉剂，在有些情况下会对抑郁症迅速产生疗效。但是它给我带来的除了两次持续 90 分钟之久的地狱之旅、强烈的内疚和深入骨髓的羞耻情绪，没有一点积极疗效。

第二次使用氯胺酮之后的几天，我产生了急性苯二氮䓬类药物戒断反应。这种反应痛苦难忍，导致了前所未有的焦虑，带来了医学上称为静坐不能的难以抑制的坐立不安、铺天盖地的自毁欲，以及快乐感的完全丧失。一位医生朋友向我指出突然戒断苯二氮䓬类药物的危险，于是我又重新开始服

---

① 我服用西酞普兰等 5-羟色胺再摄取抑制药近 20 年，极大地受益于这些药物，不过在 2016 年初停药了，因为饮食上的大幅调整解决了问题。

用较小剂量的苯二氮䓬类药物，大多数症状就此得到了缓解。为了对付剩余的问题，我开始服用一种曾经对我有用的抗抑郁药物。然而这种药物却导致我疲惫不堪，每天需要多睡 4 小时或者更长的时间，同时也让我的食欲增加了两三倍。当妻子还处于严重的疾病中时，我的身心问题是个很大的麻烦。

在经历了大约 3 个月严重的焦虑、失眠、食欲过盛和令人抓狂的静坐不能之后，我去了一家声称专门进行苯二氮䓬类药物快速戒断治疗的美国诊所。尽管那里的精神科医生都尽了力，也仅能缓慢地降低我所需的苯二氮䓬类药物剂量以及那些无法控制的负面症状。

尽管如此，我还是在那里住了院，从 8 月中旬妻子术后并发症康复之后的几天开始，一直到 11 月末。当身体状况大不如前的我回到多伦多的家中时，静坐不能已经严重到让我几乎完全无法以任何姿势平静地坐下或休息一小会儿了。12 月，我住进了本地的一家医院，再次有意识时我就已经在莫斯科了。后来我才知道，米凯拉和安德雷在 2020 年 1 月初把我带离了多伦多的医院，因为他们认为我在那里接受的治疗弊大于利，而我在了解详情之后也完全同意这个判断。

我在俄罗斯恢复意识之后发现自己的情况很复杂，因为我在加拿大时患上了双肺炎，但这个病在我进入莫斯科的重症监护室之前并没有被发现和治疗。不过去莫斯科主要是为了用一种在北美不为人知或被认为太过危险的方法戒断苯二氮䓬类药物。由于我完全无法承受苯二氮䓬类药物剂量降低带来的症状，医生让我进入了人工昏迷状态，这样我就可以在最糟糕的戒断症状来临时保持无意识状态。这个过程从 1 月 5 日开始，我在一台呼吸调节机器中躺了 9 天。1 月 14 日，麻醉和气管插管被拔掉，我醒过来了几个小时，并且告诉米凯拉我不再有静坐不能，不过我完全不记得这一段。

1月23日，我被转到了另一间专门进行神经康复治疗的重症监护室，记得我26日醒过来了一阵子，然后就是2月5日的完全清醒。这10天我经历了一段真实且强烈的谵妄，在这之后，我搬到了莫斯科郊外一个比较温馨的康复中心。在那里，我不得不重新学习如何走路、上下楼梯、扣扣子、躺上床和把手放在电脑上打字。我没法看清事物，更准确地说是不知道如何让四肢和看到的东西进行互动。几周之后，当我在感知和协调上的障碍减轻后，米凯拉、安德雷和他们的孩子与我一起迁到了佛罗里达。在经历了莫斯科寒冷灰暗的冬日之后，我们急需在阳光下度过一段安宁的休养时光。此后不久，新冠肺炎疫情就开始在全球范围内引发恐慌。

在佛罗里达，我试着戒掉了莫斯科诊所开的药，不过左手和左脚的肌肉开始有麻木和颤抖的症状，前额也是，同时伴随癫痫症状和严重的焦虑。这些症状都随着药物摄入量的减少而明显增加，大约两个月后，我的用药又恢复到了最初在俄罗斯使用的剂量。这是一次实打实的失败，因为一开始打算减药的乐观动力被打破，我又回到了之前付出沉重代价试图摆脱的药物依赖状态。幸好这期间有家人和朋友陪伴，他们的陪伴让我在愈发难以忍受这些的时候有动力继续坚持下去。5月底，我离开俄罗斯已经有3个月了，情况显然在恶化，继续依靠亲友不是长久之计，对他们来说也不公平。米凯拉和安德雷联系了塞尔维亚的一家医院，它可以用一种新疗法来戒断苯二氮䓬类药物。塞尔维亚因为疫情关闭了边境，允许入境两天后他们就安排行程将我带了过去。

发现混乱中暗含的价值

我并不是想说我和妻子的遭遇蕴含着什么伟大的道理。她的经历真的很糟糕，在半年多的时间里每隔两三天就会严重病危一次，同时我又因为疾病而无法陪伴。而我的痛苦，一是可能失去相识50年、结婚30年的妻子，二是看到这对她的其他家人和我们的孩子带来的巨大影响，三是我自己无意间得上的药物依赖所带来的可怕后果。我不想说我们变成了更好的人，这会让这段经历显得廉价。但我认为与死亡的近距离接触推动了妻子更快、更努力地解决一些精神性和创造性方面的问题，也推动了我坚持创作这本书中那些在最极端苦难之下也依然有意义的文字。我们能渡过难关需要感谢后记里提到的家人和朋友。同时，除了在俄罗斯不省人事的那个月，写作的意义感和沉浸感也给了我活下去的理由和检验过去的想法是否可行的方法。

无论是《人生十二法则》还是这本书，我都没有说过按照我写的法则生活就足够了。**我希望我传递出来的想法是，当混乱降临并将你笼罩，当大自然用疾病"诅咒"了你或者你爱的人，当暴行摧毁了你宝贵的积累时，理解故事的其他部分是有益的。**这些不幸都只是存在于生活这个故事里的苦涩一面，并未必然包含救赎的英雄主义元素，或者充满肩负责任的高贵精神。忽视故事的其他部分对我们来说很危险，因为在如此艰难的生活中，忽视英雄主义元素可能会让我们失去一切。我们并不想这样，所以就要用心打起精神，认真看清一切，用理想的方式生活。

你拥有可以汲取力量的源泉，哪怕它们的作用微乎其微，但可能也够用了。如果你愿意承认自己的错误，就能从中学习。药物和医院触手可及，真心在意你的医生、护士鼓励并支持你走过每一天。你还有自己的人格和勇气，而且哪怕被碾压得快要认输了，你还可以依赖你关心的和关心你的人的人格和勇气。说不定这一切就可以支撑你挺过去。我可以告诉你支撑我的是什么：我对家人的爱，他们对我的爱，亲友的鼓励，以及在深渊中也依然值得为之奋斗的事业。我不得不强迫自己坐在电脑前，逼着自己专注、呼吸，强迫自己在那痛苦和恐惧没有尽头的几个月里不自暴自弃。我几乎差点儿就放弃了。在那几个月中，超过半数时间我都觉得自己会死在医院里。如果我被怨恨之类的情绪征服，也许真的就一命呜呼了。但我没有。

如果我们成为更好、更勇敢的人，是否就有可能更好地面对不确定的未来、恶劣的自然环境、极端的暴行以及人性固有的恶意呢（尽管这也不一定总能拯救身陷困境的我们）？如果我们追求更高尚的价值观，也更加坦诚呢？人生中不就会有更多有益的体验吗？也许当我们的目标足够高尚，内心足够勇敢，对真理的追求足够坚定时，由此产生的美好就不再让恐惧横行？虽然这还不完全对，但也足够好了。这样的态度和行为至少能带来足够的意义感，让我们免于陷入恐惧或被它侵蚀。

我想首先强调秩序，为什么呢？其实不难理解。秩序是已被探明的领域。在有序的环境里，人们可以通过可行的行为造就期望的结果。这样的积极结果说明：第一，人们更靠近自己的目标了；第二，人们对世界运行规律的理论是足够准确的。但即便如此，再使人感到安全和舒适的秩序也都有缺陷。人们永远无法完全掌握面对这个世界的正确方式，因为他们对庞大的未知世界一无所知，因为他们有时会选择性无视，也因为世界在熵增①中变幻莫测。除此之外，当人们不明智地试图消除所有未知时，赋予这个世界的秩序也会僵化。当这种意愿太过激进时，人们就会妄图掌控所有根本无法掌控的事情，进而催生极端主义。这可能会导致一个危险的后果，即心理和社会转变受阻，从而使人无法持续适应不断变化的世界，于是就会不可避免地使人渴望超越秩序，进入混乱之中。

如果说秩序意味着遵照来之不易的智慧去做事，从而达成目标，那么混乱就意味着我们忽视或者意料之外的事物从未知的可能性中跃然眼前。一件事情即使在过去反复发生，也不代表它未来就一定会继续重复[1]，事物永远都有我们不了解和无法预测的一面。混乱是异常的、新奇的、不可预测的转

---

① 熵增是指从有序走向无序的过程。——编者注

变或者中断，而且经常体现为习以为常的事物突然变得不再可靠。有时混乱会温和地展现出它的神秘，让我们充满好奇和兴趣，尤其是当我们带着精心准备和自律主动接近它时。也有的时候，未知会以可怕的方式突然袭来，摧毁我们的世界，之后即使有可能重建秩序也需要花费极大的努力。

秩序和混乱的状态本质上没有高下之分，也不应这么看问题。在《人生十二法则》里，我更多地关注了如何应对混乱过多的问题[2]。面临意外和突变时，人们在生理和心理上都会做最坏的打算；而人类所知有限，所以只能为所有可能性做好准备，问题是，一直不断地过度准备会耗尽自我。但这不意味着混乱应该被消除，况且本来也做不到，而是应该像《人生十二法则》反复强调的那样，小心管理混乱。缺乏变化的事物会停滞；缺乏向往未知的好奇心本能，人生也会变得不那么值得过。新事物令人兴奋、向往又充满挑战，只要它的产生速度不至于动摇或者破坏我们的存在状态，就是有益的。

如同《人生十二法则》一样，本书阐释的法则都来自最初发表在问答网站 Quora 上的那个"42 条法则清单"。和前者不同的是，《人生十二法则 2》主要是讨论避免太多安全和控制所能带来的好处。我们所知远远不够，正如当努力控制的事情失控时，我们才会发现自己知晓得太少，因此我们需要一只脚踏在秩序里，另一只脚试探性地伸向超越秩序的地方。我们不得不去探索和发现最深刻的意义，以克服恐惧并学习那些我们尚未接纳和适应的事物。这种追求意义的本能比单纯的思考要深刻得多，它能给生活带来方向感，既可以让人们不至于被未知淹没，又可以避免被过时、狭隘或者自以为是的价值体系愚弄和阻碍。

我具体写了什么呢？法则一描述了稳定有序的社会结构和个人心理健康之间的关系，并提出社会结构如果要保持其活力，就需要有创造力的人去更新它。法则二分析了一个历史悠久的炼金术形象，借多个古今故事来阐明人格整合的本质和发展过程。法则三对逃避痛苦、焦虑和恐惧等负面情绪背后的信息提出了警告，因为这些信息对维持心理活力至关重要。法则四认为支撑人们渡过难关的意义感并不来自转瞬即逝的快乐，而源于主动对自己和他人承担起成熟个体应有的责任。法则五借助我在临床心理学工作中的一个例子说明了关注良知对个人和社会的必要性。法则六描述了将复杂的个人和社会问题归因于性别、阶级和权力等单一变量的危险。法则七讨论了坚定目标努力奋斗和锻炼逆境中坚忍不拔的品质之间的重要关系。法则八关注了审美体验的重要性，因为它是寻找人类经验世界中真、善与恒久的指南。法则九讨论了如何通过主动的语言探索和梳理来消除回忆中挥之不去的痛苦和恐惧。法则十指出了坦率交流对于维持友善、相互尊重和真诚合作，尤其在维系亲密关系问题上的重要性。法则十一描绘了人类经验世界中三个常见且危险的心理反应模式、陷入其中的灾难性后果，以及避开它们的不同方法。法则十二指出在面对生活中不可避免的悲剧时，感恩之心是人生苦旅中道德勇气的主要体现。[1]

在阐述这十二条法则时，我希望自己多多少少比四年前写《人生十二法则》时更智慧了一点，尤其是有赖于在分享过程中通过线上与线下活动获得的大量宝贵反馈。希望这可以让我澄清那些在《人生十二法则》里没有讨论到位的问题，同时继续提出具有原创性的思想。最后，我也希望这本书会像《人生十二法则》那样带给读者启发。许多人从我有幸分享的思考和故事中汲取了力量，这给我带来了莫大的满足。

---

[1] 值得一提的是，虽然这本书和《人生十二法则》各成一体，但它们在设计上同时体现了两本书中共同描绘的平衡。至少就英文版来说，第一本的封面是白色的，第二本是黑色的，形成了如同道家阴阳一样的匹配组合。

有效的人生法则，你掌握了吗？

扫码鉴别正版图书
获取你的专属福利

- 乔丹·彼得森是哈佛大学前心理学副教授、世界上最重要的思想家之一，他自己曾被抑郁症困扰多年，还一度陷入了药物依赖，这是真的吗（ ）

  A. 真
  B. 假

想知道你掌握了
多少有效的人生法则吗？
扫码测一测，
立即获取答案及解析。

- 关于实现理想自我的做法，以下正确的是（ ）

  A. 确立一个深刻、高尚而又宏伟的目标，然后全力以赴地奔向它
  B. 不要困在一个目标上，要不断地尝试新目标
  C. 忘掉你恐惧和不愿面对的事，只着眼于那些让你快乐和兴奋的事
  D. 教条般地模仿经典故事中英雄人物的人生轨迹

- 以下人生忠告中哪一条有待商榷（ ）

  A. 你愿意承担多少责任，就会获得多少人生意义
  B. 浪漫不仅是一种关系，更是一种能力
  C. 用美感让生活更美好
  D. 只有承蒙生活的善待时，我们才应该保持感激

目 录

法则一　懂得维护传统，也敢大胆创新　001

心智健康与社会关系　003
自下而上建立的等级结构　010
保持新手心态　015
服从是创造的前提　023
人格等级与转变潜能　029

法则二　正确的自我叙事，让你成为更好的自己　037

你是谁，你可以成为谁　039
以故事指引人生　042
找到你的志趣与潜能　044
在直面痛苦中整合自己　050

迈向了不起的目标	056
如何行动	060

法则三 / 做好生活中不断重复的事情　　065

那些终将摧毁你的小问题	067
忠于感受和真相	075

法则四 / 你愿意承担多少责任，就会获得多少人生意义　　083

做个有用的人	085
在困苦中激发潜能	087
拯救你的父亲	091
为未来，时刻准备着	096
主动挑起额外的重担	100

法则五 / 听从你的内心，勿以恶小而为之　　107

拒绝荒谬	109
坚定你的立场	114
投身理想之地	117

法则六 / 远离空谈，实干才能通向幸福   **121**

如果关心放错了地方   123
别将复杂问题归于单一变量   126
不再怨恨   133

法则七 / 在至少一件事上尽力而为，帮你在迷茫时发现出路   **137**

热量与压力的价值   139
最坏的决定就是不做决定   142
自律与整合   144
恪守与超越   147

法则八 / 用美感让生活更美好   **151**

将美感带入生活   153
保持童真之眼   155
主动探索未知   162
捍卫你的创造性行为   166
跟随美的召唤   171

法则九 / 把害怕和痛苦表达出来，跨越那些想要遗忘的回忆   **175**

往事依旧缠着你吗   177
重新审视内心的伤痛   180

摆脱心魔	182
用书写更新人生地图	191
将潜力转化成现实	194
用语言治愈自我	196

法则十 / 浪漫不仅是一种关系，更是一种能力 201

无法忍受的约会	203
婚姻是践行誓言	208
商讨、暴政和奴役	213
经营幸福的家庭	220
永远不要忽视浪漫	224

法则十一 / 不要用恶意对抗恶意 229

故事是理解世界的关键	231
构成世界的永恒元素	236
化解怨恨	255
摆脱欺骗和傲慢	258
你该追寻的方向	265

法则十二	不要怨恨世界给你的苦难，用感恩和自己的内心和解	267
	超越痛苦	269
	抵御梅菲斯特的诱惑	271
	面对沧桑人生的最好态度是感激	276
	勇气之上，还有爱	279

后 记	283
注释与参考文献	289
译者后记	297

BEYOND ORDER

法则一

————

**懂得维护传统，
也敢大胆创新**

局限、约束和武断的界线
尽管都是
令人害怕的规则,
却既能确保社会与心智的和谐,
又能打开
用创造力更新秩序的
可能性。

心智健康与社会关系

我为一位独居的来访者进行了多年心理咨询[①]，他的孤立不止体现在居住状况上。他和家人的关系很淡漠，两个女儿都已经出国，和他少有联系。妻子已于多年前去世，他除了关系疏远的父亲和姐姐就没有其他亲戚了。在向我咨询的 10 多年里，他唯一努力建立的是和新伴侣的关系，但这段关系也因为伴侣在车祸中丧生而不幸终止。

刚开始咨询时，我们的对话很尴尬。他对社交互动中的微妙之处并不敏感，言谈举止都缺乏社交老手那种舞蹈般的协调节奏。他小时候经受了父母的严重忽视和刻意否定。他的父亲很少在家，既不在乎家人又有施虐倾向，而他的母亲长期酗酒。他在学校里也一直被折磨和骚扰，从未遇到过真正关注他的老师。这些经历让他一直偏抑郁，或者至少放大了先天的抑郁倾向。因此，当他感到在对话中被误解或者被突然打断时就会变得言语生硬、情绪波动大且易怒。这样的反应导致他在成年后，尤其是在工作中也持续被别人欺凌。

[①] 为保护来访者的隐私，我对心理咨询案例的内容进行了修改，但同时也会尽量保证故事的完整性。

但我很快注意到，如果我大多数时候都保持沉默，我们的咨询就会进行得很顺利。他会每周或每两周见我一次，跟我讲述过去一周或两周里的遭遇和困扰。在一个小时的谈话里，如果我前面 50 分钟都保持安静、认真聆听，那么剩下的 10 分钟里我们就能以相对正常和有来有往的方式交谈。忍住不说话对我来说并不容易，但是在为他咨询的 10 多年里我逐渐学会了保持沉默。不过随着时间的推移，我注意到他讨论负面问题的时间变少了。我们的对话，或者说他的独白，通常都以他的抱怨开始，而且很少涉及其他问题。但他在咨询之外做了许多努力，结交朋友、参加音乐节之类的艺术活动，也重拾了荒废已久的作曲和吉他演奏。在有了更多社交之后，他也开始对自己提到的问题有了更多的解决方案，同时会在咨询的后半段分享更多生活中的积极体验。这个过程虽然缓慢，但一直在持续。他一开始见我时，无论在咖啡店还是任何公共场合，都没法像正常人一样交流，总是陷入沉默。当我们最终结束咨询时，他已经可以在一小群观众面前朗读自己的原创诗歌了，甚至还尝试了去讲脱口秀。

这位来访者的故事在个人和实践层面都是典范，指出了一个我在自己超过 20 年的心理咨询工作中逐步意识到的事实：人们需要持续的人际沟通来维持心智的秩序。

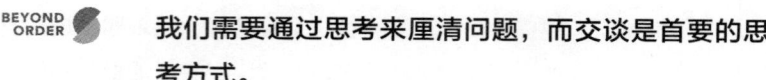 **我们需要通过思考来厘清问题，而交谈是首要的思考方式。**

我们需要讨论过去，这样才能区分哪些是琐碎或者过分夸大的困扰，哪些又是真正重要的体验。我们需要讨论当下的本质和未来的计划，这样才能知道我们在哪里、要去哪里，以及为什么要去那儿。我们需要让他人了解和判断我们构想的策略方法，这样才能保证其效率和韧性。我们也需

要一边表达一边观察自己，这样就能把模糊的身体反应、动机和情绪变得清晰有序，摈弃那些夸大和非理性的担忧。我们需要交谈，既为了记住也为了忘记。

我的这位来访者非常迫切地需要有人聆听他，也需要充分加入其他更大、更复杂的社会群体当中。他在咨询时和我一起计划了这些事情，然后独自去生活中将它实现。曾经的孤独和糟糕境遇会让他轻视人际互动和关系的价值，如果他真的就此放任自流，之后就会很难重建自己的健康和幸福。幸好，他学会了联结，拥抱了世界。

伟大的心理学家西格蒙德·弗洛伊德和卡尔·荣格指出，心智健康是个体心理的特征。他们认为，人的调适水平取决于人内在的各个子人格是否得到恰当的整合与平衡的表达。本我（id）[①]是心理的本能部分；超我（superego）是内化的社会秩序，有时具有压迫性；自我（ego）是人格的本体，挤在本我和超我这两个不可或缺的暴君之间。弗洛伊德是最早提出这个体系的人，他认为每个部分都有其特别的功能。本我、自我和超我之间的互动就像现代政府里行政、立法和司法部门的关系一样。荣格虽然深受弗洛伊德的影响，却从不同的角度解析了心理的复杂性。他认为个体必须要在阴影（人格的阴暗面）、阿尼玛或阿尼姆斯（人格中通常被压抑的异性面）和自我（内在的理想化存在）之间找到合适的位置。无论从弗洛伊德还是荣格的体系来看，这些部分的共性在任何环境中都存在于人的内在。但人是社会性动物的优秀代表，所以外在的社会性世界里也蕴藏着丰富的智慧和指导思想。当我们可以在新领域里依赖他人努力树立的路标来确认方向时，为什么还要靠自己有限的资源来记路呢？弗洛伊德和荣格都强烈地关注个体的自主

---

① id 是德语中的 it，代表了存在于我们内部充满力量和陌生感的自然。

心理，而忽视了社群在维护个人心理健康中的角色。

因此，每当我开始接待新的来访者时，都会从几个与社会生活高度相关的维度来评估他们的情况：他们接受的教育是否跟得上其智识能力和目标？他们的业余时间是否过得精彩、有意义和有价值？他们是否对未来进行了清晰可行的规划？他们以及身边的人是否正经受着严重的健康或者经济问题？他们是否有朋友和社会生活？他们有没有稳定幸福的亲密关系？他们有没有紧密健康的家庭关系？他们有没有工作或者事业可以提供充足的收入、稳定感、满足感和机遇？如果这些问题里有超过三个以上的答案是否定的，我就会认定来访者与人际世界的融入是不充分的，也因此面临着心理状况恶化的风险。每个人的存在都不是基于纯粹的个体意识，而是和他人共存的。如果一个人对待他人的方式可以保持最低限度的适当性，那么哪怕他自己有点问题也无妨。简单地说，就是我们将自己的心智健康问题外包出去了。

 人们之所以能保持精神健康，不仅因为他们心智完整，也因为他们被身边的人不断提示着应该如何思考和处世。

言行恰当的标准非常明确，当你开始偏离标准时，人们就会做出反应，在问题变得太过严重之前，通过哄劝、嘲笑、敲打和批评来让你恢复原样。他们可能会皱起眉头，可能会微笑或者板着脸，也可能会选择关注或者忽视你。换句话说，如果人们愿意和你相处，他们就会持续地提示你不要乱来，要求你拿出最好的表现。你唯一需要做的就是观察、聆听并且恰当地回应这些提示，也许这就足以让你保持积极向上了。因此，哪怕社交经常带来焦虑和挫败，你也有足够的理由去向往沉浸于他人的世界，无论是家人、朋友还是敌人。

但是在哪些社交行为可以支撑心理稳定性的问题上，人们是如何达成广泛共识的呢？人心如此复杂多变，要达成共识几乎是不可能完成的任务。"我们该追求这个还是那个？""这部分工作的价值和其他部分如何比较？""谁的能力更强、更有创造力和主见，配得上拥有权力？"要回答这些问题，就必须对个人行为准则以及合作与竞争进行大量商讨。我们珍视和在意的事物被写入社会契约当中，融入对服从与违背的赏罚里，提示人们什么是最重要的，该关注什么，该追求什么。遵守这些提示在很大程度上就能带来心智健康，而且是每个人从生命早期开始就必须要做的事情。如果没有社会关系的调节，人们就很难调整好自己的内心，也会被世界压垮。

我幸运地在2017年8月有了一个外孙女，她的名字叫伊丽莎白·斯嘉丽·彼得森·科里科娃。我一直很关注她的成长，并努力理解和配合她的想法。她在一岁半时会有各种让人忍俊不禁的行为，比如被戳到的时候咯咯地笑、击掌、顶脑袋、蹭鼻子。但在我看来，她这个年纪最值得关注的动作是指向。

她发现了自己食指的存在，然后用它来指认所有她认为有意思的事物。她对此乐此不疲，尤其是在自己的指向引来身边大人的关注时。这在某种程度上表明她的行为和意图是重要的，至少可以理解为一种迫使他人关注的行为倾向。她对这个行为的喜欢毫不令人意外。我们在个人、社会和经济层面都在努力争夺注意力，注意力的价值比任何货币都大，而失去了它，儿童、成人和社会都会枯萎。让他人关注到你在意或感兴趣的事物能确认两件事：第一，是你关注的事情的重要性。第二，也是更为关键的一点，是确认你的个体意识得到了尊重，你也是集体世界的贡献者。指向行为也是语言发展的重要前提。找到词语命名某种事物，本质上就是指向它，将它与其他事物区分开来，为个人或社会所用。

我的外孙女总是夸张地指向事物，在伸手的同时立刻观察身边人的反应。指着没人在意的事物是没有意义的，所以当她把食指指向某个她感兴趣的东西时，会立刻环顾四周看看别人是否也有兴趣。年幼的她由此学会了重要的一课：如果你与他人交流的事物不能吸引人，那么你交流的价值，甚至是你存在的价值都可能为零。通过这样的方式，她开始深入地探索家庭和更广泛社会里复杂的价值体系。

斯嘉丽正在学说话，这也是一种更为复杂的指向和探索形式。每个词语都有所指向，同时会简化或者概括事物。命名一个事物不仅让它从无数可以命名的事物当中脱颖而出，同时也将它与许多其他现象组合或归类，从而明确它的广泛用途和价值。我们会用"地板"这个词去描述所有不同类型的地板，比如混凝土、木头、泥土或玻璃地板，更不用说脚下无数种颜色、材质和色调的地板了。这是一种低分辨率的描述方式，只要它能支撑我们在上面行走，并且位于建筑物内部，那么它就是地板，这么说就足够准确了。这个词将地板和墙壁区分开来，同时又简化了这个概念的多样性，涵盖所有平坦、稳定和可行走的室内表面。

人们使用的词汇在主观层面是构建经验的工具，同时也是由社会选定的。当所有人都认为地板是个足够重要的概念时，人们才会为之指定一个词语。

 命名事物以及就名字本身达成共识，都是将无限复杂的现象和物理世界简化成功能性的价值世界的过程。要进行这种简化和精确化，就必须和社会制度不断互动。

社会帮人们精简和界定这个世界，标出重要的事物，但"重要"是指什么呢？又如何判定什么是重要的呢？个体是由社会塑造的，而社会制度也被参与其中的个体所影响。人们必须满足自己生活的基本需求，离不开食物、水、清洁的空气和住所，同时还存在一些更隐性的需求，如陪伴、玩耍、触摸和亲密，这些都是生理和心理上的必需品。人们需要在世界上标记和利用能满足这些需求的元素，而人的社会性又给这个过程进一步增加了难度。没人能够独自生活，所以一个人满足自己生理和心理需求的方式也必须是可以被他人接受的，解决基本生存问题的方案在社会关系层面应当行得通。

有效可行的解决方案会被哪些因素局限，是个值得进一步思考的问题。第一，如之前所说，一个方案必须能够解决某个实际问题。第二，相比其他竞争方案，它要足够吸引人，否则就会招致不合作和反对。确立个体衡量价值的方式时需要考虑他人的利益，不能只考虑怎么对自己好。但这还不够，我们在如何感知世界和采取行动方面还面临着更多制约。个体评估世界的方式必须对自己、家人以及社会都适用，而且当下的效用不能以明天、下周、下个月、明年或者更长远的未来为代价，简单来说就要兼顾其可持续性。

这些普遍存在的制约将复杂的世界简化为一个可以大致被广泛理解的价值体系。这一点异常重要，因为问题有无限多，潜在的解决方案也有无限多，但能在实际操作、心理和社会层面行得通的方案的数量相对有限。这种有限性暗示着某种自然伦理的存在，它虽然是可变的，但也像人类语言一样在多样性背后存在着普遍的根基。由于这种自然伦理的存在，对社会制度的轻率否定是一个危险的错误。因为社会制度在解决生命延续的问题中不断进化，这些制度绝非完美，而让它们更加完善也是个非常棘手的挑战。

因此，人们需要将世界的复杂性缩略为一个单一的点，这样才能在行动的同时考虑到自己和他人的未来。这要如何做到呢？要沟通和商讨，并将极度复杂的认知问题外包给外部世界。所有的社会成员都通过语言来合作和竞争。当然，语言并不是合作和竞争的唯一途径。语言由人们共同创造，其使用方式需要被所有人接受。

> 帮助人们划定世界的语言框架是由社会构建的价值决定的，也同时被现实的残酷性所约束。

这一框架会使社会价值的形态处于清晰、实用和有建设性的等级化形态而非任意形态。

人们只有完成了一些重要任务之后，才能避免死于饥渴、危险或者孤立。完成这些任务需要明确的计划和充分的能力，计划的执行也需要在他人的合作下进行，哪怕他人也会和你竞争。同时，人们解决问题的能力会有高下之分，问题也会多种多样，而这必然会导致基于目标实现能力的等级制度的产生。这种制度实质上就是社会为了成功完成必要的任务而创造的工具，作为一种必需的存在，它也让进步与和平共存。

自下而上建立的等级结构

塑造社会的价值包含着明确或隐含的假设，经过数百万年的发展，人们对这些假设达成了共识。毕竟，如果"你应该怎么做？"是一个短期问题，那么这个问题的长期版本就是"你应该怎么生存？"。因此，一种有效的思考方式是回顾遥远的过去，沿着进化链回到最基本的地方，去探寻价值判断是如何建立的。系统发育史上最古老的多细胞生物通常由相对未分化的感知运动细胞构成。[1] 这些生物将环境的某些事实特征直接映射到细胞上，而且基本一一对应。刺激 A 带来反应 A，刺激 B 带来反应 B，没有混淆。自然界中那些较大型且容易识别的生物分化程度更高，构造更为复杂，而它们的感知和运动功能也有了分化和分工，于是承担前项功能的细胞负责侦测外部世界的形态，承担后项功能的细胞负责运动输出的模式。这种分化让生物可以识别更为多样的信息，也可以产生更多种行为反应。还有一类细胞是神经细胞，它们是感知和运动细胞之间的运算中介。对拥有神经系统的生物来说，相同形态的输入可能会因为环境或者生物内部状态的变化产生不同的运动输出。

随着神经系统的复杂化，神经中介层次不断增加，生物对简单事实做出的行为反应变得越发精密、复杂和难以预测。相同的事物或情境可以有不同的感知方式，同样的感知方式也能让不同事物产生不同行为结果。比如，同类动物实验中每次的受试情境再接近，对动物的控制再彻底，也很难让它们产生可预测的一致反应。感知与行为之间的神经组织分层越多，它们的分化就越明显。饥渴和攻击性等基本的动机系统会产生驱动力，从而进一步加大感知和行为的特异性和可变性。接下来取代动机但界线不明显的是情绪系统。认知系统则在进化中出现得很晚，最开始体现为想象力，后来在人类当中体现为成熟的语言能力。所以在最复杂的生物当中存在着从反射到驱动再到语言化行动这样一个等级化的结构，只有这个结构的组织明确了，才能作为一个整体指向特定的目标。[2]

这个自下而上出现的等级结构在漫长的进化过程中是如何建立起来的呢？答案已经说过了，是通过不断地合作与竞争，在生存和繁衍过程中对资源与地位的不断争夺而形成的。这个过程既发生在漫长的进化过程中，也发生在每个个体短暂的生命里。不同生物在争取地位的过程中被分配到不同的等级位置，这些无处不在的结构决定了生物住所、食物和配偶等重要资源的获取。

> **但凡具有一定复杂性和基本社会性的生物都拥有并清楚自己的位置。社会性生物都通过其他同类的价值判断和自己的地位来建立对价值的精确理解。**

一言以蔽之，将事实转化为行动的内部等级体系，反映了外部的社会组织等级制度。以黑猩猩部落为例，黑猩猩对自己所处的社会环境和等级分层有着非常细腻的理解，它们知道什么资源重要，而谁又有特权获取。它们对这些细节如生死般重视，而其生死也确实取决于此。[3]

新生儿具有特定的反射，比如吮吸、哭泣和惊吓。人类以此为起点，在成熟过程中发展出大量行为技能。在两岁或更早的时候，孩子就能用感官定位、直立行走、充分利用带有对生拇指的双手，并且通过语言和非语言沟通表达愿望和需求等。所有行为能力都被整合到愤怒、悲伤、恐惧、喜悦等复杂的情绪和动机当中，被有组织地用于满足儿童当下的具体需求，并逐渐在对长期目标的追求上激发它们。

发育中的婴儿还需要学会协调自己当下的主要动机和其他需求之间的关系，比如进食、睡觉和玩耍的愿望必须学会共存，才能皆可满足。同时，婴儿也需要协调自己的需求同社会环境的要求、规范和机会之间的关系。这种学习和完善的过程始于孩子和母亲的关系，以及在其有限接触的社会环境里自发的玩耍行为。随着孩子的成熟，当他的情绪和动机可以被归纳为一个有意识、可表达的抽象目标中时，比如"我们来玩过家家吧"，他就准备好和其他人玩耍了。这种玩耍也会随着时间的推移变得越发复杂和成熟。[4]

就像发展心理学家让·皮亚杰所观察的那样，玩耍行为的前提是孩子和玩伴拥有共同的目标。[5]树立共同目标以决定游戏的要点，将实现目标所要遵守的规则与之结合在一起就形成了一个真正的微观社会。所有的社会均能被视为这种游戏的变体，也就是"E pluribus unum"①。因此，社会要保持健康运转，其基本规则就必须建立在随时随地都要求公平互惠的原则之上。游戏和解决问题的方案一样，都必须可重复才能经久不衰，因而就需要一些原则来支撑。例如，皮亚杰认为自愿进行的游戏要比在武力胁迫下进行的游戏更为持久，因为无论游戏的性质如何，一部分本可以花在游戏本身的精力都被浪费在了强迫进行这一行为上。有证据表明，这样的自愿游戏行为同样存在于人类的近亲物种里。[6]

公平游戏的普遍原则包含了在合作与竞争中对情绪和动机的调节能力，以及在不同情境下建立互利关系的能力与意愿。而且生活更像是一系列游戏，不同游戏之间各有异同，不然也就没必要存在多个游戏了。从根本来说，游戏都有起点，比如幼儿园，0比0的比分，首次约会或入门级的工作等。从起点开始，人们需要遵循一定的方法来不断进步，并且试图实现特定的目标，比如从高中毕业，赢得比分，结婚或者事业有成等。因为这种共性，所有游戏都会自下而上地产生一种规则，或者说一种元规则，即最好的玩家不是某个单一游戏的赢家，而是被最多人邀请参与最多游戏的人。也许你现在还不能完全理解这一点，但正因如此，你才会和自己的孩子说："输赢不重要，重要的是你玩游戏的方式！"

---

① 拉丁文，意为"合众为一"，被广泛应用。

有意思的是，连老鼠都明白这个道理。极富创造力、勇气和天赋的学者雅克·潘克赛普（Jaak Panksepp）创造了一个叫情感神经科学的心理学子领域。他花了许多年研究游戏行为对老鼠的身体发展和社会化的影响。老鼠喜欢游戏，尤其是雄性幼鼠特别喜欢粗暴地打闹，以至于它们愿意通过主动工作（比如反复拉一个杠杆）来获得和另一只幼鼠玩闹的机会。

当两只幼鼠初次见面时，它们会估量彼此的能力并且确立一方的支配地位。如果一只幼鼠的体格比另一只大10%，那么它在每一次打闹中都会获胜，这个结果由实际的摔跤来裁定，更大的那只总会将对手压倒在地。如果你倾向于认为等级制度的建立等同于权力支配，那么更大、更有力量的老鼠肯定会胜利，故事也就结束了。但是除非两只老鼠只见一次面，不然故事绝对没有这么简单。

老鼠生活在社会环境里，会和同一批同类反复互动，所以游戏一旦开始就会继续下去，那么规则管理的就不是单个游戏，而是连续反复的游戏。当支配一方的地位建立之后，老鼠就会开始打闹，其方式和真正的打斗非常不同，就像和宠物狗打闹与被狗袭击很不同一样。更大的老鼠每次都能将对手压制，但这会打破元规则，也就是只在重复的游戏中可见的规则。

重复游戏的目的不是支配，而是让游戏持续下去。这并不是说最初建立的支配与被支配地位没有意义，因为当两只老鼠第二次见面时会各自扮演上次确立的角色。弱势的一方会承担起邀请强势的一方来玩耍的责任，强势的一方则有义务接受邀请。前者会欢快地跳来跳去，展现自己的意图。后者会行使自己的特权，表现出很酷和有点不屑的样子，而如果它是一只正派的老鼠，那就会同意游戏，因为它确实也想玩耍。但一个非常关键的问题是，强势的老鼠必须让弱势的老鼠在相当比例的摔跤次数中获得胜利（潘克赛普估计比例是 30% ～ 40%），否则弱势的老鼠就会不再有邀请行为，因为游戏对弱势的老鼠来说不好玩了。所以，强势的老鼠虽然可以仗着力量大欺负弱势的老鼠，却会在"让游戏尽可能持久"这一最高层面上输掉游戏。这意味着什么呢？最重要的一点是，力量差异无法稳定支撑起一个等级制度，让持续互动保持在最优水平。

不仅是老鼠，一些灵长类动物群体中的阿尔法雄性也比比它们更弱小的同类更具社会性。它们靠的也不是力量。

何种游戏方式才能让你变成最受欢迎的玩家？培养怎样的内在品质才能实现这样的游戏方式？这两个问题是相互关联的，因为只有当你持续练习正确游戏的艺术时，相应的内在品质才能形成，并且能帮你越发熟练精准地游戏。你可以在哪里学习如何玩耍呢？如果你足够清醒，哪里都可以。

保持新手心态

身处等级制度的基层也有好处，因为可以培养感恩和谦逊的品格。说感恩，是因为他人的某些专长在你之上，你应该为此感到欣慰。世界上众多问题的严峻性和复杂性创造了许多亟待填补的空位，有能力可靠、经验丰富的人来填充这些位置是一件值得感恩的事情。说谦逊，是因为自以为是会导致盲目，而预设无知才会促进学习。你应该和比你懂得多的人而不是和你懂得一样多的人交朋友，因为世界上前者数不胜数，后者则数量有限。

BEYOND ORDER 有时你会被自己不知不觉中顽固保守的假设逼入困境，而能拯救你的唯有那些你尚未知晓的事物。

保持初学者的状态也有好处。塔罗牌深受直觉主义者、浪漫主义者、算命先生和骗子们的喜爱，塔罗牌中的"愚者"这张牌代表的是积极，法则一开头的插画就是它。愚者是一个帅气的年轻人，他正在山中旅行，阳光照耀在身上，而他视线朝天，即将从悬崖踏空跌入山谷中。而他的优势也恰恰在于这种敢于跌落谷底的意愿。人只有在做愚蠢的新手时才能学习，所以荣格将愚者原型视为救赎者原型的前身，而救赎者原型象征着完美的个体。

愚蠢的新手不得不一直保持对自己和他人的耐心与包容。他人有时会将他展现的无知、生涩和无能归结于不负责任，这样的谴责或许有道理，不过将愚者的不足视为道德上的堕落，不如理解为这是他的脆弱本质带来的必然结果。伟大的人都是从渺小、愚昧和无用开始成长的。这个道理贯穿了流行文化和经典传统文化，比如迪士尼的匹诺曹与辛巴，还有J.K.罗琳笔下的哈利·波特。匹诺曹开始是个没有头脑、任人摆布的木偶；狮子王曾是个天真的幼崽，被他邪恶作乱的叔叔当作棋子；学习魔法的哈利·波特则是个没人爱的孤儿，睡在脏兮兮的柜子里，被伏地魔视为死敌。伟大的神话英雄们也通常都出身卑微，比如来自奴隶家庭或者低贱地诞生于马槽中。他们也经常面临巨大危险，比如法老刚好决定杀死某个民族的所有长子，或者大希律王颁布了类似法令。但今天的新手就是明天的大师。

BEYOND ORDER **哪怕是最成功的人，只要希望成就更多，都应该保持新手心态，努力、谦虚、谨慎地投身游戏，为下一步发展做好准备。**

我在写这一法则时和家人去过多伦多的一家餐厅，当我们准备就座时，一位服务员问我可否与我说几句话。他告诉我他一直在看我的视频，听我的播客，读我的书，也因此改变了对自己这份社会地位低微但必不可少的工作的态度。他不再自责或者抱怨工作，而是选择心存感恩，并努力把握眼前的机会。他决定试试，看自己用勤劳苦干可以换来什么。最后，他带着真诚的笑容告诉我，他在6个月内已经被晋升了3次。

这个年轻人已经意识到他的处境暗含的机会比他最初看到的要多，尤其是先前身处底层的怨恨和悲观会遮蔽他的视野。餐厅并不是一个简单的地方，况且这家餐厅属于一个全国性的大型高端品牌。服务员想在这里做好工作就必须和厨师们搞好关系，而厨师是公认的不好相处。另外，他还必须礼貌待客、集中注意力，同时适应餐饮业潮汐性的工作节奏。他必须准时到岗、头脑清醒，无论对上级经理还是下级洗碗工都保持尊重。在一个运作良好的公司里，他只要做到了这些，就会很快变得难以替代。顾客、同事和老板都会对他越来越好，也会出现一些意外的新机会。此外，无论他决定继续在餐饮业奋斗、求学深造还是转行，他所积累的技能都可以继续发挥价值。就算转行，雇主的好评也会大大拓宽他后面的道路。

这个年轻人自然也对自己的转变感到非常开心。他的快速晋升有效消除了他对自己职级的担忧，而薪水的增加也令人欣慰。他通过接纳自己的新手角色实现了超越。他不再对环境和同事关系悲观，而是接受了等级安排和自己的职位，看到了之前因骄傲而看不到的机会。他不再诋毁自己所属的等级架构，尽职尽责，而这种怀着谦逊的成长带来了很大的回报。

平等的必要性

做新手是好事，而与他人平等相处也是如此。

往往平辈间才能有真正的交流，因为信息很难在一个等级制度中向上传播。

身居高位的风险就在于你会因为现有的观点、知识和能力而产生地位上的理所当然感，于是就缺乏动力和理由去承认错误或学习改变。当下属指出上级的无知时，有可能会羞辱到后者，并动摇其地位和影响力的合理性，让他显得无能、过时或虚假。因此，在为老板等人指出问题时，最好谨慎地私下进行，而且带着解决方案、委婉提出。

自上而下的信息流动也存在障碍。比如身居体系下层的人会对自己的位置不满，从而不愿积极回应来自高位者的信息，甚至出于纯粹的怨恨而故意对着干。此外，新手会因为缺乏经验、教育或者不熟悉自己的岗位工作，而在不加判断高位者的观点质量和能力的情况下就顺从其权威地位。相比之下，同辈之间的影响力主要来自说服，以及认真回应他人的注意力，彼此的平等状态也需要通过有舍有得来维系。所以，处于等级制度的中间位置是有利的。

这也解释了为什么友谊很重要，而且在生命早期就开始形成。两岁的孩子通常都以自我为中心，但也能产生简单的互惠行为。我的外孙女斯嘉丽就会在我的要求下高兴地把她最喜欢的一个用来安奶嘴的毛绒玩具递给我。我会把玩具递回去或者扔回去，而有时候她也会再扔给我。她很喜欢这个游戏，有时我们也会用她正在学着使用的勺子来代替。她会和自己的母亲、祖母以及任何熟悉到可以一起玩耍的人玩这个游戏，而以此为起点，她就会逐渐发展出成熟的分享行为。

我的女儿米凯拉，也就是斯嘉丽的妈妈，在我写这个法则的那几天带着孩子去他们公寓楼楼顶的一个户外游乐空间玩。那里有几个大一点的孩子，还有许多玩具。斯嘉丽把尽可能多的玩具囤积在她妈妈的椅子旁边，每当有孩子来盗取玩具时她都会本能地显出不悦，她甚至还直接从另一个孩子手里抢过一个球来放到自己的玩具堆里。这样的行为在两岁以下的孩子身上很典型，他们虽然已经有了互惠行为，并会以有趣的方式表达出来，但次数仍然有限。

不过到了3岁，大多数孩子就有能力真正分享了。他们能够在一个需要排队的游戏中接受延迟满足。哪怕并不能用语言清晰地描述，他们也开始理解多人游戏的目的和规则。他们会和经常见面并形成了互惠玩耍关系的孩子建立友谊，有时这些关系也会成为孩子在家庭之外最早体验的亲近关系。这类关系大概率形成于两个年龄相仿，或者至少成熟度相仿的孩子之间，在这类关系里，孩子开始学会如何与同辈紧密联结、相互尊重。

这种彼此的联结极为重要。

> **BEYOND ORDER** 缺乏至少一个紧密朋友的孩子之后出现抑郁、焦虑或反社会倾向等心理问题的概率要大很多[7]，而朋友较少的孩子成年后失业或者独身的可能性也更大[8]。

目前也没有证据表明友谊的价值会随着年纪的增加而降低。[①] 即使将整体健康状况考虑在内，拥有高品质社会关系网的成年人在各项死亡率指标上

---

① 英国舆观调查公司（YouGov）2019年7月30日发布的调查称，"千禧一代是最孤独的一代"，他们发现这代人25%没有熟人，22%没有朋友。如果数据准确，这是非常不祥的信号。

的风险都更小。这一规律也存在于患有高血压、糖尿病、肺气肿和关节炎等疾病的老年人,以及患有心脏病的成年人当中。有趣的是,有一些证据表明,为他人提供社会支持会比获得社会支持更有助于保持健康水平[9],这很可能是因为给予更多的人获得的也更多。因此,给予似乎真的比获得更好。

同辈可以共担人生的沉重和喜悦。最近我和妻子都遭遇了严重的疾病,好在我们有家人和挚友的持续陪伴与支持,他们放下自己的生活和工作来照料危机中的我们。此前,在我的《人生十二法则》一书获得成功后,以及随后的巡回演讲活动中,我和妻子都和一些亲友保持着紧密联系。这些亲友由衷地为我们感到高兴,热切地关注我们的生活,也愿意和我们讨论那些本来会令人感到难以承受的公众反应。这极大地增加了我们所有努力的价值和意义,也降低了生活的剧变带来的孤立感。

除了友谊,在工作中和职级接近的同事建立的关系也是同辈调节的重要来源。要维护好和同事的关系,就要在必要的时刻表达赞扬,公平地分担必须完成的苦活儿,在团队合作中守时高效、服从安排,以及让人们看见你的不计辛劳。同事的认可或者批评会强化这些互惠,从而和友谊一样促进我们心理功能的稳定性。如果你是个值得信赖的人,那么在遇到困难时与你共事的人也更愿意伸出援手。

在和朋友、同事的相处中我们可以克服自己的自私倾向,学会不要总把自己放在第一位。另一个不显眼但同样重要的好处是,当他们支持我们维护自己的利益时,我们也会克服过度的天真善良,避免因被人利用而过度付出。这样我们也许就能有幸建立起真正的互惠互利关系,享受诗人罗伯特·彭斯著名的诗句中所描述的好处:

啊,但愿上天给我们一种本领,

能像别人那样把自己看清！
那就能免于去做许多蠢之事，
也不会胡思乱猜，
什么装饰和姿势会抬高身份，
甚至受到膜拜！ [10]

权力来自专注与能力

成为权威是一件好事。人是脆弱的，所以生活充满了困难和痛苦。缓解痛苦的最基本任务是让每个人有食物、净水、卫生设施和栖身之地，而这都需要动力、努力和能力。让许多人共同解决一个问题时，等级制度就会产生，有能力的人会开始行动，没那么有能力的人也会尽量跟随，并且在过程中成长。面对真实的问题时，最能解决问题的人应当上升到顶层。这不是权力，而是由能力决定的恰当的权威性。

当有能力的权威在解决必要的问题时，赋予他们权力是理所应当的。在承担解决复杂问题的责任时，成为有能力的权威也同样必要。这或许就是一种理解责任感的方式：一个有责任感的人主动承担解决某个问题的责任，然后勤劳甚至富有野心地和他人一起寻找最有效率的解决方式。之所以要有效率，是因为还有其他问题要解决，效率可以节约资源以用于别处。

野心经常被有意误读为权力欲，进而被明褒实贬，被诋毁和惩罚。野心有时候的确就是意图左右他人，但"有时候"和"总是"之间有着重要的区别。权威不仅是权力，将这两者混淆有害无益。当一个人对他人施加权力时，会通过剥夺或者惩罚的威胁来强迫他人，从而使其不得不违背自己的需求、意愿和价值观行事。相比之下，当一个人行使权力是出于自己的能力，而这种能力也是被他人认可和赞赏时，人们就会主动顺应，并感到释然和公正。

渴望极权的人强横、残忍且冷酷无情，他们意欲通过控制他人来即时满足所有的私欲，毁灭嫉妒的对象，发泄自己的怨恨。但善良之人的野心以及与之相伴的勤奋、诚实和专注都是为了解决真正重要的问题。后一种野心应该被鼓励。也因如此，看到男孩和男人为了胜利而拼搏，就不假思索地把他们和如今富饶与相对自由的现代社会里所谓的"父权暴政"联系在一起，将会带来巨大的反作用，而将奋进之人视为未来暴君也过于残忍。"胜利"核心且最具有社会意义的含义就是为了广泛的公共利益战胜阻碍。

真赢家的胜利会改善游戏规则本身，并惠及所有玩家。当有人对此进行天真或狭隘的讥讽，或者断然否决时，想必就带着许多阴暗动机。他们不想看到世间的痛苦得到减缓，这才是最酷虐成性的人。

权威会带来权力，这也许必要。不过更重要的是，只要权威者关心那些会被权力影响的人并愿意为之负责，比如家中的长子可以为他的弟弟妹妹负责，而不是压制、戏弄和折磨他们，那他就可以由此学会在行使权威的同时避免滥用权力。即使最年幼的孩子也可以学会对宠物狗行使适当的权威。

> **BEYOND ORDER** 要获得权威就需要明白权力来自专注和能力，也需要付出真实的代价。

当一个人被提拔到管理层之后，很快就会发现管理者要操心多个下属，而下属们只需承担来自一个管理者的压力。这样的经验会避免人们对权力的好处产生危险的浪漫幻想，也不会再渴望无限扩展权力。在现实世界中健全的等级制度里，身处权威地位的人都能深刻地体会到对所管理、雇用和指导的人所背负的责任感。

当然，并不是每个人都会感受到这种负担。有些资历较老的权威掌控者有可能会忘记自己的出身，并产生对新人的蔑视。这样有害无益，而且更容易让权威掌控者因为抗拒扮演愚者角色而不愿意尝试新事物。傲慢也会阻碍学习的道路。短时、自私和选择性无视的暴君当然存在，但在一个健全的社会里绝不在多数，否则社会就无法运转。

相比之下，牢记自己初学者经历的权威掌控者则会保留对新手的认同和对潜力的关注，并借此来克制自己的权力欲。有一件事一直让我惊叹，就是当一个正直的权威掌控者为跟从他的人提供机会时所感受到的快乐。无论作为大学教授、研究者还是在商业或其他专业环境中，我都反复体验过这一点。

> **BEYOND ORDER** 帮助一个本已优秀的年轻人变成更有能力、社会价值、自主性和责任心的专业人士，会给助人者带来巨大的心理愉悦感。

这种感觉与抚养孩子的快乐并无二致，它也是合理野心的主要驱动力之一。因此，如果一个人可以恰当地担任首领的角色，就有机会识别尚在萌芽中的潜力个体，并为他们提供有效的成长方法。

服从是创造的前提

保持理智意味着了解社会游戏的规则，并内化和遵守它。地位的差异不可避免，因为所有有价值的努力都有目标，而追求这个目标的人们拥有不同的能力。接受这种不平衡并依然努力前行，对处在不同地位的人来说都是保持精神健康的重要元素。不过这里也存在一个悖论，即当前的等级制度建立在昨天和今天的解决方案之上，但这些解决方案未必适用于明天。不假思索地重复过去的方法，乃至专制地坚称所有问题都已经得到永久性解决，都可能带来无法适应世事变迁的危险。

> **BEYOND ORDER** 如果人们想要恰当地使用传承而来的解决问题的等级制度，就必须尊重创造性的转变。

这个观点既不是武断的道德评判，也不是道德相对主义论断，而更接近现实世界中两个固有的自然法则。像人类这样高度社会化的生物需要通过遵守规则来减少不必要的不确定性、痛苦和冲突，从而保持理智。但人们也需要谨慎地转变规则以适应环境的变化。

这同时也意味着理想的人格不能只是一个缺乏反思的当下社会状态的映像。尽管在正常状态下，不假思索地服从要比没有能力服从更好，但当环境因为残缺、陈旧、腐败或选择性无视而变得病态时，拒绝服从和提供创新选项的能力就显然极具价值。这给人们留下一个永恒的道德难题，即什么时候应该遵循规则，听从他人的要求，什么时候又应该拒绝集体的要求，依靠并不完美的个人判断？换句话说，我们如何平衡合理的保守主义和呼之欲出的创造力？

在心理层面最重要的是性情问题。有的人天生保守，也有的人倾向更自由的创造性认知和行动。[11]但这并不代表社会化过程无法改变先天倾向，人类是高度可塑的生物，为了适应环境能产生很大的变化。但不可否认的是，人类的性情的确有不同的模式。

保守右倾的人会坚定地捍卫过去的成功经验，而在大多数时候这么做都是对的，因为实现个人成功、社会和谐和长期稳定的路径数量有限。但他们有时也会出错，一方面是因为当下和未来都与过去不一样，另一方面则是曾经有效的等级制度通常也不可避免地被内部的阴谋摧毁。为了爬到顶端，有人会通过滥用权力来实现短期的个人利益，但这种方式会破坏他们所属的等级制度。这样的人通常不理解或不在乎他们所处的组织究竟要发挥什么功能，他们只会榨取眼前的财富，并在身后留下一片狼藉。

偏向自由的人强烈反对的恰恰就是这种权力的腐化，这是正确的。但将健康运转和堕落过时的制度区分开来才是一件至关重要的事。要做出这样的区分，就需要人们有能力也有意愿观察分析，而不是盲目地依赖意识形态倾向。另外，我们也要知道所处的等级制度兼有光明和阴暗的两面，只关注其中一面是种危险的偏见。同时，我们也要明白，虽然激进和创造性可以让堕落和过时的事物重现活力，但也隐含着巨大的危险。这危险一部分是那些自由主义者只看健全制度中不好一面的倾向；另外更大部分的危险则源自腐败，这种腐败和保守主义进程中破坏等级制度的腐败两相对应，它是由不道德的激进分子引起的。这种存在不难理解，就好像行政管理人员和企业高管中也有腐败分子一样。这些个体通常对现状（status quo）的复杂性和自己的愚昧一无所知，也对历史遗赠予他们的事物没有感恩之心。这些无知和忘恩负义经常和陈词滥调的愤世嫉俗掺杂在一起，被当作逃避乏味但必要的严格传统的借口或者危险而困难的创造性尝试的理由。恰恰是这种腐败的创造性转变，才让包括保守者在内的人对变革持有合理的谨慎态度。

在写下这段文字的几年前，我曾和一位20出头的女性有过一段对话，她的亲人在看了我的网课之后通过邮件联系到了我。她看上去非常不开心，过去的6个月里几乎都躺在床上。绝望迫使她来找我谈话，唯一阻止她自杀的是照顾宠物薮猫的责任。这是她热爱生物学的最后一点证明，在高中辍学之后她就放弃了这个学科，现在非常后悔。她的父母没有把她照看好，任由她走偏了人生路，这在后面的几年时间里带来了灾难性的后果。

尽管状态每况愈下，这位年轻女性还是制订了一些计划，打算报名一个为期两年的课程来获得高中学历，这样她就有资格申请兽医学院了。但她还没对实现这个愿望的条件进行详细调查，她无人指导，也没有好朋友，很容易就变得被动和无助。她是个不错的孩子，在 45 分钟的时间里，我们聊得很好。我告诉她，如果她愿意先完成一个我和同事设计的在线规划项目，我可以和她进一步讨论她的未来。①

接下来一切顺利，但一聊到世界观就出问题。在讨论完她的个人生活之后，她开始对世界的整体状态表达不满，包括由人类活动破坏环境引发的即将到来的灾难。原则上说，关注全球性问题并无不妥，但这不是重点，问题出在作为一个 20 出头、生活一团糟、连床都起不来的年轻人，她高估了自己对环境问题的了解。在这种情况下，人应该区分轻重缓急，并带着谦和态度解决自己的问题。

随着争论的继续，我发现我们之间不再是一个迷失的年轻女性求助于我的真诚对话，而是两个貌似对等的伙伴在进行意识形态辩论。对方看上去知道全球性问题出在哪里、是谁引起的，她认为满足任何个人欲望都是不道德的，因为会造成持续的破坏。最后，她也相信所有人都是有罪且注定要毁灭的。这时，继续这个讨论意味着两点：第一，我不是在和她对话，而是在和占据她内心的那些浅薄且愤世嫉俗的思想对话；第二，这会暗示在她当前的

---

① 这是自我书写（Self-authoring）系列的一部分，通过一系列程序来帮助人们书写他们过去的困扰（过往书写）、当前人格的优缺点（当下书写），以及对未来的愿望和期待（未来书写）。我特意向她推荐了最后这个部分。

状况下讨论这些话题对她是有益的。

这两点都没有意义，所以我停止了对话。当然这并不意味着整个对话都白费了。我不得不做出这样的结论：真正让她陷入持续数月低迷的或许不是作为人类给世界带来破坏的愧疚感，而是关注这个问题带来的道德优越感，哪怕接受这种对人类可能性的悲观看法会带来巨大的心理危机。

> BEYOND ORDER　在奔跑之前你需要先学会走路，甚至需要在走路之前先学会爬行。只有这样你才能接纳自己的新手身份，而不是随意地对所处的等级制度进行傲慢又自利的鄙视。

此外，人在为环境恶化和不人道行为哭泣时经常会产生深刻的反人类态度，而这种态度必然会对一个人的心理状态和自我接纳产生显著影响。

人类自古以来都会在生物和社会层面将自我组织到有效的等级制度当中，这些等级既会指定我们的感知与行为，也会定义我们与自然和社会的互动方式。对待这份赠礼唯一恰当的方式就是报以深刻的感恩之心。涵盖所有人的组织结构的确有阴暗面，就像大自然和人性也有阴暗面一样，但这不意味着对现状进行随意、浅薄和自利的批判就是合理的。同样，对必要改变做出膝跳反射般的反对也是如此。

保守和创新的态度与行为都在不断散播，因为效仿前人往往有效，而有时激进的行动也可以带来巨大成功。一个良好的制度不仅要确保自己长存，也要致力于创造价值，它可以利用保守者来谨慎地遵循成功经验，让创新者来判断如何迭代更新。将两类人聚集在一起，才能实现保守者和创新者之间的平衡，而如何以最理想的方式实现价值，需要超越本性倾向保守或创新的智慧。因为创造性与维持现状安稳经常是互斥的，要找到两方面都平衡得好，能同时和两类人融洽共事，又能利用好双方各自特点的人是很难的。不过要发展这种能力，至少可以先开始拓展智慧，意识到保守观念和创造性转变都是好的，但也都有各自的风险。在深刻理解了这一点，明白了两种视角都必不可少之后，一个人就基本能够重视多样性的价值，也能觉察到视角的失衡。了解双方的阴暗面也一样重要。

> **BEYOND ORDER** 管理好复杂事务需要带着足够冷眼旁观的态度，既能区分真正的保守者和为了权力和私欲鼓吹现状的人，也能区分真正的创造者和自欺欺人、不负责任的叛逆者。

如何做到这一点呢？首先，人们要意识到这两种存在模式即使彼此存在张力，也是具有高度依存性的。这意味着纪律和服从现状等因素应该被视为创造性转变的前提，而不是敌人。无论是社会组织和个人感知结构中的等级化预设，还是创造性转变，都高度依赖规则。创造性转变需要和规则对抗，如果没有可对抗的事物它也就没有存在的必要了。因此，那个能够无限满足人们愿望的精灵才被困在小小的神灯里，听命于神灯的拥有者。精灵（Genie）所指代的天才（Genius）是无限潜能和极端约束的结合。

> **BEYOND ORDER** 局限、约束和武断的界线尽管都是令人害怕的规则，却既能确保社会与心智的和谐，又能打开用创造力更新秩序的可能性。

所以无政府主义者或虚无主义者宣扬的完全自由，以及艺术家浪漫主义的讽刺漫画背后隐藏的并不是积极的欲望，也不是为了提升创造性表达而做出的努力。相反，那其实是一种消极的欲望，希望可以完全摆脱责任，所以这不是在追求真正的自由，而是规则反对者的谎言。不过"打倒责任"这个口号不太有说服力，因为它自恋到足以推倒自己，而"打倒规则"则可以被包装成虽败犹荣的英雄。

与真正的保守主义智慧并存的是现状变得腐败并被剥削利用的危险。与创造性的光辉并存的是心怀怨恨的空想家的虚假英雄主义，是披着反叛者外套站在道德高地上推卸一切责任的人。聪明且谨慎的保守主义和小心而精辟的改变能维系周遭的秩序，不过两者都有各自的阴暗面。一旦意识到了这一点，人们就需要问自己一个重要的问题：你拥有的是"真实"的部分还是虚假和阴暗的部分？答案多半是你两部分都有，而且阴暗部分的占比或许比你以为的要多。这是理解复杂人性的必要问题。

人格等级与转变潜能

既能尊重现有制度，又能实现创造性转变的人格是什么样的？这个复杂的问题并不好回答。让我们从故事中寻找答案。故事能够提供一个大致的模板，它所描绘的规律具体到足够宝贵，又宽泛到可以适用于所有情况。人们可以在故事中捕捉到理想人格的样子。人们尤爱讲述冒险和爱情中的成败故事，在故事的世界里，成功让我们走向更好，而失败让我们落入深渊。好事让我们向前向上，坏事拖着我们后退坠落。伟大的故事讲述的是行动中的个体，因此故事反映的是人的特定无意识结构和行动过程，这些过程帮我们把僵硬的客观世界转化成可持续运转、价值互利的社会性世界。[1]

包括保守主义和创造性转变在内的价值体系通过理想人格的样子体现出它的恰当性。每个等级体系都有顶峰，所以每个故事都有英雄，哪怕是个反面英雄也无妨，因为他们的反面就是英雄的样子。英雄代表了达到巅峰、获得胜利的个体，他凭借智慧成功地翻身，哪怕身陷危难也坚持真理。人们亲身接触了优秀或低劣的个体后，会尤其关注他们身上的某些行为态度。因为人们倾向于和他人分享最能赢得自己注意力的事物，所以他们围绕这些特质创造了为人传诵的故事。有时人们可以直接从生活中的某个个体身上提炼出引人入胜的故事，有时他们也会将人际网络中的多个人格组合在一起讲述。

法则一开头那个来访者的故事很好地说明了社交的必要性，但它并没有尽述来访者行为态度转变的重要性。来访者一方面重建了自己的社会生活，积极参与各类集体活动，另一方面也出人意料地展现了出色的创造性。他只有高中文化，性格也稍显刻板。不过最吸引他的社交大都与审美相关，这为他创造了新的社交可能。

他对形状、对称性、新颖和美感的关注最早源于摄影。这个爱好带来了多方面的社交进步。他加入了一个每两周一聚的摄影俱乐部，大家以20人为一组，在城市中有视觉特色的区域漫步，这些区域要么自然风光优美，要么拥有独特的工业化景观。因为这样的活动，他也掌握了不少与摄影器材相关的知识。俱乐部成员也会为彼此的作品提供有建设性的评价。

---

[1] 有些人在面对一个新问题时总会问"××会怎么做？"，这种看似容易的模仿恰恰展现了"故事"的价值：被内化的叙事可以带来新的感知和行为。设想其他人在日常生活里会怎么做虽然显得有些天真，但讲述故事的根本目标就是鼓励模仿。

这一切都帮助这位来访者学会了在敏感话题上进行有效沟通。因为这些批判涉及创造性的审美，很容易导致过度反应。另外，他也更能区分哪些评价古板且循规蹈矩，哪些真正有品质。随着审美能力的提升，他在几个月之后开始在本地的一些摄影比赛中获奖，并逐渐获得小额的商业订单。我从一开始就相信他参加摄影俱乐部有助于其人格发展，但依然对他在审美和技术能力上的迅速提升着实感到惊讶，也非常享受在咨询时一起鉴赏他的作品的时光。

在从事几个月的摄影活动后，这位来访者开始向我展示他画的一些抽象线条画。这些作品一开始都显得很业余，大致包含了不同大小、相互连接的圆圈，只是比随意涂鸦稍微多了一点控制和创作意图。如同摄影一样，我认为这些画在心理层面是有助于他延展创造力的，不过还算不上艺术创作。但他依然坚持每周画几幅画，并在咨询时分享给我。他作品的复杂性和美感以惊人的速度提升，没过多久他就能画出复杂和颇具戏剧性的黑白钢笔画了，其美感足以让他成为有商业价值的T恤设计师。

这样的变化我也在另外两个咨询案例中见过，来访者都具备创造性的气质，尽管展现的程度不同。此外，我还读过荣格对咨询案例中个人发展的描述，他提到，随着一个人画的几何图形的秩序性和复杂性不断提高，其人格也会越来越有组织性。这一点在我的上述三位来访者中都显而易见。我见证的不仅是社会化带来的人格重构，同时也有内在转变引发的审美和创造力的显著增长。这些来访者不仅学会了遵从社会性世界那些时而模糊但必要的期待，也得以为这个世界提供了一些额外的个人创作。

我的外孙女斯嘉丽在掌握了指向的社会价值之余，也展现出了创造性，或者至少是对创造性的欣赏。当人们讨论电影、戏剧或书中的故事时，通常都会试图对其中心思想达成复杂的共识。

复杂源于人们的视角差异，达成共识则是讨论得以继续的必要前提。

故事是一种沟通形式，这貌似是个不证自明的事实，但越想越有深意。如果故事有中心思想，那它显然是有指向的，但它指向什么，又是如何指向的呢？当指向作为一个指明具体物件或人物的动作时很容易理解，但当它代表一个故事人物的持续行为时就不那么明确了。

J. K. 罗琳笔下的英雄们能为这个过程提供范例。作为学生，哈利·波特、罗恩·韦斯莱和赫敏·格兰杰是遵守又打破规则的典型代表，而那些管教他们的人也倾向于同时奖励这两种明显矛盾的行为。甚至连这些年轻的学生们所使用的工具也体现了这种二元性。比如活点地图能够准确显示霍格沃茨的地形和所有居民的位置，要激活它就必须念一段有违道德的咒语，即"我庄严宣誓我不干好事"，而要关闭它则需要说"恶作剧完毕"。

必须用这种方式激活的工具，看上去多半会被用来作恶。但就如同哈利·波特和伙伴们经常谨慎地打破规则一样，活点地图的道德可取性也取决于使用者的意图。在整个"哈利·波特"系列作品中都可以看到的一点是，不论多么严格地遵循规则，也不论规则多么重要，好的结果都不能单纯通过盲从规则来实现。这意味着"哈利·波特"系列并未将对社会秩序的机械化顺从视为最高道德，能取代顺从的因素虽然不容易说清楚，但大概可以总结为"遵循规则，但在遵循它就会阻碍规则本身的目的时停止遵循，并承担违背道德的风险"。相比于公式化的规则，这样的道理通过包含代表性行为的故事来传递往往更有效。元规则是关于规则的规则，而元规则和规则的传达方式也有所不同。

斯嘉丽在掌握了相对简单的物理性指向后不久，也理解了更复杂的叙事性指向。她在一岁半时可以用食指指明物体，而两岁半就已经可以理解和模仿故事中更为复杂的指向了。大约有半年时间，她都坚称自己是迪士尼电影《风中奇缘》的女主角宝嘉康蒂，而不是爱丽（她父亲喜欢的称呼）或者斯嘉丽（她母亲喜欢的称呼）。在我看来，这是一种令人震惊的复杂思维。有人送了她一个宝嘉康蒂洋娃娃，这立刻变成了她最喜欢的玩偶之一。她还有一个婴儿玩偶，被她用我妻子塔米的名字命名。当她和这个婴儿玩偶玩耍时，斯嘉丽是妈妈；但是和宝嘉康蒂玩的时候，那个宝嘉康蒂就不是婴儿，而斯嘉丽也不是妈妈。我的外孙女会将自己当作成年的宝嘉康蒂，她曾全神贯注地看过那部电影两遍，还会模仿年轻的女主人公。

宝嘉康蒂和"哈利·波特"系列的主角有着显著的相似之处。宝嘉康蒂被父亲许配给了科库姆，科库姆是一个勇敢的战士，也具备其部落推崇的所有美德，但对个性鲜明的新娘子来说他太墨守成规了。宝嘉康蒂爱上了约翰·史密斯，他是一位来自欧洲的船长，也代表着未知领域里潜藏的巨大价值。宝嘉康蒂为了史密斯拒绝了科库姆，这是对更高道德秩序的追求。她打破了一个极为重要的规则，即珍惜当前的文化规则等级里最有价值的东西，这和"哈利·波特"系列中的主角们如出一辙。这两个故事都有同样的寓意，那就是遵循规则并努力成为规则的光辉典范，但当规则阻碍其展现核心精神时就要打破规则。斯嘉丽还不到3岁，但她在看《风中奇缘》和玩宝嘉康蒂玩偶时已经拥有理解这一点的内在智慧了。她在这方面的敏锐性真是难以估量。

遵从规则，但当这种遵从阻碍了更高的道德原则时便打破规则。这样的理念在另外两个故事里也得到了强有力的体现，这两个故事都是树立榜样人格的典范。在第一个故事里，还是孩童的耶稣以犹太传统大师的身份出现，对传统价值有深刻理解，是一个真正典型的保守者形象。《路加福音》写到，耶稣一家每年都会在逾越节时去耶路撒冷，并在守满节期后回家。这一年，家人在节后回去的路上发现耶稣不见了，便立刻返回耶路撒冷找他，发现12岁的他正坐在一众教师中间求经问道。家人问他为什么这样做，他说他是为了父亲的事才如此的。

这个故事存在一个悖论，这个悖论和尊重传统与创造性转变之间的冲突密切相关。尽管耶稣对传统规则拥有透彻甚至早熟的理解，他却一再地公然违背安息日传统，至少从他所在社群里那些保守者看来是这样的，而这也给他带来了危险。比如他带着门徒穿过一片庄稼地时摘食其中的果实，当法利赛人反对时，他引用了大卫王的故事，证明在不得已的时候食用为他人准备的食物是合理的。

另一个故事同样为尊重规则和创造性转变的问题提供了深刻见解，指出转变虽然与规则相冲突，但也是必要和可取的。故事中有这样一段对话，耶稣观察到有一个人在安息日工作，就对他说，"人啊，你若知道你所做的事，你就有福了；你若不知道，你就被诅咒，是犯了律法的"。

这句话是什么意思呢？它完美概括了法则一的含义。即如果你理解规则的必要性和神圣性，了解它所阻止的混乱、它是如何团结遵循它的群体的、它的建立所付出的代价，以及打破它的危险，还依然愿意承担起破例的责任——因为你能看清这么做会带来更高的善，那你就不仅遵循了规则，更服务了真理，而这就是更高尚的道德行为。如果你拒绝承认所违反规则的重要性，仅出于自利之便行事，那么你就理所当然要被千夫所指。你对待传统的粗心大意，将会给你甚至你身边的人带来深刻而长久的痛苦。

这与耶稣的其他表现是一致的。他主张在安息日也要救出掉在坑里的羊。他还在安息日为一个人治疗手臂，并说："在安息日行善行恶、救命害命，哪样是可以的呢？"守安息日和行善这两个道德立场的并列在心理和理念上都使人痛苦，并最终导致了耶稣被捕。这些故事都呈现了人类生命永恒的困境，即一方面要遵守规则，另一方面又要运用判断、眼界和良知来发现规则之错，并做出正确选择。当一个人有能力平衡好这两个方面之后，才能拥有完善的人格，并有机会成为真正的英雄。

人们需要容忍乃至鼓励一定程度的创造性和叛逆，以维系不断再生的进程。

> BEYOND ORDER
>
> 每条规则都来自打破其他规则的创造性行为，而每一个真正具有创造性的行为也会随着时间推移逐渐变为一条有用的规则。

等级制度和创造性成就之间的持续互动让整个世界得以在秩序和混乱之间找到恰当的平衡。这是个困难的命题，也是沉重的存在主义负担。我们需要心存感激和尊重地认可过去、珍视过去，同时也需要敞开心灵，作为有远见的当代人主动去修复那些老化的机制。因此，我们必须承受这份矛盾，既认同保护我们安全的围墙，又能让足够多的新鲜和变化融入进来，从而保障制度的鲜活与健全。这个世界的稳定与活力都取决于我们完美驾驭这神圣的二元性的能力。

懂得维护传统，也敢大胆创新。

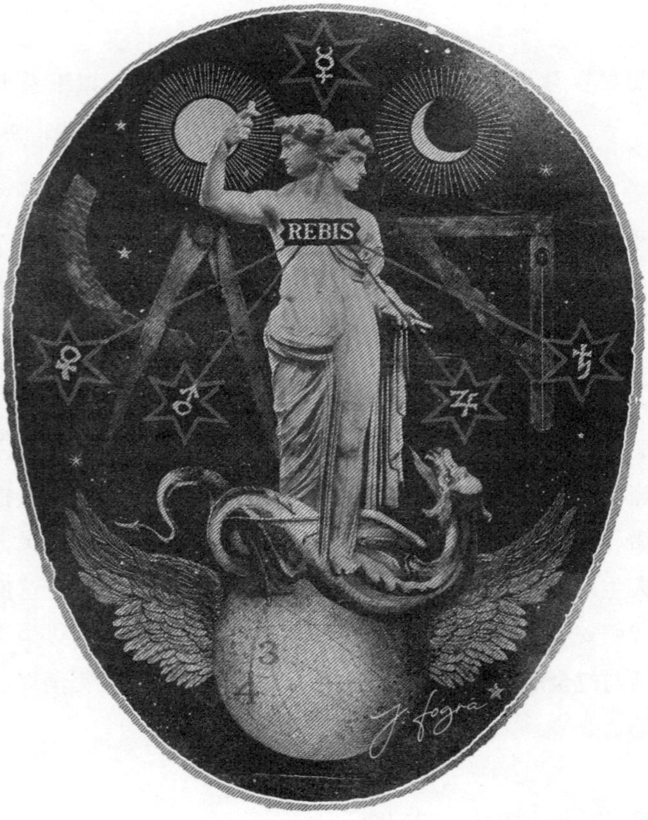
REBIS

BEYOND ORDER

法则二

———

**正确的自我叙事，
让你成为更好的自己**

要发扬那些
最了不起的行为，
就必须提炼和传颂人类
最深层的智慧。

你是谁，你可以成为谁

你如何知道自己是谁？毕竟自我的复杂性超越了人的想象，除了他人，没有什么比自我更复杂。对自我的无知还会因为现实和理想自我的交织而变得更加复杂，因为你不光是当下的自我，也是将会成为的自我，而这种成为的潜力也难以捉摸。

我想每个人都能感觉到自己还有尚未实现的东西。人们经常会因为疾病、霉运或者各种人生悲剧而错失这些潜力，也可能因为缺乏自律、信念、想象力或毅力而错失人生机遇。你是谁？以及更重要的是，在能够想象的最大范围内，你可以成为谁？

这个问题看似难以回答，但人们也可以从某些地方得到启发。毕竟人类已经花了数千年的时间观察自己的成败起伏，在这期间，萨满、先知、神秘主义者、艺术家和吟游诗人从观察中提炼出了有关人类现状和潜力的精华，并将其以令人难忘的方式呈现出来。这些创造者编写剧本并表演戏剧，告诉人们那些引人入胜的故事，用可能发生的故事填满人们对未来的憧憬。

> 那些最为深刻的故事经过广泛传颂和打磨，最终成为联结古今的仪式的焦点，并形成了文化的根基。

基于这些故事，人们建设起了只有繁荣社会才拥有的仪式、信仰和哲学殿堂。

我们之所以难以忽视或忘怀这些故事，主要是因为它们讲述了一些我们知道，但并不知道自己知道的事情。

古希腊哲学家苏格拉底认为学习其实是想起的过程，他提出，人类不朽的灵魂在降临人间以前就已经知道所有事情了，但是在出生时人们遗忘了所有的知识，并且需要通过人生经验重新回忆。这个假说尽管看上去奇怪，从某种意义上却很值得讨论。人的身心潜力巨大，但大部分都处于休眠状态，即便是在基因层面也是如此。新的体验会激活这些休眠的潜力，将人类在漫长的进化过程中获取的能力释放出来。[1] 这是人类身体贮存和按需调取过往智慧的基本方式，也正因如此，人类才拥有了未来的可能性。因此，学习即回忆的概念实在是颇具深意。

显然，人既可以回忆起先天的知识，也可以学习新的事物，这也是人和动物的主要区别。哪怕是黑猩猩和海豚这样有智慧的哺乳动物，也都倾向于一代代地重复其物种的典型行为，鲜有变化。相比之下，人类会持续地探寻新事物，通过调查和适应，最终将其变为自己的一部分。人类也可以将某一个层面已知的知识转化到另外的层面，比如我们会观察模仿其他动物或人的行为，并将对行为的感知转化为自己的新行为。我们甚至可以总结出模仿对象的行为精神，然后围绕这个精神产生新的行为。比如职业模仿演员，他们不一定能精确复制模仿对象的言行，但会模仿其精神，也就是贯穿模仿对象行为的共性。当孩子扮演成年人时也如此，他们是在模仿大人的精神而非具体行为。正因为拥有这样深层、隐性的知识，人类才有了真正的理解能力。我们也可以观察他人或事件并做记录，然后将其转化为超越口头表达的语言，随后在记录对象不在场的情况下进行描述交流。最后也是最神奇的一点是，人类还可以想象和表达闻所未闻的原创事物。人们创造出对崇拜或厌恶对象的故事，并将上述所有能力、所有适应性行为及其变体融入故事当中，借此确定我们是谁，以及我们可以成为谁。

有的故事传达了关于存在的复杂问题并给出同等复杂的解答，同时精确表达人们的零散感知，这样的故事往往会长久流传。比如摩西带领以色列人逃出埃及的故事：

> 去吧，摩西，
> 去那遥远的埃及
> 告诉年迈的法老
> 容我的人民离去。[2]

无论是精神分析学家还是思想家，都将《出埃及记》视为原型性、范式性的故事，因为它是一个典型的心理和社会转变示例。这个故事在经过反复传颂和修改后，变得同时具有政治、经济、历史、心理和精神意义，彰显了文学的深度。

BEYOND ORDER **有深度的故事可以为任何正经历着深刻变革的个人或社会提供有意义的框架，也能为变革过程赋予多维度的现实语境和强大的意义与动力。**

以故事指引人生

指引人生的故事是怎样产生的？在它出现之前会发生什么？在我看来，最基本的前提是长期观察。比如一个研究社会性动物群体行为的科学家在监测狼群或一群黑猩猩的过程中，需要识别个体和群体在行为上的规律，并且用语言来概括这些规律。科学家首先会讲述该物种一些代表性行为的逸事，然后从中总结出抽象的类似规则的规律。我之所以说"类似规则"是因为动物并不能遵循规则，规则的存在需要语言，而动物只是在有规律地行动，它们无法制定、理解或者遵循规则。

而人类呢？我们可以像科学家或者故事讲述者那样观察自己的行为，然后将故事讲给其他人。这些故事已经对观察到的行为进行了提炼，因为单纯描述日常行为的故事相当无趣。故事成型之后，人们就可以分析它，并从中找到更深刻的规律和模式，进而在不同故事中总结出可以有意识地遵循的规则来。在这个过程中，人们会对不妥当或不公正的行为进行批判，因为这些行为带来了情感上的冲击。我们会感觉某些帮助我们适应环境的规律被打破了，从而感到懊恼、挫败、受伤或被背叛。尽管每个人都有情绪反应，但这并不意味着所有人都能清晰地阐述有关善恶的哲学理念。我们或许永远说不清楚到底哪里出错了，但是就像不熟悉新游戏却照样能玩的孩子一样，依然能感觉到规则被打破了。

历史上流传千古的故事有很多，比如《出埃及记》就描绘了这样的问题。摩西在带领奴隶们逃脱的过程中，需要不断处理追随者之间的相互争斗，并做出种种艰难的道德选择。因此，他花了许多时间来研究追随者的行为，并从中总结追随者言行中体现的规则。

> **社会一定有规律化的行为，否则社会就不会成型，只会剩下纯粹的冲突。**

不过，有序社会的人们不一定能明确地理解他们自身的行为和道德准则。所以摩西才不辞辛劳地担任追随者的判官，直到他获得十诫。

在获得十诫之前，摩西每天都忙于依据神的律例和法度来裁决百姓的种种问题，疲惫不堪。摩西的岳父也提醒他，这不是长久之计。但正是这种艰难的评判、观察和权衡工作，极大地帮助摩西准备好了接收终极启示。人们对道德模式进行了长久的观察，并将历史先例编入伦理和传统中，如果告诫没有这些行为基础，人们将不可能理解和传播告诫，更不用说遵守它了。

难忘的故事可以捕捉人性的本质，并将其提炼、传播和澄清。这样的故事让人们看清自己是谁，应该做什么，鼓励人们效仿那些令人着迷的英雄的言行。这些故事唤醒了人们沉睡的本性，让他们在那些戏剧和文学形象的反射下看见自己内心的冒险家、爱人、领袖、艺术家和反叛者。这都是人的一部分，一半来自自然，另一半来自文化。难忘的故事让我们超越习惯和预期去理解自身行为，达到想象和语言化的层面。这样的故事以最引人注目的方式向我们展现终极冒险、神圣爱情、善与恶的永恒之战等主题。人们也会借此明确自己在个人和社会层面的道德态度与行为准则。这样的过程遍布古今中外。

> **你可以成为谁？答案就是成为一个不断主动面对未知的人；一个打破天真、审慎而有力、能理解和克制邪恶的人；一个将混乱转化为有价值的秩序，或者将僵化的秩序化作混乱、推倒重建的人。**

这些难以理解但关乎生死的知识被融入那些引人入胜的故事中，人们由此认识了价值、目标和自我的潜力。

找到你的志趣与潜能

法则二开头的那幅插画是一幅古老的木刻画。接下来对它的描述可以让我们看到，即使观看者对其内容并无明确理解，一幅画当中也可以包含巨大的信息量。其实这样的画也可以代表人们形成清晰理解的初期过程，创作这幅画的炼金术士①当时正在畅想人可以成为谁以及如何成为的问题。

在画的底部是一个有翅膀的球体，球体上有一条龙，站在龙身上的是一个双头人像：一个男性的头和一个女性的头。男性的头和太阳相对，女性的头则和月亮相对。两个头的上方有一个符号，同时代表了神、水银以及水星，画中还有一些其他的符号环绕。整个图像被囊括在一个鸡蛋形的画面之内，旨在表明万物归宗，就像未孵化的小鸡被包裹在一个蛋壳中，但其内部的生物学构造在不断发展和分化。整个画面的标题是拉丁文"materia prima"，意指原始元素。

炼金术士认为原始元素是产生所有物质和精神的基础物质。我们可以将原始元素理解为未来所蕴含的潜力，包括未来的自我，而这些潜力是我们不忍心浪费的。我们也可以将它理解为用于构建自我和世界的信息，而不是构

---

① 炼金术试图发现哲人之石，以点石成金，并令人长生不老。这个学科被各种怪人、神秘主义者、魔法师及科学形成之前的实践者研究了几千年时间，也是真正的科学诞生之前的先锋性探索。不过随着炼金术研究的发展，哲人之石的概念逐渐从物体转向了人格，因为炼金术士们发现心灵的发展比黄金更重要。

成现实的物质。潜力和信息这两种解释都有各自的优势。

为什么要将世界理解为潜力或者信息呢？比如你路过信箱取信时，想想看信是由什么构成的。从物质层面讲，信不过就是纸和墨水，但这根本不重要。信息不管是通过信件、声音还是莫尔斯电码传递都无关紧要，重要的是信息本身。也就是说每一封信都是一个容器，装载了潜力或信息。它有可能是税务部门查税的通知，这意味着你手中的信看上去无害，实际上却和一个庞大而保密的机构紧密联系。信也有可能承载着令人快乐的信息，比如它来自所爱的人，或者带来了你期待已久的支票。从这个角度来看，信封就是神秘的潜力容器，一个崭新的世界可以由此开启。

即便意识不到，每个人也都能理解这个意思。比如你曾被税务机关调查过，那么当你收到他们的来信时，就会血压骤升、心跳不止、手心出汗，被强烈的恐惧笼罩。在遭遇危险时，这样的本能反应也能让人做好行动的准备。接下来你就要决定要不要打开信封，面对它的内容。如果打开了，要不要仔细想好对策去处理这个或许可怕的问题。或者你会选择视而不见，忽视焦虑感的警示信号，然后付出不可避免的心理和现实代价。前一种选择需要你主动直面那个抽象的可怕怪兽，也会让你变得更强大、更完整。后一种选择会让你一直遭受恐惧的威胁，就像在黑夜里被掠食者凶恶的双眼注视一样。

那幅画的下方三分之一部分画了一个带翅膀的球体，球体上刻着一个正方形，一个三角形，以及数字 3 和 4[①]。

---

① 我们按从下到上的顺序来看这幅画，就好像每一个元素都是从下方浮现出来一样。这样的图画通常都代表了心理或者精神上的成长过程，也经常借鉴植物向上生长的象征意义。一个类似的例子是佛陀的形象，他坐在漂浮于平静水面的莲花之上，莲花的根茎延伸到下方泥土最深处。

法则二：正确的自我叙事，让你成为更好的自己　　045

这个球体被炼金术士称为圆形混乱（round chaos），它是一个容器，里面装着尚未分化为物质和精神的原始元素。[3] 这就是潜力或信息，它会在你尚未意识到时就抓住你的注意力。它比喻了已知中突显的未知像是长了翅膀一样在你身边飞来飞去，不受控制，因为你的想象力和注意力会随着思绪的流动进行无序但有意义的跳跃。它描绘了你注视着陌生事物的样子，尤其是被恐惧支配而无法回避时的样子，尽管这带来恐惧的同时可能也为生活带来了重要的意义。

有趣的是，圆形混乱对当代观众也许并不陌生，因为在"哈利·波特"系列作品中，作者 J.K. 罗琳花了不少心思来描绘魁地奇这个定义和统一霍格沃茨的竞技赛事。魁地奇比赛的目标是一边骑着飞天扫帚穿梭于场地当中，一边让鬼飞球穿过对方队伍把守的三个圆环之一。每成功一次，队伍就可以得到 10 分。同时，两队各有一位技艺高超的选手会作为找球手同时参加比赛中的另一个比赛，即要专门寻找和捕捉一个叫金色飞贼的带翅膀的球。金色飞贼的样子和炼金术版画中的圆形混乱一模一样。金色飞贼的金色外表表明了它的特殊价值和纯净，因为黄金很稀缺，而且难以与其他元素或物质融合。它以极快的速度四处乱飞，不断冲刺和躲闪，与骑扫帚追逐它的找球手竞速飞翔。如果找球手抓住了金色飞贼，则其所在的队伍可以获得足以获胜的 150 分，整个比赛也同时结束。这意味着追寻金色飞贼和圆形混乱所代表的事物比其他任何事情都要重要。[①] 为什么 J.K. 罗琳想象出来的故事会有这样的设定？她的故事包含了怎样的含义？这些问题有两种解答方式，

---

① 联系到法则一对创造性的风险的讨论，值得一说的一点是，找球手追逐金色飞贼时不受比赛场地边界的限制，可以穿梭于魁地奇竞技场的木质地基之间。但麻烦的是，他们也会被游走球（Bludger）追赶，这些飞行的球体不光能将选手从扫帚上撞下来，也可能撞毁赛场本身。选手们抓住了金色飞贼就能赢得胜利，不过这也要冒着毁坏赛场的风险，就好像创造性就意味着不破不立一样。

而且二者有重要关联。

第一，法则一里讨论过，不管在任何游戏中，坚持公平竞技的玩家才是真正的赢家，因为公平竞技是比胜利本身更高级的成就。

> BEYOND ORDER　**公平竞技在根本上意味着遵从规则的精神，也展现了成熟的人格所具备的互惠性。**

追逐金色飞贼的找球手要忽略魁地奇比赛的细节，就像真实世界里的比赛选手一样，无论场上发生什么，选手都只能秉持合乎道德的竞赛方式。因此，找球手代表的有道德的选手会在复杂和要求竞争的游戏规则中不屈不挠地追逐最有价值的东西。

第二，对炼金术士来说，圆形混乱和带翅膀的墨丘利神有关。他是来自神界的信使，是带来好运的神。因此，墨丘利的象征符号也被放在了图画顶端，即最重要的位置上，以展现它对这幅画代表的过程具有指导作用。数个世纪以前，现代化学尚未诞生的时候，墨丘利神代表了让人好奇和关注的事物。当一个人的注意力被某人或某事强烈地吸引时，人们就说他是被墨丘利神附体了。人的潜意识中包含了许多复杂的过程，以在不断变化的环境中识别有价值的事物。这些过程的复杂性足以让我们将其想象成超凡的神，也就是墨丘利。他通过让我们产生价值感来让我们将注意力聚焦在那些值得关注和有价值的事物上。J.K.罗琳笔下的找球手就非常看重价值感，他可以一边熟练地驾驭所有人都在玩的游戏，一边同时玩另一个更高级的游戏，以追寻最有价值的东西。金色飞贼则可以被理解为装载终极价值的容器，在被捉住之后能为人们带来重要的启示。就像基督教的重要法则："你们愿意人怎样待你们，你们也要怎样待人。"

> 追求胜利诚然重要，但在困难和挑战之下力求公平，才是对任何一个游戏来说最重要且最值得追求的[1]。

每个人都会被吸引我们注意力的事物驱动向前，比如所爱之人，某项运动，政治、社会或经济问题，科研问题，以及文学、艺术和戏剧。我们无法控制也无法理解这些事物吸引我们的原因，就像我们无法强迫自己爱上不感兴趣的事物一样。那些捕捉我们注意力的现象（Phenomena）[2]就像夜路上的明灯一样，是我们潜意识的一部分，旨在整合和推进心智与精神的发展。

> 你不能选择志趣，是志趣在选择你。

它会从黑暗中显现出来，成为你信奉并为之而活的理由，推动你前进到下一个志趣出现之时，人就在这样的过程中不断寻觅、发展和成长。这个旅程虽然危险，但也是人生的宝贵冒险。比如在追求爱慕之人时，无论结果如何，我们都会在过程中有所改变。你走过的旅途，完成过的工作，不管是为了休闲还是生计，都会塑造你。你会在这些情境下有新的体验，这些体验有时痛苦，有时好过所有的快乐。无论如何，你都会学到很多。这些都是这个世界中潜藏的一部分，在追寻它们的过程中，你会经历深入骨髓的改变，并

---

[1] 这个角同样有意思的是，水银可以用来开采和净化黄金。黄金能融于水银，因此水银可以将矿石中所含的黄金提取出来。同时，水银的沸点很低，将水银加热沸腾后就会留下黄金。水银对黄金的效用催生了其象征意义上对最珍贵事物的吸引，它会寻找和提炼像黄金那样最为高贵和纯洁的事物。所以墨丘利神这个神的信使或者现代人概念中的潜意识，会指导人们追求意义，启发找球手追寻最有价值的东西。对创作这幅画的炼金术士来说，最有价值的就是人格和精神的终极发展。

[2] phenomena 源于希腊语 phainesthai，意思是"出现"或者"使之公之于众"。

真正成为你自己。

圆形混乱之上是一条龙，这象征了新奇、意外和有意义的事物总是显得既危险又充满机遇，尤其当你感到强烈好奇和有兴趣时。这条龙象征了危险，而它所镇守的宝藏象征了机遇。这幅画描绘了人的心理发展。你对某个东西产生兴趣时，它就像这个圆形混乱，里面包含了潜力或信息。如果捕捉住了它，你就能获取其中的信息，看清这个世界，成为有见识的人。因此，圆形混乱既包含了物质也包含了精神。球体上的3和4两个数字体现了这一点，3代表精神，因为和宗教中的三位一体有关，4代表了物质世界水、土、风、火四种基本元素。栖身于圆形混乱之上的龙代表了这些信息带来的危险和可能性。

龙的上面站着一个叫雷比斯（Rebis）的人，他同时长着一男一女两个脑袋。雷比斯象征了勇于追寻意义（圆形混乱）和危险但包含希望（龙）之路的成熟人格。他阳性的一面由左侧的太阳所示，代表了探索、秩序和理性。阴性的一面则由右侧的月亮所示，代表了混乱、潜力、关怀、修复和情绪。人在社会化的过程中，往往是其中的一面发展得更为完善，比如男性的阳性面或女性的阴性面更显发达。尽管如此，在努力探索和直面了圆形混乱与恶龙之后，人是有可能保持两者的平衡发展的，而这也是炼金术士心中的理想状态。

在这个充满未知潜力的世界中，存在着同时带来危险和机遇的恶龙。这个永恒的二元对立也同样体现于画面右边龙的上方的两个符号，即代表正面的木星和代表负面的土星。在直面危机的过程中，人格的阴阳两面得以显现并齐心协力。在墨丘利神所代表的意义的指引下，人们对潜意识的探索将人格当中冲突的部分整合在一起。这就是理想人格发展的故事，它描述了我们可以成为谁。

在直面痛苦中整合自己

现在让我们从另一个角度来讨论"你可以成为谁"的问题，视角来自我们有幸寻回的最古老的故事之一。创作时间距今 4000 年之久的美索不达米亚创世史诗《埃努玛·埃利什》(*Enuma Elish*)，标题可译作"其时居于上之物"，当中包含了一个最古老的近乎完整的英雄神话。在故事的一开始，作为咸水和海底恶龙化身的原始女神提阿玛特（Tiamat）和她的象征了淡水的男性伴侣阿普苏（Apsu）进行了结合，由此创造了天地和第一批子女。

要理解《埃努玛·埃利什》这个故事，需要掌握的第一个基本知识是，古人默认的一些结论其实和现代科学事实迥异。科学世界观仅仅诞生于 600 年前，此前的现实是由人类的生命体验构成的。从概念上来讲，我们可以将体验到的东西和纯粹客观的物理世界区分开来，体验包含了情绪、梦境、幻觉、饥渴和疼痛等欲望驱动的主观体验。人的体验不同于物理世界的科学描述，而更像一部小说或电影那样专门传达和分享主观和客观状态。举个例子，体验更像是你所爱的真实而独一无二的人的去世，而不是医院的死亡患者记录。

> **BEYOND ORDER** 我们之所以深受虚构故事的吸引，正是因为我们的体验是亲身经历的具有文学性和叙事性的故事。

电影、戏剧、电视剧甚至歌词都将人们的生活体验整合在一起，因为它们比个体单一的生活经验更丰富。

要读懂《埃努玛·埃利什》需要了解的第二个基本知识是，人类的认知分类存在社会属性。它导致儿童读物中的所有东西都被人格化了，太阳、月亮、玩具和动物，甚至机器都是如此。人们不会对此感到奇怪，因为它深刻地反映了我们的感知倾向。我们期待孩子们以这样的方式看待世界，而我们自己也很容易回到这种视角里。需要澄清的是，这里不是说儿童故事中的现实被人格化了，而是说人类会自然地从人格化角度感知现实，然后需要非常刻意地摆脱人格化才能看见客观现实。① 人类眼中的现实是由许多人格构成的，因为我们生活在高度社会化的复杂群体当中，所面对的也主要是人格。而且几十亿年的有性生殖也深刻影响了人类的感知结构，让我们很容易看见性别化的人格。我们能够理解男人和女人，并且从中抽象出男性和女性气质。我们也了解小孩，并从中抽象出儿子（往往是儿子而非女儿）的角色。这些基本划分在《埃努玛·埃利什》的故事中有清晰呈现，也支撑了所有广为传颂的故事。

象征混乱的原始女神提阿玛特的外形是一条雌性恶龙，她代表了大自然创造与毁灭的可怕力量。她的丈夫阿普苏是永恒的父亲，是人类赖以获取安全感的秩序，同时也是暴政压迫的来源。② 这两个最原始的神进行了交合，用古人的话来说就是咸淡水相混，然后创造了第一代子嗣，也就是美索不达米亚的初代神灵。这些神灵代表了比原始的母体和父体更为分化的世界元素，如天与地，泥土与细沙，战争与火焰（道教的宇宙观里也有同样的理念，阴和阳分化为金木水火土 5 种元素。古希腊人也认为天与地，也就是乌

---

① 这也是科学发展大大晚于宗教，且各地发展不一致的原因之一。
② 不同于客观世界，神话世界中的事物可以有矛盾地并存，这也是更符合人类体验的表达方式。比如大自然既是创造者也是毁灭者，文化既是保护者也是压迫者。你或许会反对说，自然和文化并不是单一的事物，可以划分相互矛盾的部分。的确如此，但矛盾的部分在体验当中通常是并存的。比如当爱情中产生背叛时，丈夫与野兽，妻子与美杜莎的形象在体验上经常是一致的。这样的发现出现在现实生活中时往往很可怕。

拉诺斯和盖亚,生下了提坦巨神们)。但是这些神也像两岁孩子一样鲁莽、吵闹和冲动,他们持续的鲁莽和无知最终酿成了灾难,他们向阿普苏开战并杀死了他,然后试图在他的尸体上建造安稳的住所。

提阿玛特本就已经为孩子们的无脑喧闹感到厌烦,所以看到丈夫被轻率地杀死后彻底暴怒了。她召集了由 11 只怪兽组成的军队来对付那些不听话的后代,军队由一个叫金固(Kingu)的怪物率领。金固成为提阿玛特的第二任丈夫,获得了象征了世界终极权威的命运刻碑(Tablet of Destinies)。这一幕精彩的戏剧化故事显然指向了人类在对待文化时所犯的错误,当草率无知地推翻传统、毁坏文化时,混乱和怪兽就会现身。

当提阿玛特忙着组织军队备战时,众神们继续着他们的作乱,相互结合、生育子女和孙辈。其中,提阿玛特一个叫马尔杜克(Marduk)的孙子最为突出,他力量强大,长着环绕脑袋的眼睛,视力无所不及,所说的言语也具有魔力。他的先辈们很快就注意到了他的不同。在马尔杜克长大的过程中,众神们不得不应对与提阿玛特的战争,他们都试图战胜她,但都以失败告终。最后有人提议让年纪尚轻的马尔杜克去对阵他的祖母,他在接受这一提议的同时提出了一个条件,即他如果胜利了,就永久持有命运刻碑并统治众神。

《埃努玛·埃利什》以这样的方式描述了人们从多神论转向一神论的心理和精神转变。古代的美索不达米亚文明面临着不同部族和信仰融合的挑战,在众神之争中胜出的就是元神,他拥有所有神灵最为重要的品质,马尔杜克因此有 50 个不同的名字。这种乱中现首的过程是非常常见的神话主题,神话学者米尔恰·伊利亚德(Mircea Eliade)将其描述为诸神之战,也是法则一中提到过的合众为一。这样的想象描述了人在心理上对信仰和价值的挣扎。拥有不同信仰的部落联合以后,其成员会在现实和精神信仰层面产生冲突,有时甚至持续数代之久,就好像神明在以各自的信徒为代理,进行着旷日持久的地位之争。在反映这种争斗的古老故事里，当众神归位、尊卑有序之后，就实现了真正的和平。

> BEYOND ORDER　**和平就是对信仰和价值的等级秩序达成共识。**

因此，每当不同背景的人不得不长期共处时，一个必须回答的问题就是众神究竟有什么共性？人类文化创造的神灵的本质是什么？

这是一个非常难回答的问题，它一方面关乎价值，即什么是最重要的，另一方面又关乎主权，即什么是最高原则。这些问题由那些研究信仰终极意义的人提出，其困难程度则使人们要花费千百年的时间来思考，而答案最终以故事的形式呈现。美索不达米亚人智慧地意识到，最高的神圣和善包含了马尔杜克环绕脑袋的眼睛所代表的专注，魔力言辞所代表的有效语言，以及主动直面未知、战胜混乱的勇气与力量。这也许就是人类核心精神的决定性特征了。

古埃及人在许多重要方面都提出了相似的想法，我会在后文详细讨论。他们将自己的"救世主"、奥西里斯之子荷鲁斯与视力敏锐的猎鹰联系在一起，用他比喻主动寻找、识别、理解和战胜邪恶的视野，其象征符号就是著名的埃及之眼。

> BEYOND ORDER　**能在现实中发现威胁与恶意，并坦诚而智慧地说出来，或许是人类最重要的成就。**[4]

这种戏剧化的形式让人们发现，不论感知到的现实多么可怕，我们都必须直面并着手应对它。这也让我们的表层理解和深层自我更为统一，让身体与心理在对故事似懂非懂的模仿中产生更真实的联结。最重要的是，这样的故事让我们发现了用语言将潜在可能性转化为现实的重要作用，理解了自己在这种近乎神圣的转变中所扮演的角色。

在被推为众神之首后，马尔杜克向提阿玛特发起挑战并打败了她，将她困在一张巨大的网中切成碎片，并用她的遗骸创造了天地。事实上，马尔杜克众多称谓中的一个就是"战胜提阿玛特后创造神迹之人"。[5]数万年前，人类也正是这么做的，他们勇敢地猎杀了猛兽，用它们巨大的残骸建造最早期的住所。[6]马尔杜克同时也击败了金固和怪兽军队，并从金固那里夺取了命运刻碑，从而确立了自己作为宇宙统治者的地位。他押解着俘虏凯旋，受到了同胞的欢迎和崇拜，还赋予了同胞不同的职责。在和智慧之神伊亚（Ea）讨论之后，马尔杜克决定创造人类，让他们来替神灵承担平衡秩序与混乱的永恒任务。①

这个故事的中心思想是，当秩序（阿普苏）被冒失地威胁和破坏时，本来创造了这个世界的混乱之力就会以最可怕的、毁灭性的面目重现。然后，一个代表最崇高价值的英雄就会被推选出来面对混乱，并且在成功战胜混乱的过程中创造巨大的价值。英雄代表的是人类心智中最伟大的力量。诸如欲望、愤怒、饥渴、恐惧和快乐这样的原始体验需要被行动和感知的原则支配，而英雄就是这种原则的化身。为了控制乃至驾驭混乱，这个英雄般的原则需要成为组织和激励人类的最重要原则，而重要性就体现在它要被反复付诸实践。每一个勇敢直面问题、不断重建社会的人都是在再现马尔杜克精神。每个小孩将自己的情绪协调整合为一个完整的人格之后，他就能面对未知世界的挑战了。

---

① 伊亚用提阿玛特手下最可怕的怪兽金固的血液创造了人类。我一个后来成为同事的研究生曾提出，这是因为在神创造的万物当中，只有人类懂得欺骗和刻意作恶。

圣乔治（St.George）的故事和上一个故事稍有不同。一座古老城市的居民必须从一条恶龙巢穴旁边的水井中取水，为此他们不得不向恶龙奉上祭品，大多数时候是一只羊，但在羊被耗尽之后，就要奉上一个少女，而城中所有的年轻女性必须由抽签决定谁来赴死。一次，国王的女儿恰巧被抽中了，于是圣乔治挺身而出，与恶龙对峙，最终救出了公主。恶龙是未知领域的主宰者，战胜它就象征着战胜了有史以来一直威胁个体和社会的力量，也战胜了个体内在和外在的邪恶。在这个故事中，脆弱性也通过接纳获得了超越，自愿接纳的意义和战胜象征混乱、死亡和未知的恶龙同等重要。

> BEYOND ORDER　**接纳人生的痛苦才有可能战胜邪恶，否则内心就犹如地狱，充满愤怒、怨恨以及复仇和破坏欲。**

这样的故事还有很多，比如将蛇驱逐出爱尔兰的圣帕特里克（St. Patrick），战胜了宗教版金固（"那古蛇，名叫魔鬼"）的圣米迦勒（St. Michael）。托尔金在《霍比特人》里也讲了一样的故事，而《霍比特人》又源自古诗《贝奥武夫》，后者讲述了一个英雄打败了一对聪明的怪兽母子的故事。[7] 在《霍比特人》里，英雄虽然是个小偷，却在帮助寻找恶龙镇守的财宝过程中发展了自身的人格与智慧。珀尔修斯和使人石化的美杜莎的故事，以及为了从深海巨兽手中救回父亲，最终死而复生的匹诺曹的故事都是这个故事的变体。《复仇者联盟》第一部里也有类似情节，钢铁侠这个身披自制盔甲的超级英雄打败了和邪恶的洛基结盟的齐塔瑞外星龙虫，然后死而复生，并且得到了代表"少女"的"小辣椒"佩珀·波兹。如果不是人类的进化历程，以及塑造了文化的那些古老规律的影响，我们恐怕完全无法理解这些故事。

这些英雄都在展现着人类祖先有史以来最伟大的发现，那就是只要你有远见、勇气并辅以利器，就可以驱赶最可怕的毒蛇。当人类祖先还生活在树上时，那些最出色的个体就开始用棍子驱赶蛇，而这种主动的勇敢行为也赢得了附近雌性个体的赏识，这或许就是为什么传说中的恶龙除了囤积黄金还喜欢囚禁少女。极致的善与恶究竟是什么样的，这或许是有关人性最重要的问题。有趣的是，在《霍比特人》里，极致的恶仅仅是一条恶龙，但在《指环王》里，最大的恶则是索隆这个更为抽象的存在。随着人类抽象思维的发展，我们越发能意识到作恶的怪物有许多形态，而动物只是其中一种。相对成熟的文学作品总是反复印证这一发现。

迈向了不起的目标

在《哈利·波特与密室》中，霍格沃茨城堡受到了混乱力量的威胁，因为有几个强大的成年巫师在作祟。哈利·波特的孤儿身世是英雄身份的重要部分。他拥有世俗意义上的"父母"，即油腻又传统的姨妈和姨父——德思礼夫妇，他们为人盲目、短视，浑然不知对儿子达力的过度保护有多危险。达力既可怜又可恨，自以为是，爱欺凌他人。同时，哈利·波特也拥有理想的父母，即他的亲生父母，他们象征了自然的混乱与文化的秩序。他们是哈利·波特内在神奇潜力的一部分，这种魔力也存在于每个人身上，因为我们既是自己父母的平凡子女，也是自然和文化孕育的拥有巨大潜力的后代。[8]

当哈利·波特结束暑假回到霍格沃茨后，城堡里传来了不祥的异响，霍格沃茨的一些学生和居民也在此时变成了石头。变成石头显然意味着他们不能移动了，不过更深层的意义是被猎杀了，就像遇到了狼的兔子，在掠食者的注视下因为惊恐而动弹不得。许多相对弱小的食草类动物在面临死亡时都会因为恐惧而僵硬不动，依靠伪装和静止来躲避牙尖爪利的食肉动物。这样的影响在人类身上依然存在，比如我们对恐龙的敬畏之情，不过人类的勇气绝不应该比兔子还逊色。

最终，哈利·波特发现让人们变成石头的是一条巨大的用目光致人瘫痪的蛇怪，它在霍格沃茨城堡底层的地下水道里四处潜行。这条蛇和《贝奥武夫》中的巨龙相似，而后者塑造了托尔金的故事模式，于是才有了《指环王》。霍格沃茨里的蛇也好似《大白鲨》中血口大开的鲨鱼，潜伏在黑暗的海水里，随时可能吞噬赤裸和大意的人。这条蛇也像是我们脆弱的家园和社会体制，有可能在一瞬间轰然倒塌，让我们无所依存。对古人来说，已知的世界崩溃时，地狱的大门就敞开了。在最深的层面上，蛇就是潜伏在人们熟知的社会和内心世界之下的混乱与潜力。

经过努力搜寻，哈利·波特发现了迷宫般的地下水道的入口，并找到了密室。他在下水道里搜寻的过程恰好体现了炼金术格言"答案隐于污秽"（in sterquilinis invenitur）[1]，即你最需要的东西会在你最不想看到的地方找到。这一定程度上是因为你多半没有在那里寻找过，即使这么做很有必要。躺在密室中失去意识的金妮是哈利·波特最好的朋友的妹妹，也是他后来的妻子。金妮代表了被恶龙囚禁起来的少女或阿尼玛，就和圣乔治的故事一样。哈利·波特这个孤儿英雄需要负责唤醒和拯救她，这和托尔金笔下的比尔博从可怕的史矛革那里夺取黄金，以及迪士尼的菲利普王子唤醒睡美人一样，都

---

[1] 人们在几十年前才明确地发现主动直面恐惧和未知是有治疗性的，因此对恐惧症和焦虑症的标准治疗手段就是暴露疗法。但这个疗法只有在主动暴露时才有效，因为大脑会假设但凡主动靠近的东西都不是掠食者，哪怕是，自己也能轻易打败它。目前我们甚至发现，主动面对和意外遭遇压力时人的情绪与躯体反应完全不同。意外遭遇压力时，人会绷紧神经做好防御准备。[9] 长期如此，躯体就会变得像石头一样僵硬。主动面对压力的人则会带着胜算前进，从而战胜黑夜的恐怖和内心的邪恶。在长达数千年的持续观察中，人类学会了将这个过程写入伟大故事里，并在生活中模仿它。

是从恶龙的魔掌中拯救珍宝的故事。①

当然,未知是一个强悍的掠食者,就像哈利·波特面对的蛇怪一样,而它也必定镇守着无尽的黄金或沉睡的少女这样的宝贵财富。当人勇敢地离开已知和安全,在蛇怪的老窝中直面未知时,才有可能收获人生历险中等待我们的无限财富。

BEYOND ORDER 只要还活着,爱拼才会赢。②

而赢的人也会成为无比有魅力的人,主要因为冒险势必能推动人格发展,而这就是我们永远比兔子高明的原因。

哈利·波特和比尔博类似,都能在其他人看不到的情况下发现蛇怪,是因为他们自己有阴暗面。托尔金笔下的比尔博在当英雄之前是个小偷,他要

---

① 这里要进一步澄清的是,我在《人生十二法则》和《意义地图》中说过混乱通常由女性化符号代表,而这里谈到的混乱又是由蛇象征的。要解释这一点就需要联系到之前探讨过的炼金术版画,不过这次是由上而下地看它。越是巨大的威胁和混乱,就越是由人类最古老的敌人来代表。也许可以这样理解,那些无法想象的陌生和未知,一旦降临就会在心理上毁灭或者杀死我们,因此用蛇来代表它们最为贴切。原始的男性和女性都存在于这个领域,不过女性与未知的关联更为紧密。我认为这和生育的神秘有关联,女性的身体和未知当中都会诞生新的东西,或许正因如此,伊甸园里的蛇和夏娃的关系比和亚当更紧密。为了理解这个无处不在的符号,我进一步的大胆猜想是,也许女性更容易吸引蛇和其他危险的掠食者,尤其是当她们照料幼子时,所以女性所面临的更大危险让人们更容易将她们与蛇联系在一起。这也意味着和一个女性建立关系后会面临更多未知,尤其是小孩子会面对的各种威胁。此外,女性本身也是一股拒绝的力量。[10] 人类女性对配偶非常挑剔,这种对终极否决权的掌控也对应了自然界的残酷与智慧。这可能也是女性和蛇的关系的重要组成部分。
② 原文是 Who dares wins,为英国特种空勤团的座右铭。——译者注

接纳自己的内在猛兽，并以之取代自己的天真无害之后，才能变成敢于直面恐怖的勇士。哈利·波特则是以另一种方式和邪恶相连的，黑暗巫师伏地魔灵魂的一部分存在于哈利·波特身上，尽管双方一开始都没意识到这一点。也正因如此，哈利·波特才能听懂蛇的语言，并与之对话。与此呼应的一个事实，就是他既有纪律和勇气，也敢于在必要时打破常规。

在霍格沃茨的地下室里，哈利·波特受到了伏地魔控制的蛇怪的攻击。伏地魔与蛇怪的关系神奇地对应了《创世纪》中伊甸园故事里撒旦和蛇的关系。这是怎么回事呢？应该说爬行类掠食者本身的确属于一种混乱和危险，但另一种更抽象的心理和精神层面的危险是人性之恶，是我们对彼此的伤害。在人类的进化和文化发展中，我们逐渐意识到人性之恶是最可怕的一种"蛇"，所以在象征符号的变迁过程中，可能一开始是蛇对应着邪恶掠食者，然后是邪恶的他人对应着邪恶，最后是内心的阴暗、复仇和欺骗对应着邪恶的掠食者。在经历了不知道多少世纪的演变之后，这一系列符号描绘邪恶的方式也越发复杂。[11]

这些混乱和危险出现之后，都会首先被用来防御蛇的古老大脑系统侦测和处理。[12] 这个系统会让人身体僵住，从而在当下躲过掠食者，但是也会让掠食者活到明天。而正确的做法反而是主动出击，消灭威胁，不过这种方式对铲除邪恶来说未免太过具体。最可怕的邪恶来自人心，所以对邪恶最彻底、最全面的打击要依靠有善德的生命。基于这一点，《睡美人》中的菲利普王子在代表了大自然仁慈一面的仙女们的帮助下逃脱了邪恶女王玛琳菲森的魔爪，并且用真理之剑和美德之盾战胜了混乱恶龙。

在密室与蛇怪对决时，哈利·波特被逼到了绝境，十分危险。千钧一发之际，霍格沃茨校长豢养的凤凰突然现身，为哈利·波特送来了一把剑，并对巨蛇发起攻击，为哈利·波特创造了喘息之机。哈利·波特用剑杀死了蛇怪，但也遭受了致命伤害。这也是另一个意义深刻的神话规律，比如在《创

法则二：正确的自我叙事，让你成为更好的自己　　059

世纪》中，蛇赋予亚当和夏娃自我意识的同时，也使得他们看见了自己的脆弱和不可避免的死亡。一个残酷的事实是，巨蛇与恶龙会吞噬一切，混乱会带来毁灭。这些威胁非常真实，即便是真理、美德和勇气也不一定能与之抗衡，但真理、美德和勇气仍然是我们最好的选择。有时一定的牺牲也是阻碍死亡的最有效方式。幸运的是，那只凤凰的眼泪具有起死回生的魔力，它用眼泪治愈了奄奄一息的哈利·波特，让他恢复过来并打败了伏地魔，于是哈利·波特救出了金妮，也拯救了学校。

在圣乔治式的故事中引入凤凰，体现出了 J.K. 罗琳的又一个天才之处。凤凰是一种可以死而复生的鸟，象征了人格发展中不断推倒和重建的过程。这个过程经常始于破坏性的悲剧，然后在经历自我怀疑和成功应对之后产生更为完整的新认知。

> 自愿的死亡和重生是应对灾难的必要手段，这种方式可以化解僵化的现状和过度的秩序带来的致命危险。

如何行动

人们讨论如何行动的方式多种多样。他们会观察和模仿彼此，亲身演绎他人的行为。不过这种模仿并不是无意识的盲从，而是先在他人的行为中找出规律，然后对这些规律进行模仿。比如当一个小女孩扮演母亲时，她并不只是原封不动地模仿自己母亲的言行，而是会做出一个母亲应该有的行为。如果你问她在做什么，她会告诉你她在扮演母亲，但如果你让她详细描述母亲的行为是什么样的，她能说出来的会比做出来的模糊很多。她表演的比她能描述的要多，而我们每个人都是如此。你哪怕从未见过一个真实的母亲是什么样的，只要观察许多小女孩扮演母亲的方式，也能够清晰地推导出母亲最基本的样子。如果你善于言辞，或许还可以描绘母亲行为的核心元素，并通过故事将它传达出去。

相比语言，直接的模仿行为更能够准确体现行为模式。模仿的过程不仅有可能创造新的行为，还能更进一步，通过戏剧的形式化演绎提炼行为的本质。文学则更上一层楼，它能在没有演员和舞台的情况下让行为完全呈现在作者和读者的想象当中。只有最伟大的故事讲述者才能实现这样的提炼，用令人难忘的精彩语言呈现出最伟大的行为的本质。一代代优秀的讲述者通过持续的复述、修改和编排共同创造出了那些伟大的故事。当一个文明产生了文字之后，这些故事就可以被记录下来，大约在这个阶段，神话和仪式就逐渐转化成了宗教。

要发扬那些最了不起的行为，就必须提炼和传颂人类最深层的智慧。如果一个令人钦佩的地方英雄做了一件了不起的事情，那么最伟大的事就是以各地英雄共通的精神为指导原则的。那个所有英雄的英雄，或者说元英雄的存在条件必须具有普适性，而普适性所存在的元世界或许是超现实的，在概念上跨越了所有直观感知中的特定时空。混乱和秩序在这个超现实的元世界中不断互动，善与恶在这里进行的永恒战斗塑造了英雄的本质。英雄身上体现的这种不朽特质就是最高的神明。

> 英雄既是两股力量的孩子，又是它们的调和者，既能够将混乱转化为宜居的秩序，也能在必要的时候将秩序打回混乱中进行重建，更能通过强大的战斗力确保善的胜利。

每个人都需要通过故事在充满混乱的人生中找到知与行的秩序。每个故事都始于不够好的开头，结束于更好的结局。这个结局是评判一切的最终标准，没有它，一切都会变得无意义和无趣，或者在人们的恐惧、焦虑和痛苦中不断衰败。不过，因为时间能改变一切，所以每一个特定的、基于价值的故事也都会寿终正寝，并且需要一个更新、更完整，且不一样的故事来替代它。因此，任何一个故事的主角都需要臣服于创造性转变的力量，因为这力量创造了最初的故事，也需要用来推倒和更新旧的故事。这力量永远高于教条，就像真理高于预设，马尔杜克高于其他众神，创造力会更新社会，而哈利·波特和他的朋友们也一直能超越规则。

> **BEYOND ORDER** 要以负责任的方式打破规则，就必须先理解和掌握规则，而且在打破规则表面束缚的同时应该继续遵循规则背后的精神本质。

J. K. 罗琳在《哈利·波特与密室》中提出，愿意死而复生的灵魂才能战胜邪恶，该作品最后的结局又以创造性的方式重申了同样的含义。结局表达了只有当一个人愿意进行深刻的转变时，才能最有效地对抗人生和社会环境中那些意识体系和极权霸权的牛鬼蛇神。

> **BEYOND ORDER** 健康、有活力和尊重真理的人愿意承认错误，会主动放下过时的、阻碍发展的想法和习惯。

这样的人愿意让过去的信仰痛苦地燃烧殆尽，然后重获新生，继续前行。这样的人也会将自己在死而复生中所学的东西传递出去，以帮助他人借此重生。

你应该明确方向，选择你能想到的最好的目标，然后跌跌撞撞地奔向它。在这个过程中，你要留意你的错误和偏见，直面并修正它们。你应该把自己的故事理清楚，过去、当下和未来都很重要。你应该规划路线，避免重复过去的错误，看清当下的方向，用清晰的目标来应对不确定性、混乱和绝望。无论好坏，这都是一场冒险之旅，而你的地图最好是准确的。主动直面阻挡你道路的东西，那道路就是有意义的生命之路，是秩序与混乱交汇的边界，是使两者平衡的路径。

你应该选择深刻、高尚而又宏伟的目标。如果你能在路上找到更好的目标，那就调整方向。不过要小心，改变目标和放弃努力不太容易区分，一个有用的辨别方式是，如果新的道路更富挑战，那么多半意味着你不是在欺骗自己。你可以以这样的方式曲折前行，虽然这不是最高效的方式，但其实没有更好的选择，因为你在不断成长，目标也会在追寻中发生变化。

然后，随着时间的推移，你会越发明确真正的目标在哪里，那个小小的靶心，那个十字的中心，那个你能够追寻的最高价值。你所追寻的目标是不断移动和后退的，移动是因为一开始瞄准时你并不具备足够的智慧找准方向，后退则是因为不论你多么接近完美，总是会有新的完美可能性在你面前打开。不过，自律和成长会一直引领你前进。带着意志和好运，你就能书写一个有意义有价值的故事，它能随着时间不断完善，为你带来许多满足和喜悦的时刻。你可以成为故事中的英雄，那个自律的修行者，那个有创造力的变革者，那个造福家庭与社会的人。

正确的自我叙事，让你成为更好的自己。

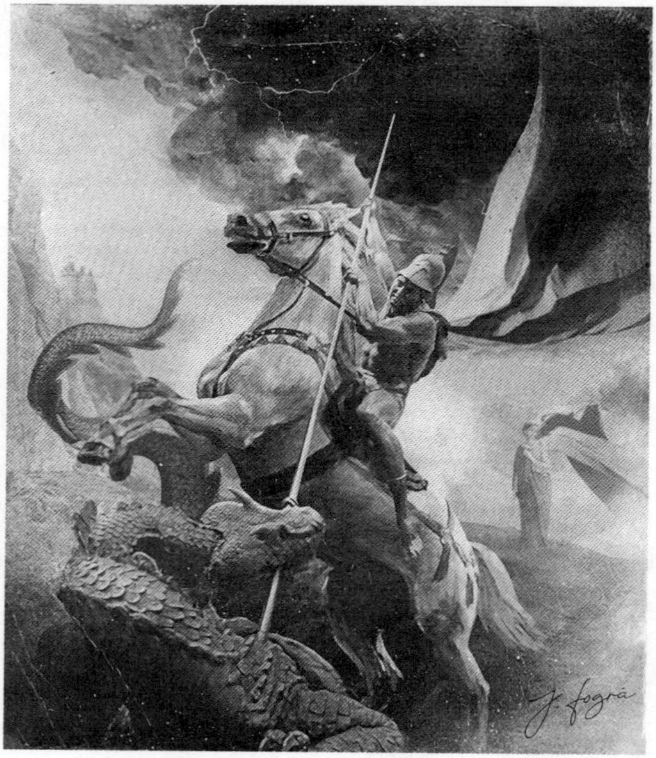

BEYOND ORDER

法则三

———

做好生活中不断重复的事情

如果你在衣柜里
堆积了足够多的垃圾，
总有一天，
那些在黑暗中野蛮生长的污秽
会在你最无防备之时夺门而出，
将你掩埋。

那些终将摧毁你的小问题

我 88 岁的岳父戴尔·罗伯茨（Dell Roberts）令我敬爱。他的内心非常稳定，总能扛住生活的磨难和挫折，毫无怨言地尽力前行。他置换过一个膝盖，现在正打算把另一个膝盖也换掉。他的冠状动脉上了支架，他还换过一个心脏瓣膜。他患有足下垂，有时会因此而滑倒。但一年前他还在玩冰壶，用一根专门为不便下蹲的人设计的棍子，在冰面上推动沉重的花岗岩石壶。

已故的岳母在很年轻时就患上了失智症。岳父对她无怨无悔的照顾令人敬佩不已，换了我多半是做不到的。岳父照顾了岳母很久，一直到自己不再有力气将她从椅子里抱起来。岳母早已丧失了语言能力，但每当岳父走进房间时，她的眼睛都会亮起来。他们对彼此的爱显而易见。岳父是个勇于直面困难的人，从不逃避。

岳父年轻时，在艾伯塔省的费尔维尤做了几十年的房地产经纪人。我就是在那个小镇长大的，而且就住在他家对面。在那期间，他和所有人一样，每天中午都会习惯性地回家吃饭，岳母会为他准备三明治和浓汤。有一天，他毫无预兆地对岳母发了火："为什么我们总是用这些小盘子吃饭？我讨厌用这些小盘子吃饭！"

岳母一直在用直径为 15～18 厘米的面包盘盛放三明治，而不是用一般的 25～30 厘米的全尺寸餐盘。不久之后，她带着些许震惊向女儿们讲了这件事。此后，这个故事在家庭聚会上被多次重提，也总会引起哄堂大笑。毕竟，岳父至少用这些盘子吃了 20 年的午餐，而岳母从不知道他讨厌这样的用餐陈设。这件事情充满了喜感。

现在看来，岳父那天完全有可能是被别的事情刺激到了，而并非真的在乎这些盘子。从某种意义上说，这是个小问题，但从另一个角度看，这非同小可，原因有二。第一，如果某件事每天都在发生，那它就很重要，而午饭就是每天都在发生。因此，如果有什么事情在长期困扰你，哪怕程度很轻微，你也应该留意。第二，尽管我们说一直持续发生的事都非同小可，但遇到这种所谓的"小麻烦"时，人们往往又会选择袖手旁观，任其发展。

重点来了，如果你积攒了成百上千个这样的问题，那么你的生活就会很痛苦，婚姻也注定会破裂。不要假装你对某件事情很满意，如果能谈出一个解决方案来，那么该吵就吵吧。这可能会使当下不愉快，但能让骆驼背上少一根稻草。那些人们普遍认为微不足道的小事尤其如此，比如用什么盘子吃午餐。

BEYOND ORDER　生活由重复构成，所以把重复的事情做好很重要。

不值得吵架

再讲一个情况更糟糕的同类故事。我曾有一个来访者，她在一家大公司做了多年的会计师后,计划转为私人执业会计师。她在行业中很受尊重,是个能干、善良而谨慎的人,但还是很不开心。我最初推测,她的不快乐源于对自己职业转型的焦虑。但在进行咨询期间,她顺利完成了职业转型,而其他问题凸显了出来。

她的问题不在于职业转型,而在于婚姻。她说她的丈夫是一个特别以自我为中心的人,同时又过分关注他在别人眼中的形象。这样的组合看似矛盾,但其实人格当中的两极化很常见。

> **BEYOND ORDER** 如果你向一个方向倾斜过多,那么你身上的其他东西就会向反方向过度倾斜。

所以,尽管在妻子看来这个丈夫很自恋,但他对家人以外每个人的意见都格外敏感。而且他还酗酒,这个习惯也放大了他性格上的缺陷。

这位来访者在自己家里感觉不到舒服自在。她和丈夫没有孩子,在两人同居的公寓里,她感觉不到有任何真正属于自己的东西。她的情况很好地说明了外在的生活环境可以深刻反映内心状况,因此我也建议遇到心理障碍的人从收拾和美化自己的房间开始疗愈自己。她家里所有的装饰品都是她丈夫选的,这些东西在她眼里都华而不实。此外,多年来他还热衷于收集20世纪六七十年代的波普艺术作品,在画廊和聚会上到处搜集,在家里挂满了这类画作。而在他搜集这些东西的时候,她每次都坐在车里等待。

她说她不在意那些家具和浮华的装饰,但我并不这么认为。她其实是不中意这些东西的,无论是浮夸的家具还是她丈夫收藏的大量艺术品,都不符合她的品味。她倾向于极简主义的审美,也许这种偏好正是她丈夫的过度装饰导致的。她从未明确过自己可能有什么偏好，这也许就是部分问题所在：她不清楚自己喜欢或者不喜欢什么，所以没有提意见的坚定立场。

BEYOND ORDER　如果你没有弄清楚你想要或不想要什么，就没法开口争论，更别提赢得争论了。

她相当不喜欢在自己家里像个外人的感觉，因此也从未邀请过朋友到家中做客，由此也使她愈发孤独。但随着丈夫大肆采购的持续进行，来自国内外的家具和画作都在不断累积。每买一次，家里和婚姻中属于她的那一部分就会少一点，而属于她丈夫的却与日俱增。尽管如此，这位来访者也从来不曾抗争和发火，从未一拳砸穿客厅墙上某幅特别令她厌恶的画作。在几十年的婚姻生活中，她从来没有真正地发怒过，或者承认讨厌自己的家、讨厌对丈夫品位的屈从。相反，她一直惯着他，成年累月，变本加厉。因为她说，这种琐事不值得吵架。因此，她的每次委曲求全都会让下一场争吵更有必要，但也更不可能发生。因为她知道，严肃的对话一旦开启就会触及婚姻中的所有困扰，继而带来无休止的争吵。所有的问题可能都会浮出水面，使她不得不想方设法去面对和处理。所以她保持了沉默，长期压抑着心中的怨恨，但也后悔浪费了自己的人生。

这些家具和画作不仅是物质实体，它们其实也承载了有关婚姻状况的重要信息，是那些我的来访者深有体会的信息。每一件艺术品都象征了丈夫得不偿失的胜利和妻子不战而败的失利。这样的艺术品有几十上百件，每一件都是这场持续数十年的沉默战争中的武器。不出所料，这对夫妻在结婚30年后终于分道扬镳。我想这位丈夫应该分走了所有装饰品和艺术品。

为了刺激你去直面沟通和缓解婚姻的困局，让我来提出一种可怕的可能性。一段 40 年的婚姻有 15000 天，而你和伴侣从早到晚的每一个小问题都会在其中重复。做饭、洗碗、打扫清洁、财务管理和夫妻生活等方面所有琐碎的分歧都会不断持续，直到有一天两人商量清楚。也许你还是会尽量避免冲突，在表面和平中混下去。然而不要忘了，不论是混日子还是努力，时光都不会停留。因为混日子的漫无目的性，你由此获得想要东西的概率也就非常低。万物最终都会崩塌，但人的过错会加速恶化的过程，这是亘古不变的智慧。或许只有清楚地意识到了不断重复的日常煎熬，你才会痛下决心解决婚姻的问题。在短期内忽视良心的刺痛和日复一日的困扰相当容易，但这并非明智之举。

> BEYOND ORDER
> 只有明确目标，坚持不懈，你才能避免被选择性无视消磨，抵挡熵增的狂澜，进而遏制家庭和社会的灾难。

选择性无视

我认为我们所讨论的堕落关乎欺骗和谎言，尤其是自我欺骗。严谨的逻辑学家无法理解一个人如何能够同时相信两个相反的想法，不过逻辑学家不懂心理学，所以显然没有注意或考虑到很多事情，比如他们有时对自己的家人也会有爱恨交织的矛盾情感。此外，在讨论人的信念时，"相信"和"同时"究竟意味着什么也并不明确。一个人今天相信一件事，明天相信另一件事，在短期内也通常可以安然无恙。在批改本科生论文时，我也经常发现作者在同一页，甚至同一句话里表述相反的观点。

从理论上讲，自我欺骗会在很多情况下发生。以弗洛伊德为首的精神分析学家探索过这些情况。弗洛伊德认为，大部分精神疾病都是由压抑

（repression）造成的，而压抑就是一种自我欺骗。在他看来，创伤性记忆被无意识地放逐到了潜意识的深渊当中，像地牢里的幽灵一样横冲直撞、惹是生非。弗洛伊德深知人格不是统一的，相反，它是由一系列破碎零散、彼此冲突或者隔绝的精神杂音组成的。这一点用一个简单的例子就可以证明，即人可以通过思考去模拟可能的行为和事件，却不必立即付诸行动。思想和行动的分离是抽象思维存在的必要条件，因此我们显然可以想一件事，而又做另一件事。如果仅是思考倒没什么，但在保证或者宣称自己的信念后，在行动上又体现出不同信念也许就不妙了。这是一种欺骗，是性格上的不协调，是存在模式之间的矛盾。在某些现代哲学家看来，宣称一种信仰但实践着与其相悖的行为，就构成了践言冲突（performative contradiction）。[1] 在我看来，这是一种隐秘的谎言。另外，秉持矛盾信念的人会在试图践行时懊恼地发现，自己亦被自相矛盾所阻碍。

弗洛伊德整理了一系列和压抑有关的现象，并称之为"防御机制"。所谓压抑，指的是主动阻止有可能被觉察的心理信息进入意识。这些现象包括否定（"真相并没有那么糟"）、反向形成（"我真的真的很爱我的母亲"）、转移（"老板吼我，我吼妻子，妻子吼宝宝，宝宝踢猫"）、认同（"我被欺负了，所以我就要去欺负别人"）、合理化（对低劣行为的自我辩解）、理智化（早期神经质的伍迪·艾伦的最爱）、升华（"我至少能画出裸体女人"）和投射（"不是我敏感，是你很讨人嫌"）。弗洛伊德是一位研究欺骗的出色学者，他直言不讳地指出了不诚实与精神疾病之间的关系。不过，我认为他对欺骗的理解存在着两大错误。

第一个错误是，弗洛伊德没有意识到疏忽之罪对精神健康的影响比起蓄意压抑有过之而无不及。他这种思维方式很典型，因为人们普遍认为，主动做坏事的蓄意之罪大体上比被动地不做好事的疏忽之罪更糟糕。也许有这样的想法是因为世上总有一些好事我们没有做到，所以有些疏忽之罪难以避免。尽管如此，相比于有意无意压抑已知恐惧的蓄意之罪，选择性无视有时候会带来更严重也更容易被合理化的灾难。选择性无视意味着你放弃探索那些本可以了解的事情，从而无法揭穿会带来痛苦的事物。舆论操控者把这种自我强加的无知称为合理推诿（plausible deniability），用这个概念来描述将最为病态的秩序合理化的做法。值得注意的是，选择性无视常被视为犯罪。比如作为一个公司的首席执行官，当你在怀疑财务做假账时因为不想知道真相而不去调查，那你就要为自己的不作为承担法律责任。强烈怀疑床底下藏着怪物又不去一探究竟，也是非常不明智的选择。

第二个错误是，弗洛伊德假设人可以理解体验过的事物。基于这个假设，他认为保存在内心深处的记忆能像录像一样客观准确地记录过去。如果人的体验仅是由一系列清晰明了的客观事件构成，以被我们感知、思考、评估和回应，那么这个假设是合理的。如果这个假设成立，那么创伤性体验哪怕被防御机制隔绝在意识之外，也应该被准确地记录在记忆当中。但不论是现实还是对现实的处理都不像弗洛伊德预设的那么客观或明确。

比如你在夫妻生活中已经持续被伴侣忽视好几个月，到了自己忍无可忍的地步，然后刚好看到伴侣和长相可人的邻居在热烈地聊天……当我们遭遇这种异常、陌生、困扰甚至创伤性的体验时，很少会单纯通过感知和有意识的思考去处理，然后调动情绪和动机去做出行为反应。实际发生的情况在法则一与法则二里深入讨论过，就是人对未知事物的处理是自下而上的。人们遇到的全部信息并不那么显而易见，所以在看到伴侣和邻居聊天之后，你并不会清晰透彻地认识到，自己已经被冷落好几个月了，虽然没有抱怨过，但这确实带来了相当强烈的挫败感和痛苦，而现在对方又得寸进尺地和一个异性如此热络。更有可能的情况是，在每一次被拒绝之后，你的内心都在积累更多的愤怒、哀伤和孤独，以至于现在情绪已经到了崩溃的边缘。

负面情绪的突然出现并不一定意味着你完全意识到了它的积累。你很可能跟我的岳父或来访者一样，因为日积月累的挫败而感到不快，却没有意识到原因是什么。原因到底是什么呢？可能性多得可怕。也许你没有被忽视，而是因为工作上的问题丧失了自信。于是你就对婚姻中的拒绝变得敏感，甚至会有臆想。所以你真正要弄清楚的不是为什么伴侣不重视你，而是老板、同事或者工作在如何影响你。如果不这么做，困扰的根源就会离你易怒、敏感和受伤的情感症状相差十万八千里，使得二者的因果关系看起来并不明显。也许你的猜疑是对的，你的确被忽视了，对方真的快出轨了，婚姻也将要破裂。这些都是严重的问题，你的不快也就毫不意外。但如果你固执地拒绝直面事业或者婚姻的问题，事情只会变得更糟。

更大的问题是，生活本身就很复杂，要找到任何问题的答案都不容易。比如当婚姻破裂后，在离婚和子女监护权争夺中想厘清问题就很难，以至于解决分歧经常需要法院和多方来评估。即便如此，当事双方也不太可能相信他们已经得到了真相，因为事物并不是作为彼此独立的客观事实存在的，在牵扯到人际关系时尤其如此。

> 一切事物的意义，即它真正代表的信息，都取决于它所处的情境。

而当此类事件发生时，许多情境都是我们无法感知或考虑到的。某人的妻子今天对他说的话，其意义取决于两人曾经对彼此说过的每一句话，曾经一起做过的每一件事，以及他们共同想象的内容，而这种种还只是其复杂性的冰山一角。这段话的意义在很大程度上甚至取决于这位妻子的母亲是如何对待父亲的，或者她的祖母是如何对待祖父的。再说宽泛一点，两者所处文化中的男女关系也会界定这段话的意义。这也是家庭争吵常常失控的原因，尤其是在尚未建立起持续有效的沟通模式的情况下。一个问题导致了另一个深层次的问题，而这又导致了更深层次的问题。于是，一场因"午餐用什么尺寸的盘子最合适"而开始的小争论，变成了一场关于"婚姻是否需要走向终结"的全面战争。在避而不谈许多事情的婚姻里，因为害怕升级的冲突，人们会把想法都藏在心里，而不是冒险在必要的时候说出来。

忠于感受和真相

想想自己害怕的感觉，它是有缘由的，你害怕自己，害怕别人，害怕这个世界。你怀念往昔的天真无邪，怀念在了解到那些可怖之事以前的时光，那时你孩提时期美好的信任尚未崩塌。伴随你对自己和世人的了解而来的苦恼多于启示。你被背叛过、伤害过，在一次次失望后开始不相信希望的存在。在这种情况下，你最不想做的就是知道更多，不去探索真相，也不去想象未来，相信无知才是福。

再进一步想想，你已经害怕到了不敢去想自己究竟想要什么，因为这会让你有希望，而希望终将破灭。在这种情况下，保持无知或许是对的，你害怕发现没什么值得你渴望，或者一旦想清楚了自己想要什么，也就同时明白了自己不会得到什么。你担心失败，也害怕如果你亲自定义了失败，又让它发生，那你就会毫无疑问地确定失败因你而起，而你本身就是个失败。

所以，你不允许你知道自己想要什么。为了保持无知，你拒绝深入地思考。你时而快乐、满足、专注，时而悲伤、沮丧、虚无。但你不会深究原因，因为伴随知晓缘由而来的就是破碎的希望和确凿的失望。出于一些不同的原因，你同样也会害怕让别人知道你想要什么。一方面，如果他人发现了你想要的东西就会来告诉你,这样即使你极力避免去想这个问题也无法逃避了。另一方面,如果他人知道了你想要什么,就会有机会拒绝你真正的愿望,而这将比你隐藏在内心深处的愿望更能伤害你。

迷雾代表了什么

遮蔽的迷雾代表的就是对情绪和动机的忽视,以及将它们在自己和亲近的人面前隐藏起来。不良情绪并非没有缘由,焦虑或悲伤也有其意义,而且多半不是让你开心的原因。想要成功地表达出一种压抑已久的情绪,最可能的方式就是流泪,即承认自己的脆弱和痛苦。这也是人们在感到不信任他人和愤怒时有泪不轻弹的原因。有谁愿意挖掘到自己痛苦、悲伤和内疚的深处,直到泪水涌出呢?

主动忽视还不是处理这些情绪的唯一阻碍。比如当你的伴侣或者此刻与你有矛盾的人说了一些太过直白的话刺痛了你,尖锐刻薄的反击通常可以让他们闭嘴,而且你多半也会这么做。这在一定程度上是一种考验,被侮辱的人是否足够关心你和你的痛苦,愿意克服阻碍挖掘令人不适的真相?从另一个角度看,这显然也是一种防御,如果你能把他人赶走,让他们远离你自己也不想接近的东西,就能让你当下的生活轻松一点儿。可悲的是,如果这种防御成功了,伴随而来的也通常是被抛弃感、孤独感和自我背叛感。

尽管如此,你仍不得不和他人共存,而他们也摆脱不了你。你有你的需求和渴望,哪怕再不确定、不清晰,你也会去追求它们,因为人不可能不带着需求和渴望生活。这种情况下,你会怎么处世呢?你也许可以在亲近的人让你不开心时表现出失望,在事情不顺心意的时候任凭怨恨肆意发泄,让冒犯你的人被你的反击吓坏,让令你失望的人苦思冥想他们到底做错了什么,或者是让他们在你遮掩自己的迷雾中乱撞,直到撞上你的偏好和愿望所筑成的锋利棱角。也许这些反应也都是因为害怕信任他人而创造的测试，背后的假设是如果你真的爱我，你就会努力穿越这些我设置的艰难险阻来看见真正的我。也许这样的想法很有意义，因为对诚意的测试也是有价值的。没有什么东西应该唾手可得，即使是一些不必要的神秘感也会让我们有很长的路要走。

此外，你还必须和自己相处。为了暂时的安全，你可以回避自身的不足。毕竟每一个理想都是一种批判，在指出你并没有发挥自己的全部潜能。没有理想就没有批判，但也没有目标感了。这是一个很大的代价，因为没有目标感就不会有积极情绪，而我们前进的主要驱动力就是靠近渴望事物时的希望感。更糟糕的是，缺失目标也会带来难以承受的长期焦虑，因为聚焦的目标可以让我们避免无尽可能性带来的难以忍受的混乱。

即使你明确自己的目标并且努力追求，依然有可能失败。但如果你不明确自己的目标，那就极可能会失败。当你不愿意看靶子或瞄准时，是很难击中目标的。在这种情况下，你可能会一直脱靶，没法累积瞄准的优势，也会错过不如意的经历中蕴含的成长经验。任何事情的成功可能都需要经过尝试—失败—调整—再度尝试这个循环，并且不断往复。

> **BEYOND ORDER** 失败能带来成长，而有时成长可以让你发现一个更好的目标，不是更容易的目标，而是更能够满足自己追求的目标，或者在最开始的道路上压根实现不了的目标。

所以，如果不把事物藏在迷雾当中，你还可以做什么呢？答案是承认你的感受。这个问题很复杂，它并不简单等同于屈服于感受。首先，人会因为

法则三：做好生活中不断重复的事情　　077

琐事感到焦虑和孤独，这会让人痛苦和愤怒，而要承认并表达这些感受却令人羞耻。承认这些感受就意味着揭露自己的无知、不足和脆弱。其次，强烈的感受可能会将你引向错误的方向，因为你有可能因为无意识的局限而完全误读局面，这实在令人不安。因此信任很关键，不过此处所说信任是指成熟和带有悲剧色彩的那类信任。

> **BEYOND ORDER** 一个天真的人会认为所有人都值得信任，但一个真正经历过生活的人一定背叛或者被背叛过。

有阅历的人都知道人是有能力和意愿欺骗他人的，因而会对人性有合情合理的悲观，但这也会开启另一种基于勇气而非天真的对人性的信念。虽然我有可能被背叛，但我依然愿意信任你，并且希望这可以激发出你我最好的一面。我愿意承担敞开合作沟通大门的巨大风险，即便你真的背叛了我，只要你愿意真诚悔过，我就会原谅你并继续信任你。做到这一点的方式之一就是告诉你我的感受。

这样的直白表露需要带着一定的谦和。理想情况下，你或许不应该说"你最近在忽略我"，而应该说"我感到孤独和受伤，而且忍不住会感觉你对我的关注度不够，这让我不满，而这也影响到了我们的关系。但我不确定自己是因为心情不好想象出了这一切，还是这确实是实情"。这样的表达方式可以将意思传递到位，同时又避免了指责性口吻导致的无尽争辩。你很可能误判了自己感受的来源，如果是，你应该想办法弄清楚，因为延续一个令所有人痛苦和影响未来生活的错误毫无意义。你最好能让迷雾散去，发现真相，看清暗藏的利器究竟是真实的还是臆想的。虽然有些的确可能是真实的，但看清它们也比将它们藏在迷雾中要好，因为你至少有可能避免这些你愿意直面的危险。

隐藏的事件与记忆

在人们眼前展现的事件并不会直白地表明其发生的原因,我们也不会通过记住过去来记录特定的事件或情境,而且这也是不可能做到的。我在法则二里就讲过,人们经验中的信息都是潜藏的,像矿石中的金子,需要通过极大的努力和他人的支持来提炼,才能用来改善当下和未来。对过去的有效利用可以让人们复制好事,规避坏事。我们想知道发生了什么,但更重要的是为什么会发生。"为什么"的问题中蕴含的智慧能让我们避免重蹈覆辙,如果足够幸运,还能帮我们复制成功。

从经验中提取有用信息很难,需要带着兴利除弊的纯粹动机才能做到。这要求一个人坦诚直面错误,调查偏差的来源,同时也需要有改变的意愿,而改变等同于放下一些事物、想法或人。如果不愿如此,最简单的方式就是回避且拒绝思考,而这就为真诚沟通埋下了不可逾越的障碍。

不幸的是,这种长期的选择性无视会让生活变得模糊空虚、混沌迷茫,让你感到一头雾水又惊慌失措。[2] 这都是心理与现实、主观与客观的奇特结合。是一个东西可怕还是我在害怕?是一个东西很美还是我在赋予它美感?当我生一个人的气时,是因为他做了错事,还是我缺乏自控?当你的世界崩塌时,你就会被这些问题长久地困扰。这样的状态有客观的一面,比如崩塌可能是由亲人离世、重疾、事业受挫等真实事件引发的,但其中也有主观的一面,包括痛苦、怀疑、困惑和无法选择或感知前进道路的状态。

存在的根基既是主观的也是客观的,在感知尚不清晰、世界尚未被阐明之前,动机、情绪和物质都混为一体。妻子没有被丈夫理解,她想表达的真正意思也没有被探明,因为担心这会揭示可怕的事物。这样的情况无法用语言描述，因为关于此类情况的词语模糊无形。个人动机始于隐匿的形态，且会一直如此，因为我们不想知道自己的目的。麦子尚未从糠秕中分离出来，金子和公主仍然在恶龙的魔掌之中，哲人之石依然在阴沟中未被发现。隐藏在圆形混乱中的信息一直在渴求着人们的注意，但始终未被发掘。这种疏忽其实是在主动拒绝拓展意识，毕竟通向终极目标的道路往往发端于森林中最幽暗的角落。而你所需要的东西，依然藏在你最不愿注目的地方。

> **BEYOND ORDER** 如果你在衣柜里堆积了足够多的垃圾，总有一天，那些在黑暗中野蛮生长的污秽会在你最无防备之时夺门而出，将你掩埋。

这时你可能没有足够的时间和精力去面对它，整理并做出取舍，你最终不堪重负，濒临崩溃。这便是提阿玛特的回归，她是美索不达米亚文明中强大的混沌女神，行为不端者的克星。

这个世界充满了潜在的艰难险阻，也遍布着机会。因为害怕遇到危险而将一切隐藏在迷雾中，这样的做法在命运逼着你走向你拒绝看见的未知时毫无用处。在被尖锐的树杈刺伤，蹒跚地翻过巨石，匆忙中错过庇护之所后，如果你继续否认自己本可以不隐藏意识的光芒，而是用它来照亮迷雾，接下来你就会开始诅咒他人、现实和命运，认为是他们给你创造了无法逾越的障碍。你会因为阴暗动机的驱使而越发堕落，而失败和挫折会助长这些动机，滋生出怨恨、无情的报复之心。这样的态度和行为最终会让你的生活、你的社会网、你的国家乃至世界都变得越发窘困，反过来也会让存在本身变得贫乏，而这正是你内心最黑暗的动机所渴望的。

只要认真寻找，细心留意，你就有可能把天平从坎坷的一端倾向机遇那头。当天平倾斜到一定程度时，你或许就会觉得，尽管生活充满了脆弱和痛苦，但仍然值得过下去。如果你诚心祈求心中所愿，或许就真的会得到它。如果你真心去寻找，或许就真的会寻见所求之物。如果你恳切地叩门前往心驰神往之地，也许大门就会敞开。生命中总有某些时刻需要你倾尽一切去面对，而不是回避可怕的真相。

> **哪怕你害怕的是世界上最可怕的事物，用你的臆想来替代它也是更糟糕的选择。**

做好生活中不断重复的事情。

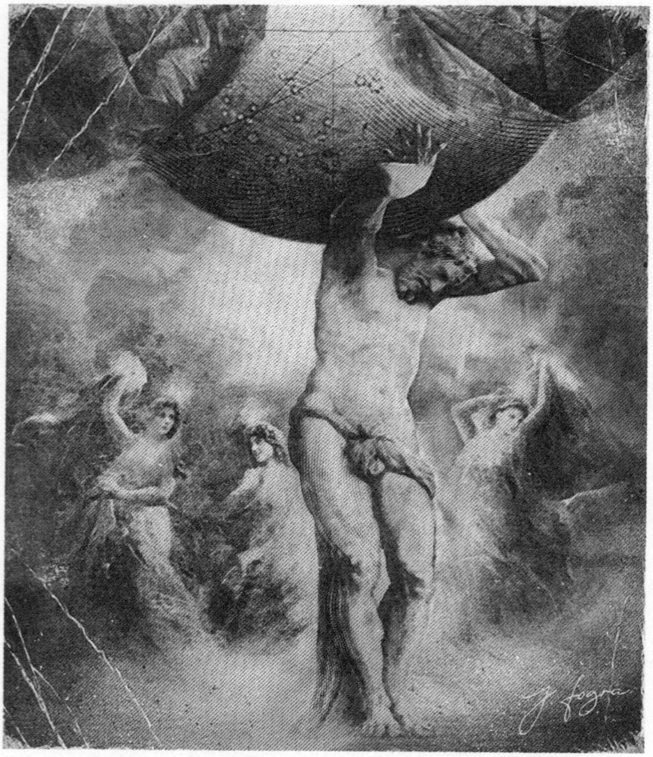

BEYOND ORDER

法则四

———

你愿意承担多少责任，
就会获得多少人生意义

如果你不想
再继续当一个木偶，
受制于某种你不理解
也不想理解的东西，
那你就有必要
把眼睛抬到地平线以上，
树立一个超越性的目标。

做个有用的人

　　我身兼临床心理学家和教授两个身份，曾经为很多人的职业发展做过指导。有时候人们向我咨询的问题是他们的同事、下属或老板不愿意尽责工作。这些咨询者要和一些自命不凡、骄横跋扈的人共事，所以必须采取一些合理的行动来改变这种局面。我不鼓励人们自我牺牲，因为默默无闻地奉献却让他人抢功并不明智。尽管如此，如果你足够细心，就会注意到那些偷懒的同事留下了海量的要务亟待解决。你可能会问自己："如果我担起这些工作的责任会怎么样？"这个问题想想都让人发怵，因为未竟之事往往带有风险、艰难和必要性，但这不也正意味着这些工作价值显著吗？尽管疏忽在所难免，但你还是有可能注意到问题的存在。那你怎么知道这不是你的问题呢？为什么你会注意到这个问题而不是其他问题？这一点值得深思。

> BEYOND ORDER　如果你想在工作单位或任何团体中做一个有用的人，那就去完成那些重要但无人触碰的事情吧。

　　第一，花费比同事更多的时间在工作上，当然也别失去自己的生活。[1]

第二，厘清眼前的混乱不堪。第三，工作的时候认真投入而不是装装样子。第四，多研究一下你的业务或你们的竞争对手。这样一来，你就会成为一个有用的人，一个不折不扣的中流砥柱。人们会注意到这一点，并开始欣赏你来之不易的成绩。

你可能会担心自己没有能力做好那些重要的工作。但如果你开始把自己打造成一个有能力的人呢？你可以试着从解决小事做起，处理那些一直困扰着你但可以被解决的琐事。你可以从对抗一条刚好打得过的恶龙开始，它可能没有囤积大量的金子，但仍有一些宝藏，并且你有可观的赢面，不至于惨败。

> BEYOND ORDER　**在合理的情况下，担起一点额外的责任，是一个成为真正有用之人的机会。**

接着，如果你想获得加薪或者更多的自主权和自由时间，你可以跟老板这样商量："这里有 10 件至关重要的事需要解决，而我正在着手处理它们。如果你愿意帮我一把，我就会继续做下去，甚至越做越好，而且包括你的生活在内的一切都会随之越来越好。"如果你的老板足够明智，那这件事就能谈妥。事情往往就是这样做成的。不要忘了，这个世界上不乏一些真正的好人，他们乐于向值得信赖的人才伸出援手。这便是生活中利他主义的真正乐趣所在，而它的价值是不可被廉价的、看似世故的愤世嫉俗所掩盖的。

意义最能维系生命，而意义可以在一个人主动承担责任的过程中被找到。当人们回顾自己有幸取得的成就时，他们会想："我还真做成了那件事，挺不容易但非常值得。"这似乎是个奇怪的悖论，一件事的价值和完成它的难度是相互关联的。想象一下以下对话："你想做难事吗？""不，我想做轻松的事。""根据你的经验，轻松的事有价值吗？""好像通常不太有。""那你真正想要的可能是难一点儿的事。"我想这就是人生真谛：困难是必要的。

这就是为什么人们会乐于给自己设限。比如我们会在玩游戏时接受人为的限制，在规则框架之下进行探索，这就是游戏的意义所在。如果没有这些人为的规则，游戏就无法进行。比如，在下中国象棋时你必须接受一些规则："马必须走'日'字，这是多么奇怪，但又多么好玩啊！"有趣的是，如果棋子能任意移动，那中国象棋就不好玩了。如果你没法重复以前的走法，游戏就不再是游戏了。

> BEYOND ORDER　接受一定的限制，游戏才能展开。

讲得宽泛一点，现实世界和理想生活都离不开限制。假设你能通过接受规则来打破窠臼，那你就能玩好这满是条条框框的游戏了。

这一切的意义并不限于心理学，也不只是在说游戏。人需要意义，而问题也需要解决。从心理学的角度来说，找到值得为之牺牲、值得承担的事情对人生有莫大的益处。生活包含了真实的苦难和邪恶，以及可怕的后果，而人们通过直面问题来化解它们的能力也不容抹杀。通过承担责任，我们不仅可以找到一条有意义的道路，从心理上改善自我，还可以真正让难以容忍的错误有归正的余地，可谓两全其美。

在困苦中激发潜能

人生即苦，这是宗教思想中比较普遍的一个道理。苦谛是佛教四圣谛中的第一谛，也是印度教的一个重要概念。传统上认为，古印度语中表示"苦"的词有巴利语中的"dukkha"或梵语中的"duhka"。它们是从表示"坏"的"dus"和表示"洞"的"kha"演变而来的。这里的洞特指马车车轮上的洞，车轴便是从中穿过的。这个洞的位置应该不偏不倚地处于轮子的正中心，否则乘车人就要饱尝颠簸之苦了，轮毂越歪，车就颠得越厉害。这让我想起了希腊语中的"hamartia"一词，在西方宗教思想的语境中，它经常被翻译为"罪"。

Hamartia 原本是一个射箭术语，该术语意指未击中靶心或错过目标。错过目标的原因数不胜数。我在临床实践和个人生活中都观察到，人们得不到自己需要和想要的东西，往往是因为他们从未向自己和他人明确那个东西是什么。毕竟不瞄准是几乎不可能击中目标的。

> **BEYOND ORDER** 相比那些因主动实践而犯下的错误，我们更容易对未曾尝试的事情耿耿于怀。[2]

如果做错了什么事，你至少还能从中吸取教训。但被动地面对生活，哪怕是为了避免错误也是一个致命的错误。正如伟大的蓝调音乐家汤姆·韦茨（Tom Waits）在他的歌曲《小雨》（*A Little Rain*）中所唱的："你必须要为值得的事情去冒险（You must risk something that matters）。"

彼得·潘也犯过这样的大错。"潘"这个名字的意思是"包罗万象"，它呼应了希腊神话中的荒野之神。彼得·潘这个神奇的男孩可谓无所不能，因为他代表了潜力，而每一个潜力无限的孩子都是有魔力的。但时间会消磨掉这种魔力，孩提时期迷人的潜能会转化为成年后平淡而真实的现实，关键就在于早期的可能性能否换来有意义、有价值和可持续的现实。彼得·潘则拒绝这样做，因为他把胡克船长当作自己的榜样。胡克船长代表了暴君和秩序的病态，是一个怕死的寄生虫。他变成这样也不是没有原因。以鳄鱼形象跟踪胡克船长的死神肚子里有一个钟，象征着时间和生命在一分一秒地流逝。鳄鱼也在咬下胡克船长的手时尝到了嗜血的快感，而这血液也象征着生命。不是只有懦夫才会被潜伏在混乱深处的东西吓到，绝大多数人在童年结束之前都遭受了过多失望、疾病和亲人的离去。有过这样经历的人都可能变得像胡克船长那样牢骚满腹、暴戾恣睢。有了这样的前车之鉴，也难怪彼得·潘不想长大，宁可继续做迷失男孩们的国王，和小叮当一起迷失在幻想之中。小叮当提供了一个女性伴侣所能提供的一切，只不过她是虚幻的。

温迪是彼得·潘的一生挚爱，尽管她很崇拜彼得·潘，但还是选择了长大。温迪后来嫁作人妇，以迎接她的成熟和其中隐含的生命有限性。她有意识地牺牲掉了自己的童年来换取成年后的现实，也获得了真实的生活。而彼得·潘却一直是个孩子，他的确充满了魔力，但也还只是个孩子。与此同时，有限而独特的生命也与他擦肩而过。在詹姆斯·巴里的剧作《彼得·潘：不会长大的男孩》（*Peter Pan or The Boy Who Would Not Grow Up*）中，彼得·潘在面对流囚岩时是不畏惧死亡的。粗心的观众可能会把他的态度误解为勇气。毕竟他曾豪言："死去是一场巨大的冒险。"但心思缜密的画外音却如是反对："活着才是一场巨大的冒险。"这确实是一个孩子王在选择温迪后会发生的事。紧接着，画外音又说道："但他永远都学不会。"彼得·潘不害怕死亡并不是出于勇敢，而是其自我毁灭的本性使然。他不断拒绝成熟便是体现了这种对生命的厌恶。

在兄弟会派对里当那个年纪最大的人绝不是一件好事。这是一种伪装成任性叛逆的绝望，也透着一股敏感的颓丧和傲慢。《彼得·潘》里的永无乡便有这样的意味。同样，一个迷茫但有才华的人在 25 岁时充满潜能，到了 30 岁可能就会显得绝望可悲，40 岁时则可能会完全失去潜力。

> **BEYOND ORDER**
>
> 你必须牺牲掉一部分不可估量的潜力，以换取一些生活中实在的东西。你需要找准目标，严于律己，否则就要自食其果。

会有什么苦果呢？如果徒然吃尽了生活的苦却找不到其意义所在，那还有比这更像地狱的吗？对佛教徒来说，人生即苦，也许对许多其他宗教的教徒来说多少也是如此。《希伯来圣经》则记载了犹太人的苦难历史和丰功伟绩，小到个人，大到民族。即使是那些被耶和华亲自召唤到生命冒险之旅的人，也未能幸免于灾祸。作为大家长的原型，亚伯拉罕在直觉上或许也感知到了这一点，而他自己也显然是个彼得·潘。典籍中记载，亚伯拉罕一直安稳地在他父亲的帐篷里住到 75 岁，即使按照今天的标准，这个起点也很晚。接着在神或者说内在声音的召唤下，他离开了家族和祖国，开启了人生之旅。那么听从神谕后，他遭遇了什么呢？首先是饥荒，然后是埃及的暴政，在那里他美貌的妻子也差点被更有权势的人抢走，他接着又被他所寄居的国家驱逐出境。在放逐中，他的族人又为领土起了争端。在随后的战争中，他的侄子也被掳走了。尽管神明承诺让亚伯拉罕成为一个伟大民族的祖先，他却长期没有子嗣。最后，他的妻妾之间也发生了可怕的纷争。

对亚伯拉罕故事的深入研究给我的影响很大。这个故事的内核奇怪地结合了悲观主义和基于现实的真诚鼓励。为什么说它悲观呢？即使你像亚伯拉罕那样被神明亲自召唤去冒险，生活也同样会异常艰难。即使在你能想到最理想的境遇下，依然会出现几乎不可逾越的障碍挡住你的去路。不过，与此同时，你可能会发现自己比想象的更强大、更有能力。你内心有一种潜能，那份童年时就显现的魔力，会在情势所迫时被激发出来，让你无往不利。

我最近才多少理解了一个非常古老的思想，它贯穿于从古到今的许多文学、绘画和戏剧作品中。这个思想关乎责任和意义，不过它的真正价值似乎是被隐藏起来的，像梦境带来的智慧一样难以捉摸。我们可以从错综复杂的英雄神话中看到这个思想，英雄总是念着神奇的咒语，拥有过人的视野，战胜巨人，领导民众，勇屠恶龙，找到难寻的宝藏，拯救纯真的少女。这些都是同一种感知和行为模式的变体，勾勒出了现实的普适性规律。此外，英雄也能从猛兽肚子中救出自己的父亲。这些故事里如此常见的叙事究竟意味着什么呢？

拯救你的父亲

这里就要说古埃及神话中奥西里斯（Osiris）、塞特（Set）、伊西斯（Isis）和荷鲁斯（Horus）的故事了[①]。埃及人将奥西里斯视为开国之神。为了方便理解，你可以把他视为古埃及人民个性特征的集合体，正是他们缔造了灿烂的尼罗河流域文明。奥西里斯作为一个创造文化的英雄，被人们奉为神明。在年富力强时，奥西里斯的旷世奇功便是创立了第一批源远流长的伟大文明中的一个。但正如世间万物一样，他也会衰老，也会选择性无视。埃及人坚信，这个在他们神话中至关重要的人物也有其两面性，这真可谓真知灼见。这位伟大的开创之神开始变得与时代格格不入，更重要的是，他在明知自己应该保持警醒的情况下选择了闭上双眼，不再关注治国的方略。这就是选择性无视，没法完全以年迈昏聩来开脱。这是一种可怕的诱惑，因为这样我们就能把眼下的麻烦抛给未来，妄想麻烦不会像高利贷那样利滚利，可我们都知道，世上哪有这样的好事呢？

---

① 在我的第一本书《意义地图》中，我对这些神祇进行了广泛的分析，并在《十二人生法则》的法则七中也提到了这一点。

奥西里斯也为他明知故犯的疏忽付出了惨重代价，最终不得不臣服于其邪恶的弟弟塞特。可以说，在古埃及人的世界观中所公认的是，国家总会和一个邪恶的兄弟相伴。这是一个曾长存于世的发达文明在自我审视其缺陷后所得出的结论，而其部分观点在今天依旧有参考价值。一个良好运转的等级制度一旦被建立，处于其顶端的权威地位就有机会被篡夺。觊觎高位的人并不是有能力处理当下要务的人，而是善于玩弄权术、巧言令色和使用仗势欺人的手段来钻营上位的人。

古埃及人试图将这些掣肘之势浓缩在塞特的形象中，他就是教化、启迪、远见和良心的敌人。[3] 塞特最大的野心是统治全埃及，坐上法老的宝座。而奥西里斯对弟弟不臣之心的视而不见也使得塞特的势力日益坐大。这是一个致命的错误，即使是对一个不朽神明来说也是如此。塞特一直在韬光养晦，伺机而动，最终趁其兄长不备之机一举将其肢解，并将其碎片散落在广袤的乡间。但奥西里斯不可能就此被消灭，他象征着人类对构建社会组织的永恒冲动，这是一股不朽的力量。但正如塞特所为，将其撕成碎片还是有可能的，并让他很难东山再起。

奥西里斯这尊秩序之神土崩瓦解了。这种情况在个人、家庭、城市乃至国家的历史中不断重演。当恋情破裂、事业受阻或理想破灭时，当绝望、焦虑和不安在宜居的秩序中赫然显现时，当虚无主义的深渊张开其血盆大口，吞噬了当下生活中理想而稳定的价值时，秩序就会崩溃，混乱随之肆虐。这就是为什么冥界女神伊西斯，即奥西里斯的王后，在其丈夫被塞特摧毁时现身了。她在乡间仔细搜寻奥西里斯生命的精华，最终在他被分解的身体中找到了蕴含智慧和韧性的精子，就此怀孕。这意味着什么呢？冥界女神和混沌女神也是万象更新的永恒推手。不论是吉是凶，在先前系统崩毁时，所有被其局限的潜力顷刻间都得到了释放。先前系统充斥着既定的忌惮、分野和预设，它们给那个有序状态下的所有人套上了无形的枷锁。因此，即使正值至暗时刻，新的可能性也会在核心体系瓦解时迸发出来。于是，原型的"英雄"便在此百事凋敝之际横空出世。

怀有身孕的伊西斯回到了她在冥界的家，并及时生下了荷鲁斯。这位先王的合法子嗣在日渐成熟的过程中愈发与腐败的王国格格不入，而这也象征着我们每个人的成熟历程。荷鲁斯的首要特征是锐利的眼睛，即古埃及著名的"真知之眼"。同时，他的化身是猎鹰，一种能够精确锁定猎物的猛禽。它以致命的准确性来打击目标，拥有动物王国中无与伦比的敏锐视觉。更重要的是，荷鲁斯在拥有观察能力的同时，还拥有观察的意愿。

> **BEYOND ORDER** 所谓勇气就是，无论真相看起来多么可怕，都勇于探寻。

荷鲁斯是伟大的专注之神（god of attention），古埃及人通过这样一种奇特的叙述方式认定注意力应该凌驾于所有能力之上。荷鲁斯与他的父亲奥西里斯的不同之处就在于，他有观察的意愿。比如，荷鲁斯就能一眼看穿叔叔塞特阴鸷恶毒的本性，深知他就是邪恶的化身。荷鲁斯成年之后，回到了从他父亲手中被窃走的王国，并与塞特展开对峙。这是一场史诗般的殊死搏斗。这位年轻的神祇和合法的储君看到机会就隐藏在责任被推卸之处，且拒绝视而不见。这时所有事端都要有个合乎逻辑的了结，堕落与选择性无视也要被彻底曝光，这可不是胆小鼠辈能担当的大任。尽管挑战邪恶势成必然，但在眼睛没有保护的情况下去直视邪恶，其中的危险是不言而喻的，荷鲁斯的初战失利就说明了这一点。塞特在这场与他侄子的争斗当中，剜出了这位勇士的一只眼睛。

尽管遭受了重创，荷鲁斯最终还是取得了胜利。就这场胜利而言，我们非常有必要重申他自愿投入战斗的事实。自愿面对一个令人恐惧、憎恨或鄙视的障碍有疗愈的作用，这是临床干预中的一个基本原理，也是许多实务心理学思想流派在观察心理康复过程后得出的结论。

> **BEYOND ORDER** 通过自愿面对阻碍自身进步的东西，人们可以变得更加强大。

但这不意味着要"贪大求全"，正如"自愿投入战斗"不意味着"无端寻衅滋事"一样。我们接受挑战的节奏应该刚好能使我们保持居安思危的心态，从而迫使我们增强勇气，发展才干，同时避免蛮干，不要和超出目前理解能力的事物鲁莽对峙。

在寻求挑战时，怎样才能找到合适的节奏呢？追寻意义的本能比思想能力更加深邃而久远，而答案就藏在其中。你正在尝试的东西是否在迫使你前进，而又不至于过于可怕？它是否能让你保持兴趣，而同时又不会压垮你？它是否能消除时光流逝带给你的负担？它是否能为你所爱的人，甚至你的敌人带来一些好处？这就是责任，致力于遏制邪恶，减缓痛苦。尽管你已经为重担所累，尽管你的生活中经常出现无端的不公和残暴，你还是会心怀改善周遭的愿望，积极面对生命中每一秒所展现的无限可能。此外的其他选择都只能加深困难，让人们陷入持续恶化的问题中。每个人对此都心知肚明，他们的良知都在昭示这一点。真正的亲人和朋友看到你回避责任，都会感到绝望。

荷鲁斯从手下败将赛特那里拿回了他的眼睛，并将其驱逐出境。赛特是杀不死的，他和奥西里斯、伊西斯和荷鲁斯一样永恒不朽。

> **BEYOND ORDER** 不论在心理层面还是社会层面，每个人都需要时时刻刻与邪恶抗争，因为它威胁着生命体验中的方方面面。

在某一个时间段内，邪恶可以被克服、被驱逐、被击败。接着，只要人们不忘记是什么造就了这一切，就可长久地安享太平了。

荷鲁斯寻回了他的眼睛。在这种情况下，一个明智的人应该见好就收，把眼睛安回空洞的眼眶继续生活。但荷鲁斯没有这样做，他回到了冥界，来到野兽的肚子里和逝者的国度寻找奥西里斯的灵魂。尽管奥西里斯已经粉身碎骨，但依然栖身于代表混乱的地下世界，这就是葬身兽腹的父亲的象征。荷鲁斯找到了这位曾经的伟大国王，并把被塞特剜下的眼睛给了父亲。依靠儿子的牺牲和远见，这位旧神重见光明。于是荷鲁斯带着父亲重归故土，自此共治天下。古埃及人坚信，正是这种远见、勇气和传统的复兴才可匡正国君的法统。也正是这种传世智慧与年轻活力的结合，才铸就了法老权力的本质、灵魂的不朽和威信的源泉。

直面挑战可以让你在与世界博弈的过程中学习、提升和实现潜能。你可能成为谁呢？你可以成为一个男人或女人可能成为的任何人，成为先祖英雄在当下的独特化身。这样的成为有上限吗？没有人知道，但宗教信仰有所暗示。一个被完全激发的人是什么样的？一个决心为世界的悲剧和恶意承担全部责任的人将会有何等作为？

> BEYOND ORDER　"人"的终极问题不是我们当下是谁，而是我们在未来可能成为谁。

当你凝视着一个深渊时，你会看到一个怪物。深渊怪物象征了永远在黑夜中伺机而动的掠食者，时刻准备着吞噬缺乏戒备的猎物。这个有上千万年历史的形象被深深地烙在了我们的生物结构中。它不仅包括自然界的猛兽，也包括更为可怕的暴虐的环境和恶意的他人。人类天生并不像无助的猎物那样畏缩和麻木，也不会叛变为邪恶的爪牙，而是会勇闯虎穴。这样的本性造就了无比英勇的猎人、卫士、牧羊人、航海家、发明家、战士，以及城市和国家的缔造者。这就是你可以去拯救的父亲，可以成为的祖先。如果你决定充分地承担责任，发挥潜能，就要走到最幽深的地方去，也会在那里成为你要成为的人。

为未来，时刻准备着

跨越时间的你

　　首先我们都认同，照顾好自己是最低的道德要求。也许你唯一感兴趣的事就是自私地照顾好自己。但问题来了，你说的"照顾"是什么意思呢？你说的"自己"所指的又是什么呢？简单起见，我们先从完全自私的角度来考虑，那么照顾就是你可以为所欲为，不为任何人考虑。但接下来你可能会疑惑，这样似乎行不通，因为你究竟是在照顾哪个自己？你照顾的是存在于当下的自己吗？那么下一刻的自己呢？未来不可阻挡，就像太阳一定会东升一样，我们最好还是为未来做好准备。

　　为了当下牺牲未来，风险显而易见。比如有时一些欠考虑的气话就在嘴边，你告诉自己"一不做，二不休"，然后什么狠话都脱口而出。这会带来一阵快意和激情的释放，以及发泄怨恨的满足感，但接下来的麻烦可能会久久不能散去。你的行为尽管自私，却显然不利于你。头脑正常的父母一定不会告诉他心爱的子女："孩子，想做什么就去做吧，别管其他的事情。"你不会这么说，因为你清楚未来的后果会降临在你孩子以及自己头上。当下让你开心的事并不一定符合你的最大利益，要真是如此的话，生活就简单多了。但你不仅存在于当下，还存在于明天、下周、明年、5年后甚至10年后。

所以，将这些"你"都考虑在内对你来说十分必要。这就是人类发现未来的存在后所遭受的诅咒，辛苦劳作成了必然的选择。因为工作意味着你要牺牲当下本可享受的欢愉，只为未来有变得更好的可能。

为太过遥远未来里的自己担忧或许不那么必要，因为未来是不确定的。你不用那么担心现在的行为会对20年后造成的影响，因为那时的你很可能和现在已经不一样了。况且看得过于长远可能会让你在预测中犯错。

不过，尽管不确定性会随着时间的推移增加，但这并不会阻止明智的人为未来做好准备。关心未来其实意味着承担起社会责任，如果你要照顾好自己，就需要考虑分布在时间长河中的每一个自己。这种为由无数个自己组成的社会做打算的责任既是负担也是机会，并且是人类独有的。

动物并不会像人类那样理解未来。如果你去非洲大草原观察斑马，就会发现狮子其实经常在它们周围闲逛。只要狮子躺下休息，斑马就不会介意。从人类的角度来看，这种态度未免太漫不经心。斑马应该静待时机，等狮子睡着后集合到草原的某个角落密谋一番，然后几十只斑马猛冲向沉睡的狮群，活活把它们踩死。这样一来，狮子这个祸患就被根除了。但斑马并没有这样做，它们会想："啊，看看那些懒洋洋的狮子们！休息的狮子永远都不成问题！"斑马似乎没有任何真正的时间感，无法把自己放在时间维度上看待。人类不仅能想到这一点，而且不得不这么想。人类在很久以前就发现了未来的存在，未来是我们有可能生活的当下，我们将其视为一种现实。就算这只是一种可能的现实，但依然有很大概率在未来成真，所以我们不得不关注未来。

你被自己困住了，既要为当下的自己负责，也要考虑未来的自己。恰当的自我关怀必须考虑时间维度上的重复性。你和今天的自己玩的游戏不能妨碍明天、下个月或者明年的你。狭隘的自利注定无益，从这个角度来看，严格的个人主义伦理在定义上是自相矛盾的。

> BEYOND ORDER　一旦意识到自己是一个跨越时间的群体，你就会明白待己和待人并无两样。

婚姻往往也面临同样的问题，你不得不面对一个不断迭代的游戏。你可以在当下粗暴或随意地对待你的伴侣，但是明天、下个月甚至 10 年以后，你可能还会在同一个人身边醒来，也可能陪着你的已经是另一个人。如果你对待伴侣的方式经不起不断重复的考验，那你就是在玩一个不断恶化的游戏，你们双方都会尝尽苦头。这和无法与未来的自己和解是同一个问题，结果也别无二致。

快乐与责任

渴望快乐是人之常情，但是我并不认为你应该追求快乐。

> BEYOND ORDER　追求快乐会让你遇到迭代的问题，因为快乐只在当下，在体验到大量愉悦感的情境里，人们会变得只顾当下和冲动[4]，及时行乐。

但当下并不是一切，而我们又不得不尽力考虑一切。因此长远来看，快乐不太可能优化你的生活。当然，我并不是在否定快乐的价值，当快乐降临时你应该张开双臂迎接它，但也别变得冲动浮躁。

什么是比快乐更明智的追求呢？也许是带着责任感生活，因为责任感会维护未来。试想一下，因为责任感，你必须诚实可靠、高尚行事，并且顾全大局。前面我们已经讨论过，从长远来说，顾全大局既对自己有益，也能惠及他人。这就是至善。你可以明确地表达出这个目标，并将它定为具体的行动方向。这么做会对你的心理产生怎样的影响呢？

首先需要考虑的是，人们体验到的大多数积极情绪并非来自目标的实现。饥饿时的美餐能带来简单的满足感，达成艰难但值得的成就能带来更复杂的满足感。比如你欢欣庆祝的高中毕业日只用了一天就结束了，你需要立刻开始面对一系列新的挑战，就好像你吃饱之后几个小时会再次饥饿一样。你不再是高中里的老大，而是劳务市场里的菜鸟，或者高等院校的新生。你的处境就和西西弗斯一样，费尽九牛二虎之力把巨石推到了顶峰，却发现自己又到了山脚下。

实现目标总会带来几乎瞬时的转变。和冲动的快乐一样，目标达成会带来积极情绪，但也并不可靠。积极情绪的可靠来源是什么？是对有价值目标的追求。假设你找到了一个目标，于是制定策略付诸实践，如果你在实践当中发现自己的策略是有效的，这就会带来最为可靠的积极情绪。[5] 支撑这种实践的行为与态度会和其他行为与态度竞争，并且逐渐占据主导地位。[6] 如果这可以同时在心理和社会层面发生，不仅出现在你的人生里，还可以跨越时间长河，让所有人的互动方式都进入这种特定的存在状态，该有多好。

> **BEYOND ORDER** 没有责任就没有快乐，没有有价值的目标就没有积极情绪。

你可能会质疑，什么才算是合理的目标呢？在你追求某种短暂而浅薄的快乐时，内心的智慧会考虑，怎么做对未来每个阶段的自己以及他人才是最好的，然后比较这两种追求。也许你不愿意遵循这种智慧，因为，面对当下触手可及的享乐，你不想再去承担责任。如果你认为这样的逃避有用，那这其实是对自己人生的深刻欺骗。你心中那古老的智慧非常关注你的生存，它既没法被欺骗也没法被忽视。结果你还是选择了浅薄的目标，并用肤浅的方式追求它，可你内心深处并不在意这个目标，所以追求过程无法让你满足。不仅如此，因为没有追求你本应该追求的东西，你还会感到自惭形秽，无地自容。

这样的策略毫无用处，我也从没遇到过任何人可以在逃避责任的情况下感到满足。人是有时间意识的动物，我们知道自己无法逃避不断迭代的游戏，不论多么努力地低估未来，为担责而做出的牺牲都是自我意识和对未来自我的想象带来的必然代价。我们无法逃避未来，而当你无法逃避一样东西时，正确的态度是主动转身直面它。所以，不要再因一时冲动而制定短期目标了，去设立一些更远大的目标吧，从长远的角度考虑到所有人，并以此规范自己的言行。

主动挑起额外的重担

伦理明确了行为的规范，而人们注定要与其博弈。你不得不在时间维度上估量自己和他人，然后向自己报告所有的行为对错。你的目标是找到在不同时空里对不同的人都行得通的行为。这种悄然浮现的伦理不太容易明确地阐述，但它的存在和影响无法逃避，它是人生这个游戏固有的部分。在人生的游戏里，优秀的玩家更富吸引力，会引来配偶。一个人越是遵从伦理，就越有可能生存和保护好家人，因为整个游戏都是建立在对玩家伦理行为的评判上的。因此，我们会出于生物本能而喜欢并模仿优秀的玩家，同时强烈地否定弄虚作假的人。人的良知和道德会本能地关注自己是否偏离正轨。当你的孩子在足球比赛中故意绊倒对手，或者不给有机会得分的队友传球时，你会皱起眉头。这种羞愧是必然的，因为你目睹了孩子的自我背叛，而他是你爱的人。当你背叛自己时也会有类似的感受。这都出于同一种本能反应，我们最好认真对待它。如果你偏离正轨，就会坠下悬崖摔个粉身碎骨，那你的心灵是不会默许这样的惨剧发生的。

你可能会辩解，现在又没有什么风险，10年后的风险离我还远着呢。但你的内心会提出异议，认为这样的想法不对，10年后的风险虽然很远，但依然是真实的，如果真的有灾难在前方等待，那么当下自己就不应该朝那个方向走。如果你开始在行为上朝那个方向偏移，而你有幸还有一丝理性的话，内心就会感到愧疚和痛苦。

> **BEYOND ORDER** 如果自我背叛的深刻代价是愧疚、羞耻和焦虑，那么忠于自我的好处就是能感受到持续的意义感，它也是隐藏在被推卸的责任背后最大的价值。

如果你关注自己的良知，就会发现自己做错了什么。更确切地说，如果你的良知提示了犯错的可能性，而你也愿意坦诚地面对你的良知，你就能知道什么是错的，并由此推导出什么是对的。错误不仅是正确的反面，而且错误在某种程度上更为显而易见。对正确的理解需要在对错误的关注中建立和调整。你在背叛自己时会感到糟糕、费解并试图回避这种背叛，因为短期来说这是更容易的选择。你竭尽全力的忽视会增加自我背叛感，让你和自己更加对立。

反思之后，你决定直面自己的不适，并注意到内心分裂带来的混乱。当你扪心自问做错了什么时，答案就会出现，而且是你不想要的答案。接下来你内心的一部分必须死去，你才能改变。那个需要死去的部分会拼命反抗，想出各种理由为自己辩解，无所不用其极，比如不惜撒下弥天大谎，用最惨痛的回忆引起你的怨恨，或者对未来和生命的价值进行最无情的嘲讽。但你会坚定不移地评判自己究竟做错了什么，继而开始理解什么可能是对的。接下来你会凭良心处世，尽管它看上去和现状对立，你还是会把它当作良师益友。你会实践自己发现的所有正确的事，然后开始成长。你会自我监督，谨言慎行，努力不偏离那狭窄的正道。这就是你的目标。

你会逐渐形成一种想法："我将会好好度过这一生，尽最大可能为善。"由此，你就和所要照料的每一个未来的自己同舟共济，向着同一方向扬帆起航。你不再与自己对立，内心安稳坚定。你不再那么容易摇摆不定、心灰意冷，因为你的决心战胜了虚无和绝望。你会和自己多疑与矫饰的倾向作斗争，这也让你能够经受住他人无端的冷嘲热讽。一个崇高远大的目标，一座高耸入云的山巅，一颗璀璨闪耀的明星，正在地平线上向你招手。只要它存在，你的希望就存在，这就是你为之而生的意义。

还记得《木偶奇遇记》吗？当杰佩托想把他的木偶变成真实的东西时，他先是举目望向了地平线，然后向一颗星星许愿。这也就是在电影开头宣布匹诺曹诞生的那颗星。从象征意义上讲，这颗星也在黑暗的深处宣告了神明的诞生。杰佩托凝视着这颗星许下了心愿，希望他手上这个任人摆布的木偶能变成活物。这个木偶的奇遇与他所经历的诱惑和考验是一场心理上的历险记，即使说不清为什么，我们也能对此心领神会。

> **BEYOND ORDER** 如果你不想再继续当一个木偶，受制于某种你不理解也不想理解的东西，那你就有必要把眼睛抬到地平线以上，树立一个超越性的目标。

在这样一个真正理想的保护之下，所有各行其是的子系统和子人格就会集结起来，形成一种近乎终极和完全的投入。由此，你内心所有的部分都会合向一处。这便是心理学意义上的一神论，一个更高层次的自我会逐渐形成，超越凡人的盲目和局限，服务于内在的神性。化解人生痛苦和恶意的解药是什么？答案是尽可能崇高的目标。追求至高目标的先决条件是什么？答案是承担最大责任的意愿，包括了别人无视或疏忽的责任。

你可能会问："我凭什么要挑起所有的重担？它能带来的只有牺牲、艰难和麻烦。"但是，你又为何如此肯定你不需要挑起重担呢？你肯定需要背负一些沉重、深刻而又困难的东西，这样至少你在半夜里醒来、疑虑重重之际，可以辩解说："尽管我的缺点多到数不清，但我至少还在做这件事。至少我在照顾自己。至少我对家人和周围的人是有用的。至少我决定挑起了一些重担，在跌跌撞撞地往上爬。"这样你就能有一些真正的自尊，这自尊不仅是一个对当下自我的浅薄心理建构，它还是影响深远的在心理层面和现实层面的改变。

> BEYOND ORDER　**你愿意承担多少责任，就会获得多少人生的意义。**

因为承担责任能使你真正投身于改善世界的行动中，减少不必要的痛苦，通过言传身教鼓励他人，克制人性阴暗面。一个砌砖工可能会怀疑自己单调乏味的工作，这样一块一块地砌砖有什么用。但他也许不是仅仅在砌砖，而是在建一堵墙，这堵墙是一座建筑的一部分，这座建筑恰是一个弘扬至善的场所。在这种情况下，铺设每一块砖的行为都是神圣的。如果你不满足于日常所为，那是因为你的目标不是建设一座弘扬至善的建筑，你的目标还不够高远。

> BEYOND ORDER　**如果目标够高远，你就会体验到它所带来的意义感，并且接纳生命的痛苦和局限。拥有有意义的追求能让一个人全身心地生活。**

只要没有被自我欺骗和罪恶所扭曲，追求至善的道路就会带来最深刻、最可靠的意义感。

意义感会告诉你，你是否走在正确的那条道路上，它表明你内在的所有复杂性都协同一致，指向了那些带来平衡与和谐的东西。这些东西存在于音乐当中，所以音乐才能带来深刻的意义感。也许你是个信奉虚无主义的死亡金属乐迷，内心充满怀疑和悲观，找不到意义感，也在原则上仇恨一切。但当你最喜欢的死亡金属乐队开始表演时，当主音吉他手和其他成员们整齐划一的演奏迸发出来时，你就无法自拔了。"我什么都不相信，但是天哪，这音乐太牛了。"歌词在表达着毁天灭地、愤世嫉俗和尖酸绝望的内容，但这并不重要，因为音乐旋律在感召着你的精神，用意义感填满你的心灵。这样的音乐会打动你，让你和它同步，忘我地点头，用脚打节拍。这些有规律的声音和谐地重叠在一起，向同一个方向行进，在完美的平衡中呈现秩序和混乱的永恒之舞。不论你多么不屑，都会忍不住共舞。你会和那和谐行进的韵律共鸣，并在其中找到持久的意义。

人都有追求至善的本能，这本能召唤着你的灵魂远离地狱，走向天堂。但它的存在时常会让你感到幻灭。他人会让你失望，你会背叛自己，工作或婚姻会失去意义，而这会让你感到世界失序并深受其扰。但这种失落也是命运的指引，它明确了那些被推卸的责任，那些必须要完成的未竟之事。你会厌烦这样的需要，怨恨工作，讨厌父母，也对身边所有不愿承担责任的人感到失望。你对该做而没做的事情感到怒火中烧。不过这愤怒正是一条通路，让你在看到被推卸的责任的同时也看到了命运和意义。

> BEYOND ORDER 追求至善的本能会指出内心理想和当下现实之间的脱节，这个鸿沟在召唤着你去填充它。

你可以选择大发雷霆，将一切都怪罪到他人身上，毕竟他人确实有过错。或许你也可以将自己的失望理解为内心深处对修复问题且由你来修复的愿望。那种担忧、在意和烦躁到底是什么？那不是快乐的召唤，而是通过行动和冒险来实现真正的生活。让我们重温亚伯拉罕的故事。神来到亚伯拉罕面前，告诉他应当接受指引行动，而神会一路庇佑他。

客气一点儿说，亚伯拉罕在他父亲的帐篷旁晃荡了太多年，太大器晚成了。不过当被召唤时，不论多晚都应听从，尤其对耽误太久的人来说，这才是真正的希望。亚伯拉罕离开了他的祖国、同胞和家庭，跟着神明的呼唤向外面的世界进发。然而这并不是幸福在敲门，而是之前描述过的那些可怕的饥荒、战争和家庭纷争。任何有理性的人都会因此怀疑听从神祇和良心，肩负自主和冒险的重担是否明智，与其这样还不如待在父亲的帐篷里，躺在吊床上，吃着剥好的葡萄。但是召唤你走向外部世界的不是闲适，而是努力抗争，是艰苦的斗争和殊死拉扯。

> BEYOND ORDER　当你听从良心的召唤肩负起修复世界的责任之后，几乎不可避免地会遭遇挫败、失望和恐慌，但由此获得的深刻意义感会指引和保护你。

在这个过程中，万物会归于一体，所有的支离破碎会重新融合，正直与善良会战胜软弱、怨恨、傲慢和毁灭。只要你愿意，就永远都可以在这里找到有价值的人生。

你愿意承担多少责任，就会获得多少人生意义。

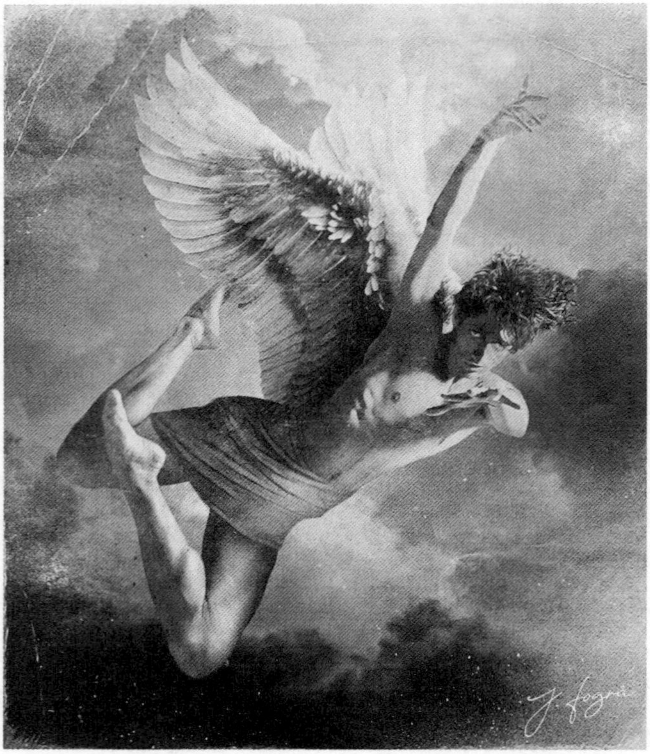

BEYOND ORDER

法则五

———

听从你的内心，
勿以恶小而为之

人的动力来源于
对事物价值的认可和取舍，
因为有价值的东西
值得为之牺牲和付出，
我们才会不惧艰险地行动。

拒绝荒谬

我曾经有个在大公司里遇到了一系列荒唐事的来访者。她是个真诚又理性的人，克服了生活的种种不易，尽心尽力地为公司奉献。但在工作期间，她卷入了一场有关白板纸（flip chart），即固定在白板上使用的大型纸张这个词是否有侮辱性的争论中。

如果你不相信这样的对话会占用企业员工大量的工作时间，去网上搜索"flip chart derogatory"就会发现这是一个被广泛关注的问题，这位来访者的上级们也开了很多会来讨论这个问题。

"Flip"这个词据说曾是对菲律宾人（Filipino）的一个蔑称，不过据我所知现在没什么人这样讲了。尽管白板纸和这个蔑称没什么关系，但公司管理层还是觉得值得花时间讨论其中隐含的歧视意味。后来他们规定了一个替代词，并且强制要求公司员工使用，尽管此前菲律宾裔员工从未对这个字眼提出过任何异议。根据全球语言监测机构（GLM）的建议，恰当的用词应该是书写块（writing block），尽管白板纸怎么看都不像个"块"。

法则五：听从你的内心，勿以恶小而为之

公司最终选择了画架纸（easel pad）这个词来替代白板纸，虽然这的确是个更准确的说法，但依然不能掩盖问题本身的荒谬性。毕竟人们还需要面对瞻前顾后（flip-flopped）、油嘴滑舌（flippant）、人字拖（flip-flops）和鳍肢（flippers）等词语，而且如果很在意语言问题，那么前面两个词显然比白板纸听上去更有贬低性。你可能会好奇这样咬文嚼字有什么意义，为什么有人会在意这样的细节，而不把注意力放在更重要的事情上。关注和参与这场争论都是在浪费时间，而这正是法则五要解答的问题，即我们应该在何时退出眼前令人担忧的事务。

这位来访者写信告诉我，除了有关白板纸的讨论大受同事欢迎之外，公司员工之间还衍生出了一场寻找冒犯性字眼的比赛[1]。黑板（blackboard）和总钥匙（master key）首当其冲，前者是因为在这个过度敏感的时代，把黑色的东西称作黑色有可能被当成种族歧视，后者则和奴隶制历史扯上了关系，因为"master"也有"主人"的意思。

这位来访者是这样解读她的所见所闻的："这样的讨论表面上会给人一种善良、高尚、关怀、开明和睿智的感觉，所以如果有人提出异议，显然就会被贴上冷漠、狭隘和种族歧视的标签。"

同样让她感到不安的是，公司里似乎没人介意被赋予封杀词语和惩戒违规者的权力，就算这样的行为是道德越界，而相应的审查也有可能威胁到个人意见、谈话主题甚至看什么书。

她的结论是，这场讨论完美诠释了"多样性""包容性""和平"等这些

---

[1] 我已获得来访者直接许可，以这种方式传达上述信息。

被公司人力资源与学习发展部门视为金科玉律的概念。她就在学习发展部门工作，并且认为这些概念推动了企业集体意识的灌输和鼓吹，也让许多大学中的政治正确性渗透到了更广泛的社会文化当中。不过更重要的是，她在来信中问我，这件事是否到了该适可而止的地步了？我们应该在何时何地收手？如果一小部分人指出某个字眼有冒犯性，那么我们接下去就要无休止地封杀各种词语吗？

上述事件有可能将参与者引入歧途，而且绝非个案，它属于一系列明显相关、方向一致的社会现象。这些有规律的现象被一种意识形态明里暗里地推动着，而且这种推动所带来的影响不仅早就显现于企业界，还蔓延到了更广泛的社会和各类机构当中。身处这个集体意识先锋部门让她倍感孤立，但她发现其他同事也深受其害，她的良心因此更加备受煎熬。这些问题对她来说不是简单的观念问题，而已经在深深地困扰她的生活了。

完成荒谬而令人厌恶的工作会打击人的士气，一个人但凡有点理性，都会很难有动力去完成那些毫无意义甚至自相矛盾的任务，因为他内心的每一丝真诚都会抗拒这种迫不得已。

> BEYOND ORDER　**人的动力来源于对事物价值的认可和取舍，因为有价值的东西值得为之牺牲和付出，我们才会不惧艰险地行动。**

当被要求做荒谬和感到厌恶的事情时，人就会违背自己的价值体系，变得摇摆、困惑和恐惧。《哈姆雷特》中的波洛涅斯（Polonius）说过，"忠于你自己"（To thine own self be true）[1]。这句话中那个知行一致的自己是帮助我们战胜人生风浪的方舟，而违背自己的根本信念就等于将这艘方舟驶向自

法则五：听从你的内心，勿以恶小而为之

我毁灭的浅滩，欺骗自我，然后遭遇自我背叛带来的空虚，承受心灵和现实中不可避免的损失。

这位来访者因为屈从于公司管理层专横的要求付出了怎样的代价呢？因为特定的成长背景，她不知道如何表达异议，而这也导致她感到自己软弱无力，自责自己在助纣为虐。此外，在这样一个荒谬不断上演、被鼓励，甚至成为一种必需品的公司，任何一个头脑清醒的人都难以保持努力的动力。

> 病态的专横行动是对工作效率乃至工作这个概念本身的讽刺，事实上这也恰恰是这类行动存在的真正原因，那些嫉妒他人能力和效率的人会想方设法地诋毁他人对工作的理解。

那么她是怎样面对这个令人颓废的处境的呢？

我可以明显从对话中感觉到她很想摆脱这种处境，但是她对自己的处境和向上司表达不同看法的能力没什么信心，于是她展开了自己的最后顽抗。

因为她负责开发公司内部的教育项目，所以有机会和外界接触，在各种企业会议上进行演讲。她从未直接讨论过白板纸的问题，这很明智。她选择了批评很多管理者尤其是人力资源部门所信奉的伪科学理论。比如她做了一系列演讲来批评广泛流行的学习风格理论，该理论认为每个人在学习新事物时都有最适合自己的学习风格，比如通过视觉、听觉、语言、行动和逻辑思维来学习。

学习风格理论的问题在于完全没有任何证据支持其有效性。第一，虽然不同学生会偏好不同的教学方式，但是通过偏好的方式学习并不会提升其学习成果。[2]第二，没有证据证明老师可以准确评估学生的学习风格。[3]所以虽然这位来访者没法直接对抗困扰她的荒唐事，但是经过多番策划和努力，她的确成功打破了许多同事和其他企业员工对于心理学知识的错误认知。

另外，她还为她的祖籍国阿尔巴尼亚的一家主流报社供稿，并且将这份工作当成她生活中的重要内容。虽然报酬不高，但是她建立起了出色的专业声誉，通过文字宣传自己的信念，警告人们关注极权主义倾向。

她为奋起抗争付出了什么代价呢？

首先，她不得不承受被打击报复的恐惧，而且这种恐惧和她对公司操纵意识形态的深恶痛绝也会打击她的工作动力，让她感到自己软弱无能。其次，她还不得不拓宽自己的职业活动范围。第一，她要在企业大会上做一些令很多人都望而生畏、即便不做会影响其职业发展他们也要拒绝去做的公开演讲[4]；第二，她需要熟读文献，以保证自己的发言有理有据、内容翔实；第三，她在演讲中会不可避免地得罪一部分听众，尤其是那些伪心理学理论的追捧者。这一切都意味着，有所为和有所不为都有风险。这些行动给她带来了巨大挑战，但也拓展了她的人格和能力，让她获得了创造实质社会价值的机会。

> BEYOND ORDER 个人的善行虽然看起来微不足道，但对普遍的善的影响却比人们想象的要大，恶行也是同理。

个体对世界的责任比我们相信或者愿意承认的要大，稍有不慎，文化就会滑向堕落。暴政会缓慢滋长，逼迫我们一步步后退，而每一次退却都会增加下一次妥协的可能性。每一次的背叛良知，每一次的敢怒不敢言，每一次的自我辩解都会削弱抵抗的意愿，带来更多束缚。尤其是当那些积极分子尝到了掌权的快感时，这样的情况就更加明显了，况且这种人还不在少数。

坚定你的立场

如果想要清醒地挺身而出，就要趁着代价还小、价值尚存、能力犹在的时候行动。不幸的是，人们经常心知肚明地违背良心，然后绝望的深渊就会随着一次次的背叛悄然而至。不要忘了，即使在代价还很小的时候，人们也很少站出来反对他们明知错误的事情。

如果你希望一生都遵循道德行事，那就应该好好思考一下，自己如果在违背良心的小事上都听之任之，又如何确信不会在伤天害理的大事上为虎作伥呢？

超越秩序包含了发现这种确信的理由，因为你理解了自身良知对行为的主导作用高于传统的社会义务。

> **BEYOND ORDER** 如果你决定挺身而出，或者在一片反对声中坚持己见，那么你必须先要相信自己。

这需要你先努力地活出诚实、有意义和有价值的人生，或者说变成那种你愿意信任的人的样子。如果你言行端正，就能成为一个值得信任的人，当你选择冒天下之大不韪拒绝随波逐流时，也就帮助了整个社会坚定其立场。这样一来，你就站在了真理的那一边，遏止腐败和暴政的蔓延。独立自主的个体如果能够遵从内心良知，就可以避免扮演规范公序良俗角色的群体变得盲目和极端。

我不想用虚假的乐观来结束这个部分。通过进一步书信往来，我了解到这位来访者在随后几年里换了好几份大企业的工作。其中一份工作给了她创造价值和意义的空间，但后来她又因为公司重组而被解雇，后面的几家公司和她最开始的雇主一样，充斥着语言和身份认可的热潮。有的恶龙无处不在，而且难以击败，但是她通过揭穿伪科学理论和从事写作工作来反抗，这些行为都帮助了她抵御抑郁，增强自尊。

当一种文化拒绝承认自身的病态或缺乏有识之士来支撑时就会崩坏，然后陷入混乱之中。在这种情况下，个体可以选择主动潜入混乱的最深处，重新发现恢复视野和生命力的永恒真理。当然，个体也可以不假思索地服从于极权乌托邦主义的谎言，活成一个悲惨、虚伪和满腹牢骚的奴隶，而这条路最终指向绝望、堕落和虚无。

> BEYOND ORDER　**如果你想参与到一番伟大的事业中，哪怕只是以小齿轮的角色，也最好别做自己痛恨的事情。**

不论地位多么卑微，你都必须坚定自己的立场，拒绝虚伪的体制削弱你的精神，直面随之而来的混乱，把垂死的"父亲"从深渊中拯救出来，活出真实的自己。否则，大自然会掩藏她的真容，社会会逐渐僵化，而你会继续做个提线木偶，被幕后的邪恶力量操控。而且不要忘了，你也难辞其咎，因为没人注定要永远做傀儡。

人并不是无助的。即使在最破碎的生活中，我们仍然可能在残垣断壁下找到有用的武器。同样，即使是外表最可怕的巨人，也未必像它所宣称的那样无所不能。你要相信自己有进行反击的可能，能够反抗和坚守自己的心灵，继续你的事业。如果你能够承受转变，也许更好的工作就会向你招手。

> BEYOND ORDER
> **如果你相信自己有能力更有义务坚守立场，就可以发现反抗的方式。**

如果你发现自己对他人充满怨言，对生活失去动力，如果你的行为或者无为让你更加蔑视自己与世界，你的生活方式让你每天早上无法愉快地醒来，内心充满背叛感，那么你也许正在忽视内心那个微小的声音，那个你认为专属于脆弱和天真的声音。

如果你在工作中被要求做一些会让你鄙视自己并由此感到脆弱和羞耻的事情，会让你对所爱的人大发雷霆，没动力工作也厌倦生活，那么你或许就应该好好思考和重新规划一下，看如何才能达到一个可以说"不"的位置。而且不要只说一次不，那会显得你很冲动；也不要只说两次，那或许还不足以显示你的决心；至少要说三次，让你的拒绝形成规律。

接下来你或许会付出很大代价，但也会从你反对的人那里获得更多尊重。他们甚至有可能重新考虑自己的立场，哪怕不是立刻转变，也会随着时间的推移被良知潜移默化地影响。

投身理想之地

> **BEYOND ORDER** 如果有一天你发现工作在扼杀你的心灵,那就可以考虑,开始劳心费神的更新简历和求职过程,去寻找另一份工作了。

这个过程虽然艰难,也常常让人气馁,但其实你只需要成功一次就够了。你有可能找到薪资更高也更有趣的工作,同事们不仅不会打击你的士气,反而会让你容光焕发。所以也许遵从心灵的呼唤才是上上策,否则你就需要活在自我背叛当中,眼睁睁看着自己忍受那些你无法容忍的事情。这是最糟糕的情形。

考虑到变动,你可能会有以下想法。

第一,我有可能会被开除。那就为下一份工作做好准备吧,或者精心地准备好在你的领导面前据理力争。同时也不要认为被解雇是最糟糕的结果。

第二,我害怕变动。害怕是难免的,但你要看看是在和什么比较。比如继续从事威胁内心的工作,会让自己变得更软弱和讨厌,更容易受到焦虑和暴政的侵害,这些都比变动更可怕。人生中没有绝对稳妥的选择,所以你应该充分地考虑去和留的风险。我见证过许多人在规划多年后成功地摆脱了毫无生气的人生,实现了更好的心理和生活状态。

第三,也许没有人会要我。没错,求职申请被拒绝的可能性是非常高的。我会建议我的来访者建立合理的期待,比如假设 50 次申请里会有 1 次成功。即使是能够胜任的工作，有时候你也可能得不到它，但这往往不是在针对你，而是社会对价值判断的模糊性与主观性带来的必然结果。而造成这种结果的原因不胜枚举：例如发出一份简历虽然方便，但处理起来却不那么简单；例如有的职位已经被内定人选，招聘只是走走过场；又如有的公司发招聘需求只是为了保持流动的人才库存，而非满足当下的需求。这是一个精算、统计或者基线问题，而不一定意味着你这个人有什么缺陷。你要始终清楚这些悲观的现状，才能避免轻易灰心丧气。精心准备150份简历投出，换回三五个面试机会，这个过程可能需要花费一年的时间，但也比一辈子受罪走下坡路要强。不过这个过程也并非毫无难度，你要做好心理准备，制订计划，让理解你想法和了解事情难度的人来支持你。

另外，你的职业技能发展也许有所不足，如果在工作中试着提升，找到新工作的可能性也会更大。毕竟当你无处可去时，也没办法理直气壮地对腐化的权力说不。因此你在道德上有义务让自己处在相对强势的位置上，并利用好这种优势。你还需要考虑到最坏的结果，并和会受你牵连的人讨论这些可能性。

> **BEYOND ORDER** 不要忘了，继续待在不该待的地方可能才是真正最坏的情况，因为你会被缓慢地折磨几十年。

即便缓慢，那种持续的绝望感也会加速你的衰老，甚至让你想尽快结束事业甚至生命。老话说长痛不如短痛，你也许会承受好几年的惭愧，每周发四五份甚至十份简历，大部分都不会被人再看第二眼。但你只要走运一次就好，几年的盼望和艰难总胜过一生沮丧而压抑的职业生涯。

还需要说明的一点是，这里讨论的不是因为不想早起而讨厌自己工作的问题，不是在恶劣天气中情绪低落，只想躺在家里的问题。

我们不是在讨论被要求做必要但琐碎的小事时的沮丧感，比如倒垃圾、扫地和打扫卫生间这些体制底层或者职场新人必须做的事情。对这些必要工作产生的怨恨通常源于缺乏感恩、心高气傲、眼高手低或者自由散漫。拒绝良心的召唤和对身居卑位的不满绝不是一回事。

> **BEYOND ORDER** 对心灵的背叛会阻止人在工作中创造价值，让人去做荒谬和无意义的事情，用谎言掩盖对他人的不公，欺骗和背叛未来的自己，还会让人承受不必要的折磨和虐待，并在别人遭受同样的痛苦时袖手旁观。

这种背叛也是选择性无视，让自己的言行和内心最深处的价值观背道而驰，自欺欺人。毫无疑问，无论是在个人还是社会层面上，通往绝境的道路都是由违背良知的态度和行为铺就的。

听从你的内心，勿以恶小而为之。

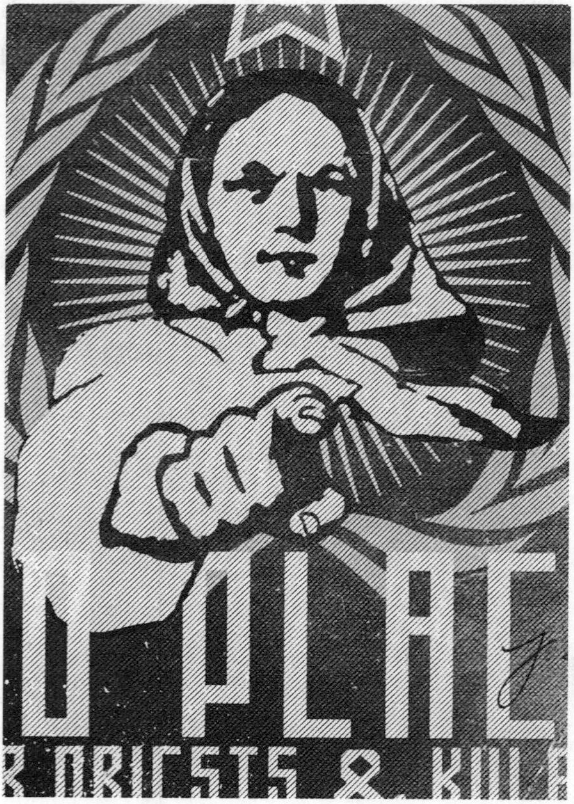

BEYOND ORDER

法则六

———

远离空谈,
实干才能通向幸福

我们应该在解决问题
而不是抨击指责的层面
理解问题,
身体力行并且对结果负责。

如果关心放错了地方

《人生十二法则》出版之后,我在妻子的陪伴下开始了漫长的巡回演讲。我们的足迹遍布英语世界和欧洲的大部分地区,特别是北欧。我发表演讲的地方大多是古老而美丽的剧院。能在有如此丰富文化底蕴的建筑中演讲确实很令人振奋,许多我们喜爱的乐队在这些地方演出过,许多艺术家也在这里绽放过。我们先后预订了160个剧院,容纳量从2500人到3000人不等,欧洲的场地较小,澳洲的场地稍大。我很惊讶自己的演讲能引来世界各地这么多观众。YouTube和播客上的曝光量也同样让我吃惊,我自己的节目、做客别人的节目以及网友剪辑的我的受访长对话视频,合计播放量达到数亿次。而且《人生十二法则》的销量预计会在这本书出版时达到400万册,并将被翻译成50种不同的语言。拥有如此多的受众让我有种难以言喻的感受。

可能大多数人都会被这样的局面震撼到。这一切是如何发生的呢?也许是因为我所分享的内容触及了人们生活中缺失的东西。正如我之前提到的,我所分享的大部分内容都依托于伟大的心理学家和思想家的思考,这应该是一部分原因。不过我也一直在思考还有什么其他原因让我那么受人关注,并一直通过两个信息源来确定这一点。

第一是从一个个观众那里获得的反馈，比如在演讲结束后和我交流的观众，或者在街上、机场、咖啡店等公共场合主动和我打招呼的人。

有一次，我在位于美国中西部的路易斯维尔发表演讲，有个年轻人在演讲结束后对我说："长话短说，两年前我刚出狱时无家可归，穷困潦倒。听了你的讲座后我决心做出改变，直到今天拥有了全职工作和自己的公寓，我的妻子也刚生了一个女儿。谢谢你。"他说出这句"谢谢你"时双眼注视着我，用力握住了我的手，讲故事的语气也很坚定。在街上和我主动打招呼的人也会流着泪和我讲类似的故事，当然一般都没有这个故事这么典型。他们会跟我分享非常私人的、那种只会和真心朋友分享的好消息。我很荣幸能被他们信任，不过虽然这些都是很积极的故事，但一直听到各种个人故事还是会消耗我的情感。因为我非常心痛地看到很多人得到的鼓励和指导如此之少，哪怕稍微多一点点，他们的人生就会好很多。一句"我就知道你能行"就可以大大缓解世间不必要的痛苦。

我经常听到上面这个类型的故事，也有很多人会在遇到我时告诉我，他们喜欢我分享的内容，是因为我赋予了他们精确的语言，来表达他们感觉到了但无法准确形容的东西。能把自己隐含的理解明确表达出来，是对自己很有帮助的。我经常对我所扮演的角色感到怀疑，但大家的反馈让我感到宽慰。他们认为我讲的东西和隐藏在他们内心深处的想法有共鸣，而这也让我对我四处传播的所学所思充满信心。对公共知识分子来说，帮助大众弥合他们深层直觉和语言表达之间的沟壑是一件相当有价值的事。

第二是作为老师进行无数次的现场授课。能够反复和一大群人对话是一件很荣幸的事情，这给了我观察当下时代精神的机会，也让我能够立刻测试新思想的传播性和说服性，并通过观众的反应来评估思考的质量。

《人生十二法则》中法则九是说"假设你聆听的人知道你不知道的事"。在这一法则中,我建议读者在做公众演讲时始终关注具体的个人,因为群体多少是一种幻觉。不过,对个体的关注也可以通过聆听整个群体的声音来得到增强,当你对着特定的听众讲话时,也可以听见人群的窸窣、笑声、咳嗽声等。理想的个人反应是全神贯注,而理想的群体状态是鸦雀无声。毫无声响是最好的,因为这意味着观众完全没被任何东西干扰。就观众而言,如果一场表演并没有完全让其着迷,他就会因为一些微小的身体不适而动来动去,开始想自己的事,或者跟身边的人说悄悄话。这一切会聚集成整个人群的不满和噪声。作为演讲者,如果你的身心都进入状态了,那么所有人的注意力都会聚焦在演讲内容上,而不会有人发出一点声音。这样一来,你就知道哪些思想是有力量的了。

通过对不同观众群体的观察聆听,我慢慢发现有个特定话题总是能毫无例外地让每一个人都听得一声不响,这个话题就是责任,也是本书法则四的核心主题。观众的这种反应很神奇,也出乎我的意料,因为一般来说,责任这个话题很难让人提起兴趣。家长们一直在努力培养孩子的责任心,社会也试图通过教育机构、学徒机制、志愿者组织和俱乐部等方式达到同样的目的,我们甚至可以认为灌输责任感就是社会教育的根本目的。但人们犯了一系列错误,比如过去半个世纪里,我们花了太多时间来宣扬权利,而对成长中的年轻人索取得太少了。我们一直在告诉他们要向社会索取应得的东西,暗示他们这种索取可以让人生有意义,但其实我们应该做的事情恰恰与之相反。

> **BEYOND ORDER** 我们应该让年轻人明白,肩负崇高的责任才能带来意义感,才能抵御人生的悲剧和挫败。

法则六:远离空谈,实干才能通向幸福

当社会没有如此教育年轻人时，他们就会在错误的地方求索，变得越发脆弱，易于被肤浅的思想控制，被怨恨情绪支配。历史的进程是如何让我们走到这一步的？这种脆弱和敏感是怎么产生的？

别将复杂问题归于单一变量

19世纪80年代，德国哲学家弗里德里希·尼采做出过"上帝已死"这个广为人知的论断。这句话已经有名到出现在公共厕所的涂鸦中了，格式有时是"上帝已死——尼采"，有时是"尼采已死——上帝"。尼采说这句话时并没有带着扬扬得意的自恋口吻，而是担心作为西方文明基础的犹太教和基督教价值观在理性批判中已经危在旦夕，尤其是超然全能之神的存在这个重要的根基面临着致命的挑战。尼采由此得出结论，人类在心理和社会层面都将面临重大挑战。

尼采的局限

尼采认为，生命目的性的问题在一神论思想构建的意义世界里有明确的答案，一旦脱离这个框架，人类就有可能会面临虚无主义崛起的浩劫。为了避免这一点，人们很有可能会转而投奔僵化的极权思想，用人类的想法来替代超然的神明。尼采预言，上帝之死会带来两个替代品，即破坏性的怀疑和压迫性的笃定。

在差不多同一时期，俄国小说家费奥多尔·陀思妥耶夫斯基在他的代表作《群魔》中也探讨了类似问题。[1] 他认为一个建立在几条浅显公理之上的死板的乌托邦式的幻想，它带来的风险性会极高。

尼采笃定地认为，新兴的物理科学视角下的世界是既客观又无价值的，所以只剩下一条避免虚无主义和极权主义的道路，那就是通过足够强大的个体来自己创造价值，将其投射到无价值的现实中并遵循之。他提出上帝死后，必须要有超人（Übermensch）来避免社会滑向绝望或者过度系统化的统治教条深渊。要避免虚无主义和极权主义，人们就需要选择这条道路，创造自己的价值体系。

然而，精神分析学家弗洛伊德和荣格否定了这一想法，他们证明了人类对自己的掌控不够，并不足以有意识地创造价值。此外，没有证据证明任何人可以无中生有地创造自我，因为人的经验极其有限，感知存在偏差，而且寿命也很短暂。

> BEYOND ORDER **我们被自己的天性所困，只有傻瓜才会宣称人有足够的自我掌控来创造而不是发现价值。**

人类可以通过艺术、发明或信仰来获得启示性的体验。人类也在持续探索自我，所发现的事情让我们时而欢喜时而忧，因为人经常无法控制自己的情绪和动机。人类不断与自己的天性竞争和博弈，但人是否能像尼采期盼的那样为存在创造新的价值，这个问题的答案尚不清晰。

此外，尼采的观点还存在其他问题。比如如果每个人都自行创造和投射价值，那么人们要如何团结起来呢？这是个非常重要的哲学问题。在一个超人组成的社会里，每个人创造的价值当中是否要有某些共性，才能避免彼此冲突不断呢？最后，超人似乎从未在历史里出现过，反而是在过去一个半世纪里，随着现代信仰危机和极权政策的崛起，我们似乎正如尼采和陀思妥耶夫斯基所担心的那样，被虚无主义或者意识体系挟制，承受着社会和心理上的灾难。

还有一件不那么显而易见的事情是，价值这种主观性的东西其实并不是现实的固有部分。启蒙运动给人们留下了一条核心科学公理，即现实世界完全由客观事物组成。由于宗教体验从根本上是主观的，所以这条科学公理就对宗教体验构成了巨大挑战。不过主观与客观之间还有一个更加复杂的问题，就是如果有的主观体验每次只会被一个人体会，但集中起来理解就会形成有意义的规律，那么这似乎并不完全是主观的，但也不能被科学方法准确描绘。一种可能性是价值是非常特殊的，它存在于特定的时间、空间和主观体验当中，因此无法被现代科学方法定义和复制。这并不意味着价值是不真实的，但能说明它的复杂性难以融入科学世界观里。这个世界是难以捉摸的，当万物汇集，生活和艺术交相辉映时，文化的叙事和隐喻与科学的物质表达会显现出交集。

创造或者感受这些体验的心灵，其存在的真实性由人的行为充分证明。人们都不约而同地认为自己的存在和意识体验是真实的，而且会推断别人也是如此。不论对精神分析取向的人，还是专注动机和情绪的生物心理学家来说，这种存在体验都有可能建立在深层的生物和物理结构之上。[2] 科学家和大众都认为这种结构是一种既定事实，而它的基本功能可以带来宗教体验。这种宗教功能的普遍性可以让人们理解什么是宗教体验，尤其是在亲身经历以后。

通过个体的独立探索或与过去和现在的他人进行交流，生命的真谛是有可能被发现的。所以生命的真谛很可能不存在于客观世界里，而存在于普遍的主观当中。良知的存在，以及通过舞蹈、诵经和冥想引发的体验都证明了这一点，表明人们内心有某种普遍的东西可以被召唤出来。既然这些事物都有明显的共性和必要性，而且人类的价值评估能力也是为了适应现实进化而来，那么我们有什么理由否认它们的真实性呢？

与之对应的是极权主义道路，在这条道路上群体负责担负人生之重，设计正确的道路，许诺将糟糕的现实改造成理想的乌托邦。作为20世纪的一大反派，德国的极权主义者们也是强大而危险的意识形态家。

有人认为希特勒的追随者受到了尼采哲学的启发，这种说法的确有一些有悖常理的道理，因为他们确实在创造自己的价值观，但并不是以尼采推崇的个人化的方式。更合理的理解是尼采界定了那些极有利于纳粹思想崛起的文化和历史前提。纳粹企图创造一个后基督教、后宗教的完美人种，即理想的雅利安人，也就是人上人。这种思想和尼采的观点其实毫无相似之处，相反，尼采十分推崇个体性，他一定会认为由国家创造的人上人既荒唐又可恶。

单一解释的致命诱惑

有一些人或许还没有到拥护极权主义或纳粹主义的程度，但也依然信奉着现代世界常见的各种主义，比如保守主义、后现代主义、环保主义、女权主义以及各种种族和性别研究主义等。实际上他们都是一神论者或者崇拜少数几个神的多神论者，而这些"神"就是那些在接纳某个信念体系时无须证明、被无条件认同的公理或基本理念。人们一旦接受这些信念并将其用诸世界，就会产生一种创造了新知识的幻觉。

任何主义的创造过程在初期都很简单，在应用时又繁复到足以模仿乃至取代真正的理论建设。主义理论者们会先选择一些低分辨率的抽象概念来无差别地广泛涵盖这个世界，比如经济、国家、幻觉、父权、人民、穷人、富人、压迫者和被压迫者。

> **BEYOND ORDER** 单一概念会在不经意间将极为复杂和多样化的现象过度简化，而这些被掩盖的复杂性恰恰导致了那些单一概念承载很重的情感负担。

法则六：远离空谈，实干才能通向幸福　　129

比如导致贫穷的原因有很多，缺乏资金来源是一个显而易见的原因，但主义理论者的问题就在于这种假设的显而易见性。造成贫困的原因有很多，比如缺乏教育、家庭不完整、社会治安差、酗酒和吸毒猖獗、贪污腐败、政治和经济剥削、精神疾病、缺乏和不重视人生规划、不够勤恳、环境恶劣、经济转型造成的行业衰败、贫富差距的马太效应、缺乏创造力和创业精神、缺少支持鼓励，等等。这些问题哪怕都有解决方案，每个问题的解决方案也都不尽相同，而且如果每个问题都有罪魁祸首，也不会是同一个人。

解决这些问题需要进行有针对性的分析，设计多重解决方案，并严谨评估相关效果。但很少有严峻的社会问题能以这样有条理的方式解决，且哪怕是谨慎出台的解决方案也经常达不到预期效果。哪怕是最有决心解决人类顽疾的人，也会被清晰理解问题根源和设计测试解决方案的重重挑战给难住。主义理论者们可以置身于道德高地而无须付出实际努力，对他们来说更简单也更有满足感的方式是将问题简化，然后树立一个稻草人并对其进行道德讨伐。

主义理论家会粗略地划分世界，指出每个组成部分的主要问题和罪魁祸首，然后就能提出一些普适性的解释原则。虽然有的原则的确有助于人们理解问题，但理论家们会赋予这些原则占绝对主导性的因果力量，而忽略其他同等或更重要的原因。首先，要达到这样的目的，最有效的方式是结合一个占主导性的动机体系或一个宏大的社会学结论，另一个方式则是选择那些隐含仇恨和毁灭性目的的原则，再将这些隐含目的规定为禁忌话题。接下来，这些伪理论家会炮制一个事后归因的理论来将所有的复杂现象都解释为这个新体系之内的次生结果。最后，如果这个理论家想在现实和思想界独占鳌头，就会培养起一个新的思想流派来推动自己的思想，而那些拒绝或者批评自己思想的人也会被有意地妖魔化。

一些无能而腐败的伪知识分子会在这场游戏中崭露头角。这个游戏的第一拨玩家通常都是那些最聪明的人，他们会围绕选定的因果原则编造一套叙事，从而证明其假想的主要动机是如何深刻地影响了人类。这样的举动有时候甚至是有益的，因为它可能会让人发现，以前一直避讳不谈的动机对人类行为和感知的影响比我们可接受的要大。弗洛伊德对性的关注就是这样一个例子。第一批玩家的追随者会开始醉心于这个叙事，急于加入其队伍，因为旧的支配等级中已经没有了他们的位置。在这个过程中，因为没有前辈们聪明，他们就不知不觉地把相关关系变成了因果关系。游戏发起者们乐见拥趸的出现，于是也开始将他们的叙事向这个方向转变。或许发起者也会提出反对，但这已经不重要了，因为邪恶的种子已经生根发芽了。

这样的理论建设对那些聪明却懒惰的人特别有吸引力，如果他们还愤世嫉俗和心高气傲的话则更难以自拔。新来的追随者会被告知掌握这个游戏就是接受了教育，可以学会如何批判其他理论和方法，甚至学会质疑事实本身的方法。如果理论包含了一套晦涩难懂的话术就更好了，这样任何人想要批评它就必须先花时间来解码它的观点。实施这种"教育"的施教者会心照不宣地配合，并逐渐使其成为唯一的合法标准，要求人们不要批判这个理论，否则就会视其为不合群并加以孤立，同时用坏成绩和差评来惩罚发言犯忌的人。这样的情况哪怕并未真的发生，也足以让许多雇员和雇主老老实实。

弗洛伊德试图将动机简化为性和力比多（libido）。任何足够有文化、智慧和表达能力的人都可以得出这一结论，因为和所有多维度术语一样，性的定义可以根据所要解释的问题的不同而进行可宽可窄的调整。不论怎么定义，性也都是极为重要的生物现象和生命的关键组成，所以我们可以在任何问题上发现或编造它的影响，并在夸大其效果的同时削弱其他重要因素的影响。这样一来，只要有需求，单一的解释原则就可以被无限扩大。

对财富的解释也存在同样的单一维度，即所有的经济不平等都是错误和没用的，是不公正和腐败的结果。这种解释忽视了阶级是社会等级制度中的阶层维度，等级制度自身的稳定性以及经济福祉等因素。帕累托分布表明了任何经济体系中都是强者恒强，弱者恒弱，这意味着财富的确会积累在少数人手中。[3]尽管阶级具有稳定性，富有的少数人也会有很大的流动性[4]，可无论如何，富有的人始终都是极少数。

当今世界的思想家们，如米歇尔·福柯（Michel Foucault）和雅克·德里达（Jacques Derrida）等人把曾经流行的"经济"换成了"权力"，就好像权力是所有人类行为的唯一驱动力，而不考虑优秀的权威或者态度与行为的互惠性。

意识简化是最危险的伪知识分子的核心特征。意识理论家如同知识分子中的宗教激进主义者，他们百折不挠，僵化不堪，深信自己危险的自以为是和对社会改造的道德主张。比宗教激进主义者更糟糕的是，意识理论家们还声称自己是理性的，会努力证明自己主张的逻辑性和严谨性。相比之下，宗教激进主义者要诚实得多，因为他们至少承认自己坚信的东西是无从证明的。宗教激进主义者的信仰基础是超验的，这意味着他们道德宇宙中心的神是高不可攀、深不可测的。这种让步至少表明他们个人对权力的主张是有界限的，因为他们至少从属于某些不能完全理解的神圣性，更不用说完全掌握了。对意识理论家来说，没有什么是在他们理解或掌握之外的。一个意识理论便可以解释过去、现在和未来的一切，这让意识理论家自认为拥有了全部的真理。这就是极权主义主张和傲慢的天花板，而且在意识理论家无法解释世界或者预测未来时，他们就会极力欺骗掩饰。

说这些的重点在于，你要小心那些把自己的动机理论变成一神论的人。

> **BEYOND ORDER** 要避免把各种复杂的问题归因于单一变量上。

诚然，权力和经济在历史上扮演了一定的角色，但嫉妒、爱情、饥饿、性欲、合作、愤怒、厌恶、悲伤、焦虑、信仰、同情、疾病、技术、仇恨和机遇等也都发挥了作用，而且这些概念都无法互相囊括。单一解释因素的吸引力显而易见，它简单便捷，给人一切尽在掌握的错觉，会在短期内带来相当大的心理和社会裨益，更何况发现了恶人就有机会宣泄那些隐藏在意识形态背后的动机了。

不再怨恨

> **BEYOND ORDER** 怨恨（ressentiment）[5]是带有敌意的气愤，如果一个人将自己的失败和卑微归结于所处的环境，尤其是归咎于这个环境中优越和成功的人时，就会产生怨恨。

心怀怨恨的人会认为，是种种有利于成功人士剥削、腐败的安排构成了不公的环境，而这些人其实不配享有他们的权益，他们是寡廉鲜耻的当权派、助纣为虐的逐利者。一旦建立了这个因果关系链，所有对成功者的攻击就都成了对正义合乎道德的追求，而不是嫉妒和贪婪这类传统上可耻的行为。

意识主义者还有一个典型特征，即在他们眼里，受害者永远是无辜的，而施害者永远是邪恶且无处不在的。但是即使真正的受害者和施害者是存在的，也不意味着我们可以对善恶划分一概而论，尤其是在那些没有对被告人进行无罪推论的情况下。没有任何群体应该被假定有罪，尤其是不应该株连数代。当有人这么做时，就表明了指控者的邪恶意图，也预示着社会性灾难的降临。意识主义者这么做的好处在于不费吹灰之力就可以自诩为压迫者的克星和被压迫者的卫士。面对如此大的诱惑，谁还会深究个人清白与否呢？

选择怨恨的道路会带来巨大的痛苦，这在很大程度上是识别外在敌人而非内部敌人的必然结果。比如在贫富问题上，富人成了贫穷和世界上所有问题的罪魁祸首，那么富人就成了敌人，而且是在心理和社会意义上完全被妖魔化的敌人。如果权力是问题所在，那么任何权威人士都是世界痛苦之源。如果男性气质是问题所在，那么所有的男性甚至男性的概念都必须受到攻击和诋毁。[①] 这种对世界的外在邪恶和内在圣人的划分会让人理直气壮地仇恨他人，也正符合意识主义道德观的需要。但这是一个可怕的陷阱，因为一旦确定了邪恶之源，消灭它就成了当仁不让的责任。这会助长偏执和迫害，因为世界上只剩下两种人，一种是与我思想一致的好人，另一种是亡我之心不死、必须被打倒的坏人。

从道德上讲，将世界的错误算在自己头上要安全得多，至少对一个拒绝选择性无视的诚实之人来说是这样的。当你开始关注自己眼中的梁木，而不是兄弟眼中的刺时，才有可能更清晰地理解事物，看清过错的归属。也许你有很多明显的缺点，改善它们会带来不少好处，也会开启拯救和改善之旅。担负世界的罪孽，为人生的过错负责，你就会追随英雄的脚步，走上拯救世界的道路。这是一个心理和精神层面的问题，而不是社会或政治层面的问题。二流小说家笔下的人物都被简单地分成了正反派，而成熟的作家会把善恶的

---

① 别以为这个游戏没有被反过来玩过，女性气质在世界上许多地区也遭到一样的对待。

矛盾置于人物内心，这样每个角色都是光明与黑暗争夺的焦点。你应该假设自己是敌人，认识到自身弱点和不足带给世界的影响，这比默认自己和自己的组织都是圣人，到处讨伐敌人更有利于心理健康，对社会的威胁也少得多。

打倒父权、减少压迫、促进平等、改造社会、改善环境、消除竞争、削减公权或者把所有组织当作企业来运营，这些口号都是不容易实现的，因为这些概念还不够具体。英国戏剧团体巨蟒剧团（Monty Python）曾演过一个恶搞版的长笛演奏教程，你只要在笛子的一端吹气，然后手指在指孔之间来回移动就行。[6] 这些口号没错，但缺少必要的细节。同样的道理，复杂的大规模社会进程和体系也不容易实现全面统一的转变。20 世纪的众多邪教都认为这种转变有可能，他们的这种信念既天真又自恋，而他们所提倡的一切高谈阔论让心怀怨恨的懒人们自以为有所成就。意识主义者们心中的真理就是他们的神，盲目侍奉的神。

> **BEYOND ORDER** 我们应该放下高谈阔论，开始着手于更具体和精确的问题。我们应该在解决问题而不是抨击指责的层面理解问题，身体力行并且对结果负责。

你应该心存谦卑，打扫干净卧室，照顾好家人，遵循良知，理顺生活，找到有价值和有意思的事并努力坚持。当你能做到这些后，可以再寻求解决更大的问题，如果成功了，就去实现更加宏大的目标。如果你要开启这个旅程，首先要做的就是放弃空想。

远离空谈，实干才能通向幸福。

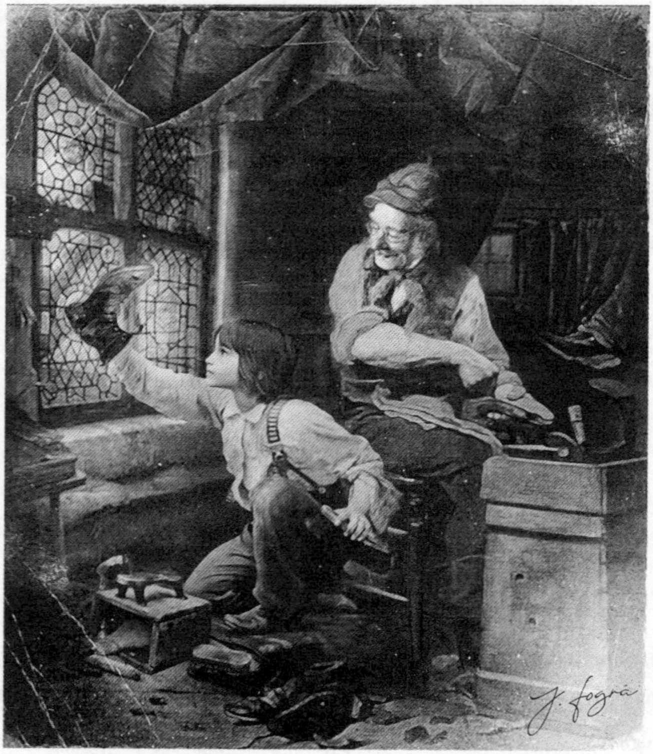
J. Fogrà

BEYOND ORDER

法则七

———

在至少一件事上尽力而为，
帮你在迷茫时发现出路

如果你竭尽全力
去做一件事，
就一定会带来改变，
而你破碎和矛盾的自我
也会变得统一。

热量与压力的价值

在极深的地表以下，当煤炭遇到强烈的热量和压力时，它的原子会重新组合，并且排列成钻石特有的晶莹整齐的形状。煤炭中的碳在钻石形态下也会达到最大的耐久度，使其成为硬度最高的物质。此外，它也能反射光线了。耐久和闪光这两大特性让钻石成了价值的象征。

> BEYOND ORDER　**有价值的东西就应当纯洁无瑕、工整有序、璀璨夺目，这不仅适用于宝石，也适用于人。**

光象征着由高度集中的意识展现的灿烂光辉。人类在天亮时是清醒的，清醒的意识主要和视觉有关，所以意识依靠光而存在。人们说的被点化和启迪都描述了极度清醒和觉悟的状态。钻石作为用来佩戴的饰品象征了太阳的光芒，这和国王或王后的轮廓被印在太阳形的金币上一样，是一种普遍的价值标准。

热量和压力将平凡的煤炭转化成了晶莹而珍稀的钻石，同样的过程也会发生在人的身上。人的内心存在多种力量，而且通常相互冲突。我们会做自己不想做的事，或者不去做明知道该做的事。我们想减肥，却总赖在沙发上吃零食。我们在迷惘困惑中茫然失措，也在优柔寡断时裹足不前。尽管意志明确，我们还是会被各种诱惑迷惑得晕头转向，就算虚度光阴让自己悔恨不已，也不会做出改变。

因此，迷信的古人倾向于相信人类的灵魂是被祖先鬼魂、魔鬼或者神灵之类的幽灵附身纠缠的，而且这种纠缠并不是为人类谋福。精神分析将这些冲突和时有恶意的执念描绘成了心理上的冲动、情绪和动机，或是所谓的情结。它们构成了内在的子人格，通过回忆彼此联系，不受意志的掌控。人的神经系统显然有等级划分，最底层是强大的本能，掌管着饥渴、愤怒、悲伤、欣喜和欲望。这些本能也可以轻易地上升为人的主宰，或者彼此针锋相对。

BEYOND ORDER　人只有借助强大的韧性和力量才能统一自己的精神。

俗话说，一个不和的家庭是难以长久的。同理，内在整合不足的个体也承受不了挑战，他在心理上的最高层面无法统一，内心的各种属性无法平衡和结合，所以也无法自我振作。我们常会用失控或崩溃来描述这种情况。人在整理好破碎的自我、重振精神之前很容易被子人格支配，在情绪失控时，某个愤怒、焦虑或痛苦的人格就会乘虚而入。当一个两岁孩子发脾气时，你能清楚地观察到这种现象。他在这一刻暂时失去了自我，完全被情绪支配，事后也会深感不安。如果同样情况发生在成年人身上，则会给旁观者带来更加强烈的恐惧。掌控愤怒的原始动机系统只要把小孩尚不成熟的人格推倒，就可以轻易掌控他的心灵和行为。尚未稳固的自我在实现心理整合和社会融入的道路上，确实会时不时败给强大的本能力量。

内在整合不足也会增加人面临不确定性和犹豫不决时的痛苦和焦虑，让人缺乏动力和愉悦感。当一个人无法在 10 件想做的事情中做出取舍时，就会被这些事情同时折磨。

> BEYOND ORDER　**没有清晰明确、方向一致的目标，我们就很难积极投身有意义的生活。**

明确的目标可以限定和简化世界，从而减少不确定性、焦虑、羞耻以及压力引起的生理内耗。对缺乏整合的人来说，脆弱和迷惘还仅仅是个开始，后续还可能面临习得性无助和抑郁导致的长期困顿。这不仅仅是一种心理状态，因为抑郁症也会带来严重的生理后果。应激激素皮质醇的过度分泌会加速衰老，导致肥胖、心血管疾病、糖尿病、癌症和阿尔茨海默病。[1]

除了生理病症，内在整合不足带来的社会后果也非常严重。缺乏内在整合的人对哪怕最轻微的挫折和失败都会过度反应。首先，他无法和他人甚至自己进行建设性的商讨，因为他忍受不了讨论未来的不同可能性时的那种不确定性。其次，他也没法感到快乐，因为他得不到自己想要的，而这又是因为他没法做出取舍来明确自己想要什么。最后，他也无法处理争论，即使是最站不住脚的论点，也不论这个论点是否对自身有害，都会被他的某个交战中的子人格包装成质疑，用来大唱反调。因此有人说，阻挡一个内心矛盾重重的人只用一根手指头就够了，即使这会让他大发雷霆。所以，如果想要矢志不渝地前进，就必须组织好内心，目标明确。

具有瞄准和指向性的行为是个体成熟和自律的体现，也十分有价值。如果不瞄准任何事物，那所有东西都会成为你的困扰，你会无处可去、无事可做、无所珍惜，因为珍惜的前提是有所排序，有所取舍。你真的想成为自己能成为的任何样子吗？这或许太宽泛吧？更好的方式是不是该先从一个具体的点开始，再逐步扩展呢？这虽然需要做出一些舍弃，但同时难道不也是一种宽慰吗？

最坏的决定就是不做决定

我在麦吉尔大学研究生院攻读临床博士学位时注意到，在长达五到六年的课程里，每个人的性格都会随着课程难度的逐步增加而产生明显改善。大家的社交技能会变好，更善于表达。他们拥有了深刻的个人使命感，在人际关系中发挥出了更多价值，也变得更加自律和有条理。尽管研究生课程质量并不理想，临床实习难找又没报酬，和导师的关系有时也不尽如人意，但同学们依然能更加享受学习。那些刚入学的研究生经常显得不成熟且迷茫，但是做研究和准备毕业论文所必需的自律很快就改变了他们的性格。

> BEYOND ORDER　一个人要写出复杂而通畅的长文，自己也需要先拥有复合、明晰和深刻的人格。

后来我当了教授，在指导本科生和研究生时也发现了同样的规律。那些参与实验室工作的学生虽然要承担额外的工作量，但也比学业更轻松的同学获得了更好的成绩。初级研究员的工作帮他们确立了自己的身份，扩展了人脉，也强化了他们的自律和时间管理。作为心理咨询师，我也在临床工作里看到了同样的情况。我经常会鼓励来访者选择现有的最佳选项，就算这个选项和他们的理想相距甚远。来访者因此需要暂时放下远大目标和自尊心，但用现实替代幻想无一例外地带来了心理健康的改善。

我们应该全情投入于何处呢？我到了这个年纪，已经看见过这个问题的许多不同答案了。在本科生、研究生、教授、心理医生和研究者的职业阶段以及其他道路上，我都看到了两种反复出现的发展路径。每个年轻人都是半生不熟、迷茫困惑、盲目悲观同时又心怀疑惑和希望的傻瓜，而每个年轻人也都有两条道路可以选择。我深信许多投入都拥有长期价值，最重要的便是人格发展、爱情、家庭、友谊和事业，而那些不愿或者无法在这些领域深耕的人必定会吃亏。不过投入也是有代价的，想上大学就要学习和做出某些方面的牺牲，想选一个专业就要放弃其他专业，谈恋爱和交友也意味着取舍。如果你带着厌世、犹豫或者怀疑来对待这些选择，表面上这种做法更容易，却会让人形成自我破坏的虚无主义态度，因为你觉得何苦费那么大劲儿呢？一千年以后这些事情还有什么意义呢？这个选择凭什么就比其他选择更好呢？

不论选择什么伴侣、朋友和职业，我们都可能从中获得满足和幸福。从某种程度来说，任何选择都有可能带来满足感，同时也都有相应的不完美。浪漫的伴侣和朋友可能善变且复杂，不同的工作里也都会有沮丧、失望、腐败、专制的等级、办公室政治和愚蠢的决策。我们当然可以基于这些不完美来认定某个选择并不那么值得，甚至更悲观地认为没有什么事情是值得的，但这类结论不论多么有道理，都会让人付出高昂的代价。一个人在读完学位或者学完手艺之前就放弃是会吃苦头的。这里说的是放弃，而不是失败，虽然有时这两者不太好区分。人们失败是因为虽然有心上进，但能力不足，比如做律师需要相当程度的语言能力，做木匠需要一定的动手能力。有时个人能力和选择之间的差异太大，会导致投入再多也无济于事，但是更多时候失败源于三心二意、自找借口和推卸责任——这么做有百害而无一利。

没做职业选择的人通常会漂泊不定，并且用浪漫的反叛精神和幼稚的愤世嫉俗来合理化自己的漂泊。他们会不假思索地认同前卫的艺术，或者用酗酒和吸毒的一时满足来抵御绝望与迷茫。但这么做不会让你在30岁时获得成功，更别提 40 岁了。同理，无法对伴侣专情或者无法对朋友忠诚的人也会孤苦伶仃，这反过来又会加深最初让他们陷入孤立的那种愤世嫉俗。你应该避免让自己的人生陷入这样的恶性循环。

我认识的人当中，那些上完本科或职业学校的人都过得更好些。他们不一定会好到如鱼得水，或者知晓天命、义无反顾，相反，他们反而会不确定是否要继续从事所学的专业。但是这也比半途而废、四处漂泊的人强得多。学习时的投入和付出让那些坚持下来的人更加成熟，也变成了更好的人。那么结论是什么呢？世界上有许多可以投入精力的事情，由于可能性太多，也由于期待我们投入的社会本身有很多问题，所以我们有理由说承诺投入是一件随意甚至无意义的事。但是我们不能用同样的方式看待承诺本身，因为不选择方向就会迷失。哪怕在过程中会有许多挑战和挫败，做出选择并有所成就也要比不做选择并一事无成好得多。

> 愤世嫉俗的人会绝望地认为什么选择都可能很糟糕，但是如果一个人能超越自己的悲观，意识到怀疑并不是寻找方向过程中最可靠的指引，就会明白最坏的决定就是不做决定。

自律与整合

人从小时候起就能通过自律来集中精力了。在年纪很小时，孩子们就能主动将涉及生存本能的种种情绪和动机整合到与他人协作、竞争的策略中，而那些发展良好的孩子也能构建出让他人和自我都满意的策略。当孩子的自主体验被饥饿、愤怒、疲惫或寒冷等本能打断时，称职的父母会帮助孩子解决问题，并教会他如何自己解决问题，这样他脆弱的内部一致性就不会被干扰了。而当孩子学会解决问题后，就准备好参与社交了。这一过程需要在 4 岁前完成，否则就有可能永远无法完成。

> BEYOND ORDER　**一个孩子必须在 4 岁前拥有充分的自我组织能力，从而得到同伴的接纳，如果到了这个年纪还会乱发脾气，他就可能遭遇永久性的社交排斥。**

对有教养或有幸被接纳的孩子来说，同伴也会进一步推动其自我融合的过程。孩子和别人玩游戏的过程就是自我约束的过程，他需要学会控制自己的各种冲动，通过主动遵从游戏规则来实现明确的目标。如此玩耍意味着个体要将自己变成庞大社会机器中的零部件，如果你认为个体性等同于无限地满足冲动，那么可以说融合的过程会牺牲个体性。但在更高层面上，这恰恰是个体性发展的必由之路，是逐步进行社会化和自我融合的个体在成功地平衡当下欲望和长远需求。各种童年游戏以这样的方式帮助孩子克制住了婴儿般的哭闹，而他们得到的回报便是社会的接纳和游戏的乐趣。

要明确的一点是，这不是压抑。人们往往觉得为了遵守规则而不做某事的话，就会永远失去做那件事的机会。这种想法让许多父母都不敢管教孩子，尤其是怕扼杀他们的创造力。但恰当的管教不是毁掉孩子，而是让他更有条理性。如果孩子被吓得唯命是从，或者被控制得没有机会淘气，那他接受的就不是管教而是虐待。相比之下，一个被父母、成年人尤其是其他孩子恰当管教的孩子不会压抑和永久性地禁锢自己的攻击性，也不会将它转化成别的东西。相反，他会把攻击性整合到日益复杂的游戏中，提升自身的竞争性和注意力，从而实现更高的心智发展目标。

> 社会化良好的孩子并不缺乏攻击性，而是精通于驾驭攻击性，将本有可能产生破坏性的驱动力转化成专注的坚持和审慎的竞争性，从而成为成功的游戏玩家。

在青春期到来时，这样的孩子就能参与更加复杂的游戏，这些游戏是大家共同参与且有目标导向的活动，哪怕只有一个赢家，所有人也能乐在其中并受益。在个人和群体层面，这种能力就是文明的雏形，是合作、竞争与胜利的机会同时显现的时刻，也是成熟的成年人做出长远选择时必备的能力。

我们有理由质疑和讨论哪个游戏在当下最合时宜，但不能认为所有游戏都是不必要的。同理，我们可以争论哪种道德是必要的，但不能认为道德的存在是不必要的。质疑游戏是否合时宜不是相对主义，而是对情境的明智考量，这就好比葬礼上不宜表现出快乐，不等于快乐本身没有价值。同理，强调道德的必要性和必然性不是极权主义的行为，而是考虑到社会的和平稳定需要建立在包含了统一底层价值的社会结构之上。欧州文明的建立得益于基督教教义对众多敌对群体的统一，或许东方文化的相对文明和统一也可以归功于佛教、儒家文化或印度教。没有游戏就没有和平，只有混乱。此外，正如在法则四里讨论的那样，游戏必须有可玩性，拥有被广泛认同的规则，才能促进人们的长期遵从和参与。从理论上讲，这样的游戏可能有很多，也可能寥寥无几。总之，和任何具有可玩性的游戏一样，宗教的规则绝不是随意武断设置的。如果人们误以为和平可以脱离众生自愿参与的游戏而存在，那就是低估了人类随时可能走向分裂和敌对的灾难性风险。

当社会迫使孩子将不同的子人格进行整合之后，他就准备好和他人一起玩耍了。在那之后，他也就有机会参与到工作这种更严肃的游戏中，去面对高度细分的期待、技能和规则了。此外，在长大后他还需要学会处理两性关系，将自己的社会化人格与另一个人进行整合，以保持和谐、积极和健康的亲密关系。这便是个体的学徒经历中心理和社会的双重整合过程，是心智健康的外在促进条件。一个人如果能坚持走完这个过程，就可以变成一个善于待人接物、对社会有价值、懂得互惠且心智健康的成年人。

但整合和社会化的过程还没结束，因为人在学徒期要同时学会两件事情，即学会玩游戏和学会输得起。一开始，学徒必须严守传统、体系和教条，就像想玩游戏的孩子必须先遵守游戏规则一样。理想情况下，服从意味着心怀感激地遵从传统制度。而人们在学徒期则面临着类似钻石生成过程中所承受的热量与压力的考验，比如新来的工人要接受同事的考验，刚入行的新手律师要接受雇主的考验，住院医师要接受医生、护士和患者的考验。这些热量和压力是为了让尚未成型的人格服从于一条单一路径，将懵懂的新手转化为优秀的大师。

不过，学成之后的大师就不再需要服务于教条了；相反，教条是为他服务的。他有责任去维护教条，也有权力在必要时修改它。大师可以依赖自己的直觉，因为他掌握的知识让他有能力批判和评估自己的思想。因此，他可以更清晰地感知教条背后的根本原则并获得启示，而不是一板一眼地墨守成规。他甚至还可以结合自己的个性和所受的训练来改良这些根本原则，从而实现更高层面的自我整合。

恪守与超越

纪律既是游戏的基础，也是人格整合发展的先决条件，我们也可以将其称为戒律，即强调什么不可为的规则。遵守规则有助于人格发展出特定性质，比如之前提到的，玩家参与越多的游戏就越受人欢迎。不出所料的是，这样的思想已经隐含在许多构成文化根基的故事当中，摩西十诫是有史以来对游戏规则最有影响力的讨论。

第一诫指出了追求最高程度整合的必要性；第二诫指出了崇拜虚假偶像、将表面形象当作偶像本质的危险；第三诫说的是不可以神的名义明知故犯；第四诫建议时常留出时间反思价值观；第五诫强调了家庭团结，要求子女对父母的牺牲心怀钦佩、尊重和感激；第六诫表面上在防止谋杀，其实也在避免群体中出现连续的世仇；第七诫强调了婚约的神圣性和家庭稳定的崇高价值；第八诫强调了保证诚实勤劳的人不用担心劳动果实被肆意剥夺，从而让文明社会的出现成为可能；第九诫维护了法律的廉正，避免它被当成武器；第十诫警示了由嫉妒催生的怨恨具有最可怕的破坏力。这些戒律可以被理解为一个稳定社会或一个可重复和迭代的社会游戏的基本规则。十诫出自《出埃及记》这个经典的故事，不过它产生于规则而又超越了规则，构成了规则的本质。

> **BEYOND ORDER** 如果你主动服从于一套传统的社会规则，并矢志不渝地践行到底，你就能获得超越规则的整合。

《马可福音》中有一个与此观点相关的故事。故事始于耶稣前往耶路撒冷圣殿的过程中，他赶走了钱庄的人和商人，并向众人发表了充满魅力的演讲。祭司长和文士听了耶稣的演讲，就想办法要除灭耶稣，但又害怕他，因为人们都对他的观点感到十分新奇。于是这些人开始密谋，想通过几番质问诱使他发表异端言论，从而治他死罪。于是祭司长和文士打发几个法利赛人和几个希律党的人到耶稣那里，想根据他的话陷害他。但耶稣巧妙地回应了这些质疑者，辩得他们哑口无言。此后，再也没有人敢问耶稣什么了。

这段对话表达的真正意义是，恪守恰当的法则可以使人格整合的过程更加靠近所谓的最高理想，而这个最高理想代表了所有良善和公正法则的底层共性。这个理想是单一的，需要被完全贯彻。

随着时间推移，精神可以超越长久的传统，创造出新的教条。

> **BEYOND ORDER** 当一个人创造出杰作时，他的学徒期就结束了，因为这种创作不仅证明了他已习得必要的技能，也证明了他有能力创造新的技能。

虽然学成之后的大师有时会做出许多革命性的行为，但他们依然可能是传统的化身，认为自己不是要废掉规则而是要成全规则。因此，他们既是传统的产物，也在创造和改变传统。这种有关创造的冲突也不断在许多经典作品中反复出现，而且其故事普遍都在讲述精神和为权势服务的腐化教条之间的对抗。

> **BEYOND ORDER** 如果你竭尽全力去做一件事，就一定会带来改变，而你破碎和矛盾的自我也会变得统一。

这种统一性不仅是通过牺牲、承诺和专注的约束获得的成果，也能在个人层面创造和打破约束本身，乃至在社会层面改变文明。这便是让合理的秩序永存于社会的真理之道。

在至少一件事上尽力而为，帮你在迷茫时发现出路。

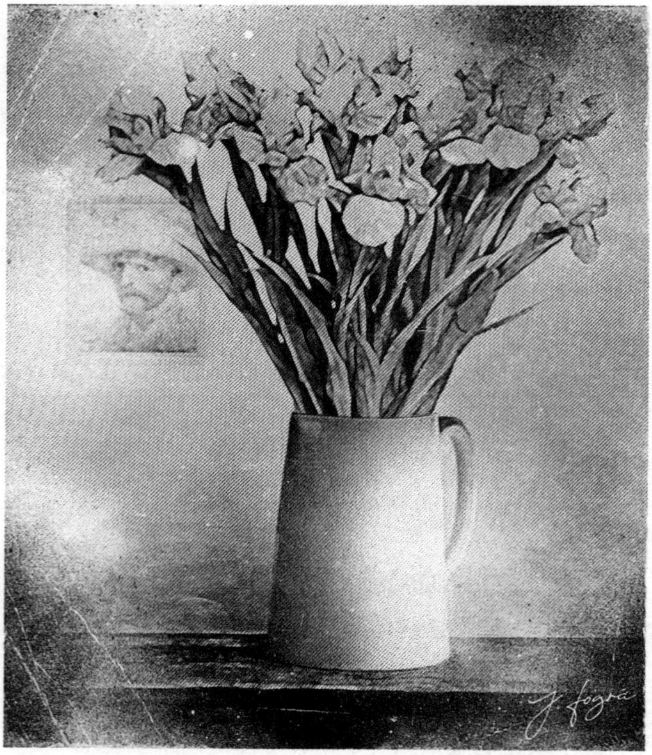

BEYOND ORDER

法则八

———

用美感让生活更美好

你需要与
超越自我的事物建立联系，
就像落水的人需要救生圈一样，
而将美感带入生活
是一个好办法。

将美感带入生活

我因为鼓励人们清理自己的房间而出了名，这也许是因为我真心看重这条平淡无奇的建议，而且我知道做这件事情比看上去要困难得多。我家里的书房一般都较为整洁，但在过去的三年里我都没做好清理工作。这期间我的生活陷入了混乱，因为我在疲于应付人生的种种波折，比如政治上的争议、职业转型、无尽的出差、海量的邮件以及一系列疾病。此外，我和太太刚刚重新装修了房子，所有没处放的东西都堆在了我的书房，可谓乱上加乱。

互联网上有一张嘲笑我虚伪的图很火，照片是我在书房里拍的视频的截图，背景乱七八糟，我看上去也很糟糕。我自己都做不到，凭什么告诉人们要在修复世界之前先整理好自己的房间呢？这种批评来得正是时候，因为我当时的状态不佳。而这也反映在了我书房的整洁程度上，我每出一趟差，身边堆积的东西就会增加一点。尽管我可以借口说当时情况特殊，又在那个阶段处理了许多其他问题，但我依然有恢复房间整洁的义务。而且挑战在于我不仅想要清理我的书房乃至整个家，以及想在力所能及的范围内修整我所处的社会，我还想要美化它们。这是件刻不容缓的事情。

创造美的事物是一件困难但极有价值的事，因为一旦你让生活中哪怕某一件东西真的变美了，你也就和美建立了联系。以此为起点，你可以把这种关系拓展到生活乃至世界的方方面面。这是通往神圣之路的请柬，能让你重拾不朽的童真，重新看见现实的美妙和伟大。你应该鼓起勇气去尝试。

要做到这一点，有一个很好的选择，即通过艺术、文学及其他人文学科来接触人类文明的集体智慧。因为，古往今来人们都在思考如何活着的问题，他们得出的奇异多样的答案可以为你指点迷津。

你会由此拥有更宽广的视野和更完善的规划，对他人的理解会更透彻，对自己的关怀会更到位。你会对当下有更深刻的理解，会更谨慎地下结论。你会更认真地对待未来，避免因为享乐冲动而牺牲它。你会有更深刻的思想和更精确的言辞，他人也会更愿意与你交流合作。你会更有可能做你自己，而不是成为一个郁郁寡欢、随波逐流的工具人。

你可以去买那些能让你与之产生共鸣的艺术品。真正的艺术品会进入和改变你的生活，它是窥见超越自我的可能性的窗口，这对受到局限又缺乏真知的你来说非常有必要。如果你不能在生活中找到超越自我的方式，就很难克服生活中的巨大挑战。

> BEYOND ORDER　你需要与超越自我的事物建立联系，就像落水的人需要救生圈一样，而将美感带入生活是一个好办法。

因此，我们需要理解艺术所扮演的角色，而不是将其视作可有可无、铺张浪费甚至附庸风雅的事物。艺术是文化的基石，是人类进行心理整合并和谐共处的基础。常言道："人活着不能单靠食物。"我们以美、文学和艺术为生，因为我们不能失去精神生活，而美就是充满精神意义的；没有丰沛的精神世界，我们就会感到人生苦短、凄惨且具有悲剧意味。只有保持敏锐和清醒，我们才能好好活下去，把握好世界发展的方向，不伤害万物和自我。

> BEYOND ORDER　美可以帮我们学会欣赏存在的伟大，在有可能心生怨恨时依然选择心怀感激。

保持童真之眼

我的童年和少年时期都在费尔维尤度过，虽然只在那住了9年，却可以清晰地记得小时候的那条街道。我对附近邻居家房子的所有轮廓和细节都了如指掌，熟悉每一条后巷、栅栏背后的空间、人行道上的每一条裂缝以及所有的小路。虽然所处的地域不大，但我对它进行了充分的探索，对所有的细节一清二楚。长大以后就不一样了，我在多伦多的一条街上居住了20多年，却只对周围的房子有模糊的印象。

对多伦多记忆模糊对我来说不是件好事，因为这让我缺乏归属感。每当我走在路上瞥见附近的屋子时，只会把它们当作符号，然后注意力就很快转移到别处去了。我不会关注屋子的瓦片、颜色、花圃和建筑细节，尽管如果仔细观察我是有可能产生兴趣的。到了这个年纪，我已经在太多地方看过太多房子了，也不认为关注路边的房子有什么价值，于是会忽视每栋房子的特质与细节，只是心不在焉地将它们当作界定方向的标志。这么做对我来说是有损失的，因为我没法像小时候那样真切地置身于周遭的环境里了，可以说我脱离了现实世界，也失去了那种深深的归属感。

法则八：用美感让生活更美好　　155

我的感知已经被更具功能性和实用性的记忆替代，这在某种程度上让我更有效率，而代价就是让我对世界丰富性的体验变得贫乏。我在波士顿刚开始做助理教授时，孩子只有两三岁大。那时我很专注于工作，想要努力发展事业，挣钱养家糊口。每天回家后，我都会与妻子塔米以及我们的孩子米凯拉和朱利安一起散步，但我很难对他们保持耐心。我自认为有太多工作要做，也花了多年时间让自己专注于工作，所以每次散步我都需要知道目的地是哪里，要走多久，以及什么时候回来。带着这样的态度和小孩出去散步是没法轻松愉快的。

> **你必须沉浸在和孩子相处的过程中，观察和享受他们无止境的探索，否则就有可能错过一些非常重要的东西。**

我很难放松下来，关注当下，耐心地看着孩子们漫无目的地蹒跚前行。我没法像他们一样全身心地沉浸在与小狗或者蚯蚓的相遇中，尽情地玩即兴发明的游戏。小孩给大人带来的宝贵礼物之一，就是让大人偶尔也能通过童真的视角，看见那个尚未被惯性和功利性侵扰的纯粹世界，享受新鲜感带来的喜悦。不过，我最终还是会不由自主地回到对工作的执念里，因为我对未来有太多担忧了。

无论对妻儿的不耐烦带来的效率有多少好处，我都清楚地知道自己错过了投入感的美好和意义。一方面，我专注而敏锐，从不浪费时间；另一方面，我也因为追求效率、成就和秩序而产生了盲点。我看不到世界的全貌，只能看到那些足以保障我最高效地通行于世界的东西。这并不意外，我背负着成年人的责任，工作繁忙，需要为了养家而牺牲当下，关注未来。不过在注意到孩子对当下和周围环境的全神贯注后，我也意识到了走向成熟的代价。伟大的诗人们尤其明白这一点，所以他们在尽己所能地提示着我们。

曾几何时，草地、丛林、溪流，
大地上司空见惯的一切，
在我眼中
都仿佛闪烁着天国的光辉，
如梦般荣耀与清冽。
而如今光景已不似当年——
不论白天或黑夜，
不论我走向何方，
往昔所见已不可重现……
你们这些蒙福的生灵，我听到了；
你们彼此的呼唤，我看到了。
在你们的欢庆中，天堂也喜笑颜开。
我满心沉浸于你们的节庆，
我头顶环绕着庆典的花冠，
你们的齐天洪福，我一一领会。
我若面带愁容岂不负了这良辰美景！
大地已焕然一新，
值此明媚的孟夏清晨，
孩子们采集着鲜花，
脚印随处可见，
万千幽谷深涧中，
群芳斗艳，阳光和煦。
婴孩在母亲的怀抱中雀跃，
我听着，听着，满心欢喜！
有一棵大树，秀于林间，

法则八：用美感让生活更美好　　157

有一片田野，映入眼帘，
它们诉说着已逝的曾经；
我脚边的一株三色堇，
也在把旧话重提：
逃去哪儿了，那些幻视中的光影？
如今在何处，往日的荣光和梦境？

——威廉·华兹华斯 《不朽颂》

有的人一直都能保留童真之眼，尤其是艺术家们，而这也正是他们才华的重要组成部分。英国画家、版画家和诗人威廉·布莱克就是这样一个人，他始终生活在一个独特的幻想世界中。布莱克比大多数普通人更接近哲学家伊曼纽尔·康德所说的"自在之物"[1]，因为人们在感知成熟的过程中受到的限制越来越多，最终就只能看到世界苍白的表象了。布莱克也对看似孤立的事件中的隐喻和戏剧性十分敏感，能看见万物之间诗意般的遥相呼应。

每个农户都明白
眼中的每一滴泪
都会成为永恒的宝贝
聪慧的女人都心领神会
转而重获喜乐欢悦
羊啼、犬吠、牛吟、虎啸
皆为拍打天国彼岸的浪涛
棍棒下啜泣的婴孩
在死亡之域书写着复仇

---

[1] 即我们只知其存在而不知其本来面貌的本身自在的物。——编者注

乞丐的破衫随风翻飞
褴褛在苍穹中被撕作碎片
士兵紧握长枪短炮
战栗着强袭夏日骄阳
贫者手中仅剩的一文钱
远胜非洲海岸的黄金矿藏
劳者身上被榨取的半厘银
足可买卖财主的万亩良田
如若得到上天庇护
富可敌国绝非虚言
嘲弄孩童赤诚之人
直至老死难脱讥讽
教唆孩童怀疑之人
不见天日朽于孤坟
尊崇孩童虔敬之人
克胜冥府永世长生

——威廉·布莱克《天真的预言》

  布莱克这样的艺术家的视野实在太宽广了，因为对普通人来说，受限于记忆感知范围的东西太多太多。这种视野将世界的过去、现在和未来结合成了一个不可思议的整体，不同层次的事物紧密相连，其间隐含着超越想象的含义，共同构成了存在的神秘莫测。拥有这种视野就可以看见一束鲜花所有的复杂性和美感，看见每一朵花从虚无中绽放，接着化作春泥，再度归来。拥有这种视野也能看见一堆干草在四季里不同外表背后的神秘性，看见不同的光影和色泽。而普通人只能看到形状上的共性，并且认为这就是复杂现实的全部。

> 你从何知晓，每只划破天空的小鸟都不是一个
> 快乐的浩渺世界，只因你被五感所蒙蔽？
>
> ——威廉·布莱克《难忘的幻觉》

法则八开头的插图是凡·高的《鸢尾花》。当你看这样的作品时，就好像在透过一扇窗户看见我们一度感知过的永恒，会想起世界本来有多么令人敬畏和惊叹，后来又被我们缩减得多么平凡。透过艺术家的感知，哪怕烦闷重复的日常生活让我们的心中只剩下狭隘和功利，我们也能与灵感之源重逢，重燃对世界的喜欢。

> 但为了早年的情思，
> 为了朦胧的过往——
> 不论它是什么模样，
> 都是我们整个白日的源头之光，
> 都是我们所有视野中至明的亮；
> 它们支撑着我们，将我们哺养，使得
> 我们喧嚣吵嚷的岁月仿佛成了
> 永恒静谧之中的一晌：苏醒的真理
> 不再消亡；
> 不论颓丧或痴狂，
> 不论成人或孩童，
> 抑或是世上与欢乐为敌的一切，
> 都休想将这些真理废止或灭亡！
>
> ——威廉·华兹华斯《不朽颂》

看见自己的空洞和窥见超越现实的存在，都会令人不寒而栗。人们为了美化伟大的画作而把它装在华美的画框里，同时也会默认画作的伟大已被局

限于画框之内。这种约束和限定，都是为了让我们熟悉的一切保持完整和令人感到舒适，避免美感越过边界之后扰动我们的世界。

博物馆的作用也是如此，它是才华的收容所，禁闭着所有值得世人了解的伟大作品。为什么我们不在每一个小镇上修一座神坛来供奉一件伟大的艺术品，而要以令人眼花缭乱的方式集中收藏所有作品呢？用一个房间甚至一栋建筑来陈列一件杰作或许都不为过。每件作品都有属于它的独特世界，把几十上百件作品放在同一个房间里是一件很荒谬的事。这种大规模收藏对作品的独特性、宝贵性和不可替代性是一种贬低。恐惧驱使我们囚禁艺术。

> 你丈量过千亩之田的广袤吗？你测算过苍茫大地的辽阔吗？
> 你已经过长久的练习，学会如何阅读了吗？
> 你在知晓诗歌意涵时会自视甚高吗？
> 与我共处一日一夜，你将拥有一切诗歌的泉源，
> 你将得到大地和太阳的美好（还有千万颗太阳），
> 你将不再几经转手认知事物，不再通过亡者之目洞察一切，不再将书中幽冥作为食粮，
> 你也不要经由我的眼睛观察，也不要从我这儿获取分毫，
> 你要倾听四面八方的声音，通过自身滤取它们。
> ——华特·惠特曼《自己之歌》

成年人对世界的理解简单而潦草，当他们重新发现世界的美时会感到不知所措。但如果不行动起来试着重新发现世界的美，比如无法做到好好和孩子一起散步，我们就会错过这个无限世界时刻展现的宏伟和壮美，让自己的生活只剩下寡淡的柴米油盐。

法则八：用美感让生活更美好　　161

主动探索未知

在现实和理念层面，人们都生活在已知之地。但你能想象在这之外还有什么吗？也许是大量你不了解，但他人多少知道的事物。而在有人知道的事物之外，还存在着没有任何人知道的事物。你的世界是已知领域，外面被相对的未知包围，再外面是绝对的未知，乃至绝对的不可知。这一切构成了经典的原型世界。未知从已知中显现，有时这令人兴奋，但经常也令人痛苦，而这种显现就是新知识的来源。不过一个根本的问题是，这样的知识是如何产生的？

> BEYOND ORDER 知识不是从绝对未知到清晰明了一蹴而就跨越的，而是经过多阶段的分析和转变，才成为常识的。

产生知识的第一个阶段是最基本的反射行为。[1] 在遇到意外时，你的身体会首先做出反应，你会蹲下防御、僵在原地或惊惶逃离。这些都是原始反应的表现和分类形式，"蹲下"是应对掠食者的攻击，"僵住"是应对掠食者的威胁，"恐惧"则驱使人逃离。世界的可能性最初就是以这样本能、无意识和不可控的具身行为（embodied action）呈现出来的。人对世界的潜力与可能性的认识最早源于身体而不是认知，不过这种认识也依然是有代表性的，比如身体的反应就是应对现实掠食者的一种代表。

比如你在漆黑的深夜独自一人在家，被一个意外的响动吓得动弹不得，这是未知到已知的第一层转变，是未知的声音导致身体被吓僵。接下来你的心率会因为预备行动而上升[2]，这是第二层转变。然后你会想象黑暗中造成响动的原因[3]，这是第三层转变。僵住和心跳加速的具身反应与意象化的代表性想象构成了一个完整的实践序列。想象是探索的一部分，如果要进一步探索，你还需要克服恐惧带来的僵化，去调查曾经安全的家为何会发出声响。然后你就进入了主动探索阶段，由此形成直接的感知，进而对声响来源形成清晰的知识。如果声响没什么好担心的，你就可以回到习以为常的安宁中了。信息就是这样从未知走向已知的，当然也有些时候声响确实意味着麻烦来了。

> BEYOND ORDER　艺术家站在将未知转化为已知的前沿，主动走入未知世界，将其中一部分转化为某种形象。

有的艺术家通过编排舞蹈，用身体语言呈现未知，有的人通过表演这种精巧的具身表达和模仿，又或是通过雕塑、编剧、创作小说来呈现；还有某些知识分子，他们通过哲学和批判来提炼艺术作品中的表现形式和规则。

我们可以想一想那些有创造力的人在城市里扮演的角色，他们一般都过得不太好，因为艺术家很难获得商业上的成功，不过生存压力反而会成为其动力的一部分。他们在潦倒的日子里游荡于城市之中，发现了一些曾经辉煌的破败街区，通过走访调查，他们觉得这个地方如果花点功夫打理就会变得很酷。于是他们搬到此地，开始搞创作、开办画廊，虽然挣不到钱，但能让这个地方更文明一些。在这个过程中，他们将危险升华为先锋，然后会有咖啡店和前卫的服装店开业。接下来士绅化的推动者（gentrifiers）就会进驻，他们也是创造型的人，只不过保守得多。接下来会出现地产开发商和连锁商店，中产阶级和富豪也扎下根来。然后艺术家们就得搬家了，因为他们付不起房租了。这对先锋艺术是一种损失，尽管残酷但也可以理解，因为艺术家们没必要继续停留在这稳定的繁荣当中了。他们需要另寻征途，让别的区域重焕生机，那才是适合他们的环境。

艺术家站在混乱与秩序的交界处，而这个地方有时候充满艰险，让他们不仅不能创造秩序，反会跌入全面混乱之中。但艺术家却一直都栖身于人类认知的前沿，艺术之于社会就像是梦之于精神生活一样。人的梦境极具创造性，所以当你回忆起一个梦时才会好奇这个梦究竟是怎么产生的。这说起来很难理解，你脑袋里发生了一些事情，但你却完全不知道这些事情是从哪里来的，又意味着什么。梦其实是个奇迹，是自然的声音在你内心的显现，而且很多个夜晚都会发生。和艺术一样，梦也调和着秩序与混乱，而且一半由混乱组成，所以梦才难以理解。

> 梦是一个尚未明晰的幻象，那些将幻象变成艺术作品的人把未知转变成了至少能够看见的事物。

艺术家的角色就是如此，先锋性是他们的本性，也推动了文明的发展。

艺术家并不完全理解自己的行为，因为他们的创作是崭新的，否则他们完全可以用几句话说清楚自己的想法，并不需要舞蹈、音乐或图像等表达手段。他们被感受和直觉指引，运用察觉规律的能力，借助身体而不是思想来创作。在创作的时候，艺术家会就某个甚至他们自己都不完全理解的问题进行挣扎与博弈，并试图将一些新事物带入大众视野。如果颠倒一下过程，他们就成了宣传家，把已经明晰的思想转化为图像和艺术，以实现思想上的胜利。

艺术家需要和他们不理解的事物进行斗争，否则他们就不是艺术家了，而是在空想或者装腔作势。

> BEYOND ORDER　**真正投身于艺术的人会执迷于直觉的感召，哪怕遭遇反对或引来批判、否定甚至名利无收也义无反顾。**

成功的艺术家能让世界变得更容易理解，或者会替换掉一些人们熟知但不再合时宜的事物。他们让未知与意识、社会、已知世界更加靠近，而人们在观看画作、戏剧和聆听故事的过程中会不知不觉地获得启示。这对人来说非常有价值，甚至是最有价值的。正因如此，这个世界上最昂贵的，几乎称得上无价之宝的人造物都是伟大的艺术作品。

我曾经参观过位于纽约的大都会艺术博物馆，那里收藏了大量文艺复兴时期的名画。如果要估价的话，每一幅都价值数亿美元。陈列这些作品的区域对每一位参观者来说都宛如神坛。这些画作被存放在纽约最享有盛誉的博物馆里，坐落于价值最高的地段。这些藏品是在漫长的岁月中历经千辛万苦收集起来的，画廊中拥挤的人群里，许多人都是怀着近乎朝圣的心情前来瞻仰的。

我问自己："这些远道而来看这些画作的人是为了什么？他们觉得自己的目的是什么？"有一幅画画的是圣母玛利亚的无玷成胎，可谓构图精巧。画中的圣母正在升入天堂，心至极乐，被点缀着小天使脸庞的光环簇拥着。许多人聚在一起凝视着这幅作品，陶醉其中。我心想，他们不知道这幅画意味着什么，不明白光环和小天使的象征意义，也不理解为什么要赞颂圣母。为什么它和其他画作一起被小心翼翼地保护着，禁止被人触碰呢？为什么这些画作会价值连城，被富有之人渴望呢？为什么这些作品要被小心地陈列在一个现代"神坛"里，而世界各地的人要带着渴望的心态来靠近它们呢？

法则八：用美感让生活更美好　　165

人们把这些作品奉若神物，至少他们靠近这些作品时的行为表现出了这一点。人们带着无知和惊奇凝视它们，回想起被遗忘的美好，看见现实中再也看不到的事物。在伟大艺术家的作品中，未知若隐若现地闪现光芒，人们一边开始意识到它令人敬畏的不可言说性，一边也恐惧着它丰富的超越力量。这就是艺术和艺术家所扮演的角色，所以我们才把那些危险而魔幻的作品锁起来、框起来，与万物相隔。如果一件名作的某个地方遭到了损坏，噩耗会传遍全球，人们会感到文化的根基受到了撼动，现实所寄托的梦想被动摇，故而都会彷徨不安。

捍卫你的创造性行为

我和妻子住在一个半独立式的小房子里，客厅还不到 14 平方米。我们尽力美化这个房间，也试着让其他房间变漂亮。我们在客厅里挂了一些不一定符合所有人审美的大幅画作，都是苏联时期现实主义和印象派的作品，还有一些画的是第二次世界大战的情景。此外，还有各种立体主义的微型画和深受当地传统文化影响的南美作品。在最近一次装修之前，这个房间中至少有 25 幅画，其中包括 15 幅 30 厘米 × 30 厘米的小幅作品。我曾从一座罗马尼亚教堂中得到一幅画，用磁铁把它贴在了天花板上，它会令人联想到中世纪的蚀刻版画，只不过被移到了画布上。所有画里面最大的一幅有 1.8 米高，2.4 米宽。我知道把所有画聚集在这么小的空间里让我显得自相矛盾，毕竟我在前面提出过应该空出一个房间或一栋楼来收藏单个艺术品。但我只有一栋房子，所以只能先满足当务之急。如果我想收集画作，就不得不把它们放在能放下的地方。在房子的其他区域里，我们用了 36 种颜色和不同光泽度来装饰房子的墙面和边框。选取这些颜色的调色板与一幅 20 世纪 50 年代芝加哥火车站的大型现实主义作品相匹配，那幅画的作者正是帮我们设计装修的艺术家。

我那些苏联时期的画作都购买自 eBay 上专门卖古董物品的卖家,有段时间大约有 20 个卖家会向我发送他们从废墟中发掘出来的各种画的照片。大部分画的质量都很差,有些却很棒。比如我有一幅很不错的画,画的是太空第一人尤里·加加林站在火箭和雷达装置前的样子。还有一幅 20 世纪 70 年代的画,描绘了一个士兵在巨大的无线电机器前给他母亲写信的场景。这些相对现代的事件能被出色的画家用油画记录下来实在难得。俄罗斯人从 19 世纪开始就一直支持美术学院的运转,虽然作品内容受限,但从那里毕业的人后来都成了水平精湛的画家。

苏联时期的画作最终占满了我们的房间。它们大都体积很小,而且都便宜得离谱,我一下就买了几十幅。那一时期催生了一种别具一格的印象主义,其常见的风景画比经典的法国版本更粗犷凌厉,但也特别符合我的审美,让我想起了加拿大西部自己长大的地方。为了发掘这些作品,我可能比历史上任何人都看了更多的画作。从 2001 年开始至少有 4 年的时间,我每天都会在 eBay 上浏览大约 1000 幅画[1],并从中筛选出一两幅优秀的作品。我选出来的通常是风景画,价格几乎为零,却比我在多伦多的画廊或者博物馆里看到的画都要好。我会把它们放在购物车里,打印出来铺在地上,然后让妻子塔米帮我筛选。她的眼光不错,也受过相当多的艺术训练,我们一起把有缺陷的作品去掉,然后把剩下的买回来。因此,我们的孩子也是在艺术的陪伴中长大的,而且也受到了熏陶。我有不少画现在都挂在他们家里。他们会倾向于避开更具政治色彩的宣传画,而我却对这类作品感兴趣,一

---

[1] 所以大约是 1000(幅)×300(天)×4(年)=120 万幅画。这肯定打破了某种纪录,不过也不重要,只是想起来很有意思。因为在互联网建立大规模数据库之前,一个人不可能看这么多画。

法则八:用美感让生活更美好　　167

方面是因为它们的历史价值较高，另一方面也因为当前艺术和宣传之间存在的争端。有趣的是，带有宣传色彩的艺术品会随着时间的流逝逐渐焕发光辉。

那时候我也试着美化过我在大学里的办公室。在搬离之前那个已经花了点功夫装修的办公室后，帮我设计装修房子的艺术家也帮我重新设计了新的办公室，把那个像工厂一样点着荧光灯、无法开窗的地狱般的办公室变成了一个有审美的人坐在里面 30 年也不会想死的地方。根据工会和行政部门的要求，教职员工不能对办公室进行重大改造，所以我和我的艺术家朋友制订了一个替代方案。

我们决定在墙面的砖头上插入一对对相距 1.2 米、距地面 2.1 米的镀镍钩子，然后把 2 厘米厚的木板挂在钩子上。这些木板经过了打磨和上色，还贴上了樱桃木饰面板，这么一来办公室就有了木板墙面，而且成本只是 8.75 美元的复合板和一些劳务费。我们计划趁着周末没人时完成安装，然后给吊顶天花板上漆。有吊顶天花板、生锈的通风口和荧光灯管的地方宛如地狱，这些为了节约成本而产生的丑陋和沉闷感令人抑郁，由此丧失的生产力也远比装修节省的钱要多。在荧光灯下，每个人看起来都面如死灰。这真可谓因小失大。

我们还打算用一种叫橙钒镁石（Hammerite）的涂料粉刷天花板，涂料干了之后看上去像是捶打过的铁面。这可以把办公室粗糙的工业化风格变得更有趣和独特，而且成本极低。另外再在地上铺一张波斯地毯，在窗户上挂一些有品质的窗帘，以及摆一张工业风格的办公桌，这样经过一个周末的秘密装修之后，办公室就可以让一个文明人不带怨恨和自蔑地工作了。

但我犯了一个致命的错误，和心理学系一位高管讲了我的计划。我们之前聊过楼层丑陋的地面和办公室糟糕的装修，我以为我们就改善现状达成了共识。我以为她会支持我，甚至还和她讨论过怎么改造她的办公室。我兴奋地和她分享了我的计划，但她没有很开心，反而面露不悦地说："你不能这么做。"我一边难以置信地摇头一边想："什么？我打算用快捷经济的方式美化这个无比丑陋的地方，而你竟然说我不能这么做？"我问她为什么，她说："如果你这么做了，别人也都会想效仿。"我脑海中闪过四种回复，第一种是别人不会效仿；第二种是大家本来就可以效仿，因为花不了多少钱；第三种是我以为我们在像成年人一样讨论对大学重要事务的有效改善，结果我们只是两个在幼儿园操场上争吵的小孩；第四种是我以为你是个讲道理的人，但显然我错了。对话结束时，她直白地威胁道："不要在这个问题上逼我。"我太蠢了，竟然还去寻求许可。其实我是想分享一些激励人心的美好想法，但对话最终就是一个权力游戏。我强忍住了心中想到的四种回复，立刻调整了我的策略。

我和我的艺术家朋友已经充分领略过中层管理人员的不讲理和固执，所以我们早就制订了一个不那么复杂的后备计划。这个计划放弃了木板墙面，而是选用墙面涂料并在需要的地方辅以装饰性色彩，以及与之匹配的地毯和窗帘。为了匹配办公室的工业风格，我选择了一些特定的涂料配色，并不得不为此和学校管理层费了些口舌，但最终得偿所愿。后备计划虽然不如原计划那么好，但也比保持原样更好。后来我又在吊顶天花板上贴上了金属色的塑料贴片，挂了几幅画，增加了一些雕塑。来我办公室的学生、同事和访客都会多看两眼装修。我的办公室从可怕的荧光灯车间变成了有创造性和美感的雅室，来访的人在意外之余也会感到放松和愉悦。

不久之后，我发现我们系会把来面试的新员工带到我的办公室，以显示多伦多大学有多大的创造自由。我觉得这太可笑了，也对此思考良久。我遭遇到的阻力之大几乎令人费解，人们似乎很害怕我所做的事情，也许这背后隐藏着一些我尚不理解的重要原因。后来我读到一篇生物学家罗伯特·萨波斯基（Robert Sapolsky）写的关于角马的文章才恍然大悟[4]。

文章说角马是群居动物，混成一群时对于研究者来说难以区分，这使得通过观察个体来了解行为的研究操作起来非常困难。研究者在观察其中一只角马后低头记一些笔记，再抬头时就已经找不到它了。

后来生物学家想到一个办法，开着吉普车，带着一桶红色涂料和绑着抹布的棍子来到角马群附近，用棍子在其中一只角马的臀部点了一个红点。生物学家以为这样就可以跟踪并研究这只特定角马的行为了，但你猜发生了什么？这只被区分出来的角马被狮子吃掉了。狮子一直埋伏在角马群附近，它们是角马的主要天敌，但没办法同时追捕一群难以区分的猎物。它们在捕猎时需要集中针对一个特定猎物，所以当它们追捕幼小或跛足的角马时，其实并不是在专挑软柿子捏。真实情况是，狮子当然更想捕捉到健康肥美的角马，而不是老弱病残，但它们必须能够识别猎物才行。这故事说明了什么呢？如果你太过显眼出挑，就会被一直虎视眈眈的狮子吃掉。

木秀于林，风必摧之。很多文化中都有这样的说法。英国人说："出头的罂粟先被割。"日本人说："突出的桩子先被锤。"这是一个重要的观察结果，因为它描述了普遍现象。艺术创造一般风险高回报低，但有时也的确会带来巨大回报。另外，创造性行为的结果虽然难以预料，但是对那些帮助人类稳固地位的转变来说至关重要。

万物恒变，纯粹的传统主义注定会失败，只有新事物才能让我们站稳脚跟。

> 要学会发现自己专长背后的盲点，以避免和理想国度失之交臂，在心慵意懒、轻世傲物和愤世嫉俗中度过一生。

不妨自问，我们到底是畏畏缩缩、东躲西藏的猎物，还是直面未知与风险的人类呢？

跟随美的召唤

过于抽象的艺术，以及为了震撼力而故意引发恶心、恐惧等负面情绪的艺术，通常会令人不安。我非常尊重传统审美，所以很能理解这种不安。况且，许多人会用艺术创作来掩盖对传统的厌恶。但是流逝的岁月会去伪存真，没有价值的东西终会被遗弃。与此相反的错误认识也很容易产生，有人会认为艺术应该是美且容易理解的，又应具有装饰性，可以和客厅的家具相匹配。但是艺术绝非装饰，只有天真的入门者或者拒绝在对艺术的畏惧中学习成长的人才会这么想。

艺术是一种探索。艺术家在训练人们如何观察。比如大多数接触过艺术的人都会认为印象派作品的美感不言而喻，也相对传统。这在很大程度上是因为，我们现在感知世界的方式在19世纪后半叶时只有印象派画家才能做到。这样的感知方式成了我们的本能，因为印象派美学充斥于广告、电影、海报、漫画和照片等视觉艺术中。以往只有印象派艺术家能看到的光影之美，今天的人们都可以看到，是他们教会了我们这一点，可是当印象派画家第一次在落选者沙龙（Salon des Refusés）①里展示他们的作品时却遭到了无情的嘲笑。他们注重光影而不顾形状的感知方式非常激进，以至于让当时的人们群情激愤。

让我经常感到惊讶的是，哪怕是立体主义这种比印象派更加荒诞不经的流派，在今天都已经成为我们视觉语言风格的一部分。甚至在漫画书里，我都可以看到多维但扁平的立体主义风格面孔。同样，超现实主义也流行到要烂大街了。我要再强调一遍，艺术家教会了人们如何观察。

要看清世界是很难的，而人群中幸好有一些天才能教我们如何看清，让我们与遗失的美好重新联结，启迪我们看见世界。

美会引导你寻回已然失去之物，会让你想起那些永远不受愤世嫉俗的观点影响的东西。美的召唤让你明确目标，区分价值的轻重。许多事物都让人生更加值得，比如爱、玩耍、勇气、感恩、工作、友谊、真理、高雅、希望、美德和责任感，但美首屈一指。

> 尽管曾经闪亮耀眼的光辉
> 已永远不会在我眼中寻回，
> 尽管没有什么能够重拾那段时光——
> 绿草的灿烂，鲜花的辉煌；
> 我们无须为其感伤
> 而要从落英中觅得刚强；
> 最初萌发的恻隐

---

① 落选者沙龙是经法国皇帝拿破仑三世批准，于1863年开始举办的一个艺术展，主要展出被巴黎沙龙拒收的作品，以示对学院派的抗议。——编者注

一旦发生便不再消泯；
抚慰心灵的思想
源自人类的困苦风霜；
洞悉死亡的信仰
历经多年终将催发哲思创想。

——威廉·华兹华斯《不朽颂》

用美感让生活更美好。

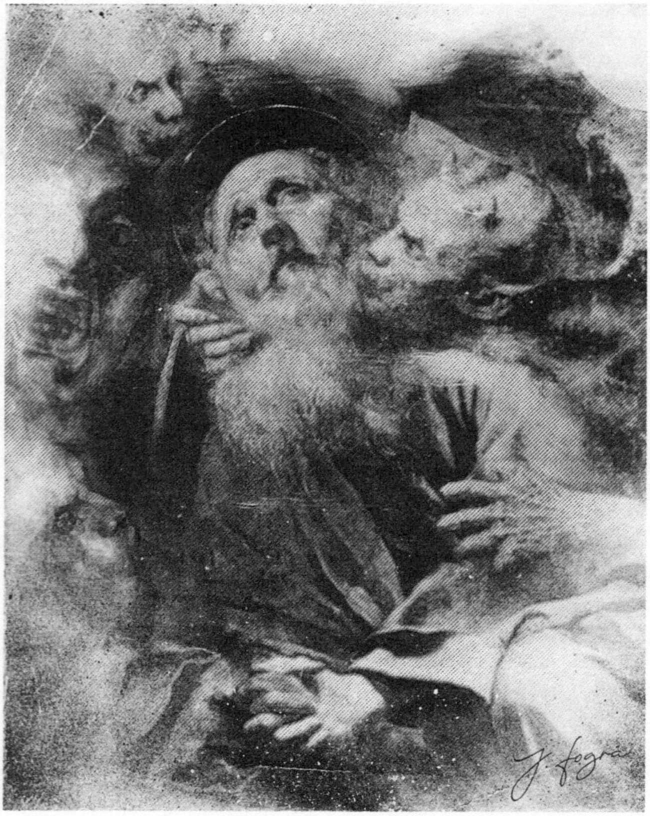

BEYOND ORDER

法则九

———

把害怕和痛苦表达出来，
跨越那些想要遗忘的回忆

如果你不断遭受
回忆的折磨，
不要怕，
这说明那些回忆中
存在着自我救赎的可能性
正待被你发现。

往事依旧缠着你吗

想象一下你过去做过一些很糟糕的事情，比如深深地背叛或伤害别人，用流言和暗讽抹黑别人，抢夺功劳，欺骗别人，或者在物质和精神上掠夺别人。又或许，你也可以想象一下自己是这类事件中的受害者，以及假设你汲取了足够的教训，以避免重蹈覆辙。无论作为施害者还是受害者，对实际经历的回忆都会唤起你的恐惧、内疚和羞耻之感。为什么呢？

作为施害者，你背叛了自己，没有玩好中长期的游戏，并且承担了相应的后果。他人不愿与你为友，甚至连你也不想和自己这样的人来往；作为受害者，你惨遭他人伤害。但从某种意义上来讲，重要的不是明确伤害来自自我背叛还是他人所为，而是如何确保类似事件不再发生。

如果你在主动或不由自主地回忆起一件事情时充满恐惧、羞耻和内疚，其实是因为存在一个有特定意义的信号。就好比你掉进或被人推进了一个坑里，而更糟糕的是你不知道为什么。原因可能是你太轻信他人，太过天真，或者选择性无视。也许你遭遇了他人的邪恶面，或者看到了自己的阴暗面，尤其是后一种情况很难处理。但从某些层面来说，你是摔倒还是被推倒的并不重要。人类进化出了保护自己的情绪系统，它在你摔倒后只关心一件事情，就是你不会重蹈覆辙。

情绪系统的警报是被恐惧激活的，恐惧这个词都太弱了，实际上是恐怖，不受时间空间限制的恐怖。这些警报是想提示你危险依然存在，现实或者你内心的某些部分依然是未知或模糊的。你还不够敏锐、警惕、勇敢、睿智或善良，所以情绪系统并不确信如果同样的迷宫再次出现在你面前，你有能力成功地走出来。

要么从经验中学习，要么就在想象中无休止地重复情绪警报带来的恐怖感。

人们通常不是压抑可怕的回忆，而是拒绝思考，不去想它，或者用其他活动来占据注意力。人们这么做有自己的理由。而且有时受过创伤的人，根本无法理解自己的遭遇，比如要让受过虐待的儿童建立一个囊括人类所有动机的复杂世界观是非常困难的。孩子们根本无法理解为什么有人会对他们进行虐待，他们如果年纪很小，甚至无法明白到底发生了什么。即使对成年人来说，理解这些事情也异常艰难。但从某种不幸和不公的角度来看，这些并不重要。

拒绝思考或无法理解都会在记忆中留下一块未被探索且险象环生的区域。当人们遭遇威胁或危险但又不理解时，就永远无法忘记。[1]

为了明确自己在世间的方向，我们需要知道出发点和目的地。出发点这个概念必须尽可能地包括迄今为止对人生经验的全面描述。如果不知道自己走过哪些路，就很难衡量出发点。目的地则是终极理想的投射，它不仅仅是一个关于成就、爱情、财富或权力的简单问题，而是与塑造能够影响命运的人格有关。人们绘制人生地图是为了能从出发点到达目的地。我们用地图来指引行动，并一路体验旅途中的成功和挫败。

成功的经验让人信心倍增，精神振奋。我们在前往目的地的途中，不仅逐步达成心愿，同时还验证了自己的地图的正确性，似乎一切都恰到好处。相比之下，挫折和失败则令人焦虑、沮丧和痛苦，印证了我们对过往道路、当下位置和未来目的的无知。失败让我们意识到，自己历经千辛万苦建立起来并且爱护有加的某些东西是有缺陷的，而且缺陷既严重又难以透彻理解。

我们必须从过往经历中总结教训，否则就会停留在过去，被回忆萦绕、被良知折磨、怒己不争，并且无法面对未来的挑战和悲剧。

> BEYOND ORDER　如果一个人拒绝反省，那他将遭受的痛苦会和自身的无知与回避成正比。我们必须直面曾经逃避的一切，重启每一个错失的机会，反思弥补，重振精神。

并不是所有人都能做到这一点。我见过有的人迷失到不再有继续活下去的动力，在当下已经无法面对连曾经状态更好时都不敢面对的事情，因为悲观而理所当然地逃避和自欺欺人。这样的地狱深不见底，从其中爬出来所需要的谦卑和坦诚，与过去未解决错误的严重程度成正比。但凡你头脑尚且清醒，就能感受到这种情况的可怕。所以人是无法回避激发潜能的责任的，如果以前因为犯错而埋没了某种可能性，那无论原因是什么，为此付出的代价都会是难以忘怀和良心刺痛。

当你处于自我尚未成熟的孩提时代，你用来指导人生的地图也不那么完整。就像小孩子画的房子一样，总是端正居中且只看得见正面，通常有一扇门和两个窗户，有正方形的外墙和三角形的屋顶，也总有冒着炊烟的烟囱，哪怕现在烟囱并不常见了。房子上方的太阳是一个散发光芒的圆圈，房子周围的花则由一条竖线、顶端的花朵图形和位于茎的中间高度的两片叶子组成。这是对房子非常粗略的描绘，更像是概念图而不是一幅画。这幅画代表了房子或者家的概念，无论是画它的孩子、其他孩子还是大人都知道这是房子，于是画的功能就实现了。这就是一张足够好的人生地图。

但房子里经常会发生可怕的事情，这些事情就没那么容易描绘了。比如房子里有父母和其他成年亲属，他们会要求孩子永远不要告诉任何人家里发生的事情。靠着几个方块、一个三角形、一片花丛和慈祥的太阳公公是不足以充分呈现这个家的恐怖的。也许房子里发生着远超人类底线和想象的事情，但可怕的事怎么能超越理解范围呢？不理解的事怎么会带来创伤呢？理解不是体验存在的前提吗？这些问题都是很大的谜团。其实，人对事物的体验并不都发生在同一层面，我们会被未知的事物吓倒。这听上去似乎是矛盾的，不过人的身体比头脑感知得更快，而且也拥有记忆，会要求我们去理解所发生的事情。我们无法回避身体的要求，如果遇到或做了什么让自己深陷恐惧而不堪回首的事，就注定要负责将原生的恐惧转化为理解，否则就会吃尽苦果。

重新审视内心的伤痛

有一位来访者在初次见面时便告诉我，她在童年时曾受到同住的表哥的侵犯。在讲述这段经历时她一直泪流满面，情绪激动。我问她这发生在她多大的时候，她说当时自己4岁，而施虐者的体格、力量和年龄都比她大。听到她的讲述，我肆意地发挥想象力，根据她的描述在脑中做出合理的推测，设想了一个青春期晚期或者年轻成年人的罪恶勾当。然后我问她对方和她年龄差多少，她说对方比她大两岁。这个答案让我非常惊讶，因为它完全颠覆了我脑海中的推测。

我告诉了她我的想象，因为我想让她了解她讲述的故事带给了我怎样的猜想。然后我说："你看，你们现在都长大了，而且事情已经过去很久了。但你现在向我讲故事的方式可能还和你4岁时一模一样，至少很多情绪是一样的。你记忆里的表哥显然比你大也比你强壮，毕竟当时你们的年龄差异是你年龄的一半了，所以从你的角度来看，他可能更像个成年人。但你的表哥只有6岁，和你一样都是孩子。所以你或许也可以换一种角度来理解这段经历，首先想想你现在生活中认识的6岁小孩，他们也还没长大，尽管他们不一定完全无辜，但确实没法像成年人一样为自己的行为负责。我不是要否认你糟糕经历的严重性，或质疑你情绪的强度，我是要你试着想象如果它现在发生在两个你认识的孩子身上会怎么样。小孩子都有好奇心，会玩医生患者的游戏，如果成年人没有看好他们，游戏就会玩过头。你能不能不把这件事理解为强迫和恶意的侵犯、等同于成年人被强暴的体验，而是理解为你和你的表哥没有被大人好好看管？"

在某些重要层面，她对童年经历的记忆并没有随着成长而改变。她仍然在经历着4岁时面对一个像是成年人一样的人时的恐惧和无助。但27岁的她需要更新这段记忆，因为她不再有面临这种处境的风险了。对经历的重构给她带来了巨大的宽慰，她现在可以把这一事件归因于表哥缺乏管教的过度好奇。这改变了她看待表哥和自己的角度，她现在可以从成年人视角来理解这段经历，不再为之感到恐惧和羞耻，而且这种转变非常迅速。她主动直面过去的恐惧，建立了一个创伤性小得多的因果解释，不再将表哥视为邪恶又强大的侵犯者，自己也不再是无力的受害者。所有这些转变都在一次咨询当中发生，这就是故事的力量。

这次咨询给我留下了一个深刻的哲学困境。来访者带着她20多年来一直没有改变的记忆向我咨询，当她离开时，记忆却发生了明显的变化。那么，到底哪个才是真实的记忆呢？表面上看她最初的故事更准确，毕竟那是一个4岁孩子脑海中的直接印记，也没有被任何治疗手段修改过，这不就说明了它的真实性吗？但事件的意义的确会随着时间推移而变化，比如"养儿方知父母恩"的现象。在这种现象里，究竟是儿时对父母行为动机的理解更真实，还是长大后更成熟的认识更真实？后者明显更合理，也在来访者身上得到了验证，但如果真是如此，那修改过的回忆怎么会比最初的回忆更加准确呢？

摆脱心魔

我想起另一位通过"恍然想起"而改变的来访者。他的回忆笼罩着更神秘的色彩，而他的回忆过程也更为缓慢和令人难以置信。来访者是一位年轻男性，属于性少数群体，正遭受着一系列精神和身体上疑难病症的困扰。一位精神科医生将他诊断为精神分裂，但是带他去医院的姑姑认为这个诊断太过草率，于是就联系了我寻求第二意见，并带他来见我。

来访者是个内向害羞的人，衣着整洁精致，在和我谈及他的背景信息时也很有条理。此外，他戴的眼镜也保养得很好，镜架和镜臂上没有胶带，镜片也非常干净。这些观察对我来说都很有意义。精神分裂症患者会失去自我监控能力，所以衣冠不整和眼镜破损，尤其是镜片污损都是显著特征。当然这并不绝对，所以如果你的眼镜保养得不好也别对号入座。他有一份相当复杂的全职工作，这对精神分裂症患者来说也很罕见。除了有点害羞，他也可以正常地与人进行对话。我接收了这位来访者，开始和他定期见面。

为他做了几次咨询之后，我才明白为什么之前的精神科医生给他下了精神分裂症这么严重的诊断。来访者告诉我，在过去的 4 年里，他一直处于抑郁和焦虑状态，这一点并没有什么明显异常。他在和相处多年的恋人大吵之后分手了，然后就有了上述症状，这也算是正常反应。两个人分手前一直住在一起，这段关系在情感和生活层面对他都很重要。亲密关系的瓦解会让几乎所有人感到痛苦和困惑，也会放大人原有的一些焦虑和抑郁倾向，不过这位来访者的症状持续时间太长了，引起了我的好奇。虽然不是硬性标准，但通常人们会在亲密关系破裂后一年以内重整旗鼓。他还分享了一件不寻常的事，他每天晚上快睡着时都会有奇怪的抽搐动作，身体蜷缩成婴儿的姿态，双臂交叉在脸上，然后放松下来，但接下来动作又会一直重复，一连持续好几个小时。这样奇怪的现象既令他担忧，也影响了他的睡眠。这种现象是和焦虑抑郁同时出现的，而睡不好觉显然会强化焦虑和抑郁。我问他怎么看待这种情况，他笑着说他家里人觉得他被什么东西附身了，而他也不确定家人是对是错。

这位来访者的家庭背景有些不寻常。他的父母是从美国南部移民到加拿大的，文化程度很低，非常迷信，而且坚信自己的儿子被什么东西附身了。我问他是否和精神科医生讲过被什么东西附身的事情，他说讲过。我心想难怪他会被诊断为精神分裂症，因为根据我的经验，这样的解释加上奇怪的肢体症状足以让精神科医生下精神分裂的诊断。[1]

---

[1] 我想给在医院的精神科寻求帮助的人一个忠告。给你看病的精神科医生可能只有 15 分钟来评估你的生活并做出诊断，所以不要随便提及任何奇怪的经历或信仰，否则你会后悔的。在普遍超负荷运转的精神卫生体系中，医生很少会做出精神分裂的诊断，而一旦确诊就很难动摇。你会非常在意这个诊断，尤其当你有奇怪的症状时，很难去怀疑专业的医生。在现实层面，当诊断进入你的医疗记录后就很难修改，你的任何异常情况都会引起包括你自己在内的人们的过度关注，而任何的正常表现也都会被淡化。我知道有些想法古怪的人的确是有精神分裂症，但诊断是需要花费相当多的功夫来确定的，而公立医院里繁忙的精神科医生很少有时间认真研究。

但在见过来访者几次之后，我很确信困扰他的不是精神分裂症，他的心智是完全理性和清醒的。但究竟是什么导致了那些类似癫痫的夜间抽搐呢？我从来没有见过这样的情况。我做出的第一个推测是他患有非常严重的睡瘫症。这种情况比较常见，一般发生在仰睡的人身上，而这位来访者也的确喜欢仰睡。睡瘫症患者在发病时会处于半梦半醒状态，既不会停止做梦，也不能摆脱快速眼动睡眠（REM）阶段无法移动身体的情况。清醒状态下控制肢体运动的大脑区域在做梦时也会很活跃，让人在梦中体验到肢体移动的感觉。但身体不会同步移动，因为自主肌肉组织被一种专门的神经化学机制关闭了[2]，以避免梦中的动作给个体带来危险。

睡瘫症发作时，患者对现实世界略有感知，但同时处于快速眼动睡眠阶段的身体麻痹和做梦状态。在这种状态下，人们会经历各种奇怪的体验。例如很多人声称外星人绑架了自己，并对自己进行医学实验[3]。除非真的存在好奇而又喜欢做手术的外星人，不然这种古怪的夜间体验都被归咎于睡瘫症所导致的瘫痪和诡异梦境。[4]这位来访者是个聪明、有文化、有好奇心的人，所以我给了他一本名为《夜间造访的恐怖》（*The Terror That Comes in the Night*）的书[5]，书里讨论了睡瘫症给患者带来的种种奇怪现象。作者大卫·赫福德（David Hufford）指出，书名所指的夜间恐惧和民间传说里的"老巫婆"（Old Hag）体验有关。世界上约有15%的人经历过这种感到身体瘫痪、恐惧、窒息，好像遇到了怪物的情形。来访者读完之后告诉我，作者描述的情况和他的体验并不一致，睡瘫症的症状也与他的状况不吻合。一方面他的抽搐发生在睡着以前，另一方面他也没感觉到无法移动。

随着持续的交流，我对来访者有了更多的了解。比如他本科学的是历史专业，父母从小到大都对他极为严苛。父母从不允许他在朋友家过夜，也会密切关注他的一举一动，直到他上了大学。他还讲了不少关于那场分手前冲突的事情，当时他和恋人喝了酒，在街上吵架，回家后两个人的矛盾升级为肢体冲突，他们开始互相推搡且越发暴力，他被对方猛地推倒在地，然后他又绊倒了对方。最后他爬起身来，推门离去。几天之后，他趁对方不在家时回来收拾了自己的东西，两个人的关系就此结束。

在这场冲突中，来访者性格中的一个潜在因素也在起作用，致使恋人的攻击行为对他影响深刻。在讨论这一系列事件的过程中，他告诉我他不相信人类有暴力倾向，我说："你这话是什么意思？你拿了历史学位，你肯定了解人类历史上的种种恐怖和暴行。你也看新闻……"他说他其实不看新闻，我说："好吧，但你在大学里学的东西呢？难道历史没有告诉你人类的攻击行为为真实存在且极为普遍吗？"他说："我读过历史，但我只是把学到的东西撇在一边，再也没想更多。"在我看来这是个令人震惊的答案，尤其结合他告诉我的另一件事来看。他说："我小时候形成了一个想法，就是人都是善良的。我父母告诉我大人都是天使。"我问："你这话是什么意思？大人从不做坏事或错事？"他说："不，你不明白。我的父母教导我和我的兄弟姐妹们，大人都是天使，他们只做善事。"我问："你真的信吗？"他说他深信，一来是因为家人把他保护得很好，二来是因为父母很强调这样的思想，三来是因为这么想令人感到安全。

我建议我们应该对他天真的想法做点什么，因为对一个足够成熟和聪明的成年人来说，这样童话般的想法对他没有任何好处。我们详细讨论了这个问题，谈到了20世纪的种种历史暴行和最近发生的大规模枪击等恐怖事件。我让他解释这些事件，同时关注自己的愤怒和攻击性，但是他否认自己有攻击性，也没法对历史事件做出合理的解释。

于是我让他去读《平民如何变成屠夫》（*Ordinarg Men*）这本书[6]。它详细描述了一群来自德国的普通警察是如何在纳粹占领波兰期间变成冷血的刽子手的，这本书用毛骨悚然来描述简直是轻描淡写了。我很认真地告诉他要把这本书当作史实来读，而且要认识到他和身边的人也完全可能犯下同样的罪行，这样才能看到成年人世界的真相。我和来访者在这个阶段的咨询关系已经非常牢固，所以当我告诉他他幼稚的世界观已经危险到可能毁掉人生时，他听进了我的话。一周之后我们再次见面时他已经读完了那本书，表情严肃，看上去更憔悴但也更睿智了。这样的事在咨询里经常发生。

> **当人们终于直面内心的阴暗面后，他们的表情看上去不再像被车灯照射的鹿一样，他们不再坐等事情发生，而变成了主动做出选择的人。**

接下来我让他读了《南京浩劫：被遗忘的大屠杀》[7]，这本书讲述了1937年日本人在中国实施的暴行。来访者读完了这本书并且和我进行了讨论，他变得更加忧伤，但也更加睿智。不过他的夜间症状并没有好转。

这位来访者有关成人"性本善"的想法、对邪恶的回避以及莫名其妙的抽搐勾起了我的一些回忆。许多年前，我曾接待过一位患有歇斯底里性癫痫的年轻女性来访者，她属于弗洛伊德讨论过的典型病例，心理问题通过身体症状表现出来。她在美国中西部的农村长大，家中有非常压抑的宗教激进主义氛围。她在我的办公室里有过一次癫痫"大发作"，但我只是无动于衷地看着她翻着白眼剧烈地抽搐了好几分钟，既没有担心，也不同情，而是一点儿感觉都没有，当然也没有叫救护车。我心想为什么自己没有反应呢？毕竟来访者看上去在经历癫痫大发作。她发作之后目光呆滞地坐下来，我告诉她虽然她的发作症状看上去很真实，但我在身体和情感上都没有任何反应。来访者之前有意无意地有过类似行为之后，险些被送进精神病院，也差点被诊断为精神病并接受药物治疗。我们认真地讨论了她的行为，我说就算她自己觉得很真实，我也并不相信她的癫痫发作是真的。她曾经也做过癫痫测试，结果并不明确。

因此，她或许是在"躯体化"，即通过身体表现自己的心理问题。弗洛伊德认为躯体化有象征性，身体体现出的障碍和异常与导致问题的创伤有一些特定关系。她的歇斯底里性癫痫似乎缘起于她对性的无知和困惑、心智的不成熟和一些冒险的扮演行为。我们的咨询有了许多进展，她是个聪明人，理性最终占了上风。后来她不再癫痫发作，不仅没有进精神病院，还继续了大学学业。也正是因为她，我才了解到弗洛伊德式的歇斯底里是真的存在的。

于是我推测这位年轻男性来访者也患有类似的躯体化障碍。在抽搐症状出现之前，他因为争吵而结束了一段关系，或许二者有所关联？我也从他的描述中知道他存在间隔化（compartmentalize），也就是将某些想法隐藏在内心深处的一种心理防御机制。我虽然不熟悉催眠治疗，但是知道习惯间隔化的人很容易被催眠，而且多年以前催眠也成功地治疗了一些患有躯体化障碍的患者。维多利亚时代的许多上层人士都有歇斯底里症，弗洛伊德用催眠治疗了他们对性和戏剧化的固着。[8] 所以我觉得或许我也可以用催眠来治疗我的来访者。

我通常会对来访者使用引导式放松的技术，让他们舒适地坐在我办公室的扶手椅上，让他们关注身体的不同部分，从脚底开始一步步向上到腿和躯干，然后短暂地绕到手臂，最后到头顶，与此同时专注于呼吸和放松。在经过七八分钟的放松引导后，我会从 10 倒数到 1，让来访者在每一次倒数后都更深地放松。这种方法可以快速地治疗焦躁和失眠，而催眠也基本采用了同样的技术，只是在放松达成后附加一些关于过往创伤和相关问题的提问。催眠的效果因人而异[9]，这也是催眠表演者在对观众实施催眠时通常会把 20 个人叫上台，通过初步催眠暗示筛选出少数有反应的人的原因。我告诉来访者在催眠后讨论他和恋人的争吵可能会对他有帮助，因为他的夜间抽搐和争吵事件也许有关联。然后我告知他催眠的具体过程，他可以选择参与或拒绝，也可以随时叫停，而且他会在结束后记得所有事。

他同意了。于是我开始引导："请舒服地坐在椅子上，把你的手臂放在椅子的扶手上或自己腿上，你感觉哪里舒服就放在哪里。闭上眼睛，仔细聆听周围的声音，然后把注意力转向呼吸，深深地吸气……屏住呼吸……然后吐气。把注意力从呼吸转移到大腿、小腿和脚上面，让脚深深地落在地板上，将注意力转移到脚趾、脚底和脚踝。记得慢慢地、有规律地深呼吸，让脚上所有的紧绷感流走。别忘了慢慢地、有规律地深呼吸。将注意力转移到小腿、胫骨……"我的引导一直持续，直至他全身放松。

来访者在完成脚的放松以前就已经进入了很深的催眠状态中，他的头沉沉垂着，我问他是否能听到我说话，他用几乎听不到的声音回答"可以"。我不得不向前把耳朵凑到他嘴边来听清楚他在说什么。我问他是否知道自己在哪里，他说"在你的办公室里"，这很好。我说："让我们回到你和恋人吵架时，告诉我发生了什么。"他说："我们刚回到公寓，之前在酒吧喝酒时因为财务和未来的问题闹了矛盾。我们俩都生着气，穿过公寓的门廊。"尽管手臂和全身瘫软，他还是半抬着手比画着。我看着他的眼珠来回转动，就像处于快速眼动睡眠状态中的人一样。"我在倒着走路，我们一起走向客厅，我推了他一把，他回推了我一把，我又推了他，然后被他推向茶几后绊倒在地。他举起落地灯，我直视着他的双眼，从没见过这么有敌意的表情，所以我蜷缩成一团，双手交叉在脸上保护自己。"他缓慢地诉说着，同时无力地做着迟缓的手势，指着想象中公寓里的客厅，仿佛正在重新经历那一切。我看了看时间，我们从解释、准备、放松到倒数 10 到 1，花完了咨询的一整个小时。我告诉他："我不想让你走得太深，我们的时间也到了。当你准备好的时候可以睁开眼睛清醒过来，我们下周再继续。"但他没有反应，头继续向前垂着，眼睛也一直在动。我叫了他的名字，他没有反应。

这让我有点担心，因为我从未见过有人在催眠状态里被叫不醒的情况。我不太确定该怎么办，不过幸好他是我那晚最后一位来访者，所以我还有些时间。我想既然他深处催眠和回忆中，也许他需要讲完整个故事，那我们就继续下去，等他讲完再试着唤醒他。我去走廊里告诉等待他的姑姑他需要一点额外时间，然后回到办公室重新坐在他身边。我问他接下来发生了什么，他说："我从没想象过有人的表情可以像我的恋人那样。我被迫意识到他是真有可能想伤害我的，即使是一个成年人，也是可能真的有伤害欲的。这是我第一次意识到这种可能性。"他开始抽泣，但也继续说了下去："我踢他的腿并绊倒了他，站起身来逃跑。他追着我跑出客厅，穿过走廊，跑出了房门。我比他跑得快，所以他追不上我。那时候是凌晨4点，天还没亮，我吓坏了，一直跑到他看不到的地方，然后躲在几辆汽车后面。他追上来后找不到我，我看着他四处找了好长时间，然后转身回去了。"这时候来访者开始放声哭泣起来，他说："当我确认他离开以后，我回到了我母亲家。我没法相信这一切，他差点杀了我，而且是故意的。我无法忍受这种想法，所以就把它埋藏在心里不再去回忆。"

来访者陷入了沉默。我叫他的名字，他有了回应，我问他知不知道自己正坐在我的办公室里那把他熟悉的椅子上，他点了点头。我问他故事是不是讲完了，他也给了肯定的反应。我说："你做得很好，要回顾这一切需要很大的勇气。你准备好睁开眼睛了吗？"他说他准备好了。我说："不着急，当你准备好了再慢慢地醒过来。你会感到放松和平静，也会记得所有发生的事情。"他点了点头，过了一会儿睁开了眼睛。我问他是否还记得发生了什么，他简短地回顾了这一晚上的经历，包括最开始我们对催眠的讨论。我把他姑姑叫了进来，告诉她来访者需要回家休息，而且要有人陪伴，因为今天的咨询很辛苦。成年人不是天使，人们不光会伤害彼此，而且有可能蓄意为之。来访者被他的父母保护得太好了，又被自己的间隔化蒙蔽，所以不知道如何面对人性的真相。但这并没有阻止他的潜意识用戏剧化的方式来向意识

法则九：把害怕和痛苦表达出来，跨越那些想要遗忘的回忆

呈现伤害和恶意的存在，所以他才会强迫性地重复和恋人打架时防御性的肢体动作。

接下来的一周，来访者并没有来咨询，我很担心是不是给他造成了什么严重伤害。但再后来一周他却准时出现了。他为爽约道了歉，并解释他因为情绪变得极为糟糕和混乱，所以没法见我甚至联系我。我问他为什么，他说上次咨询后的第二天，他在餐厅里吃饭时竟然看到了他昔日的恋人。这真是个不可思议的巧合。他说："这件事把我吓坏了，但后来也没怎么样，过了一两天我就冷静下来了。而且你猜怎么着？这周我只有一个晚上发生了抽搐！而且只持续了几分钟！"我说这太棒了，对他来说是一个很大的解脱，并问他发生了什么改变。他说："那次争吵中真正让我困扰的不是我们对未来的分歧，也不是肢体上的推搡，而是他真心想要伤害我的意图。我能从他的表情里看出来这种想法，他的样子把我吓坏了。我受不了这件事，但现在我更理解是怎么回事了。"

我问他可否再次接受催眠——虽然他显然已经好转了，但我还是想确认一下情况。他同意了，并很快进入状态。不过这一次他浓缩了故事，只用了15分钟就讲完了，而不是之前的90分钟。他提炼出了故事的要点，即他遇到了危险，有人想伤害他，但他成功地保护了自己，并认识到这个世界上同时存在着天使与恶魔。当我用和之前相同的方式唤醒他时，他几乎立刻就睁开了眼睛，平静而清醒。

来访者的改变相当明显，到第二个星期时症状就完全消失了。他不再抽搐，也不再相信人性是纯洁无瑕的。他已经获得成长并接受了自己的人生经历和这个世界的真相。这很了不起，对恶意存在的有意识接纳治愈了他多年的痛苦。现在他对危险有了足够的理解和意识，从而可以相对安全地继续生活，那些被他否认的经历不再需要以夸张的躯体化方式继续呈现。他将这些新的认识融入了自己的人格，指引自己的未来，摆脱了曾经缠身的心魔。

用书写更新人生地图

我的另一位来访者是一个在职业学校第一年里被严重霸凌的年轻人。他第一次来见我时几乎没法开口说话，那时他还在服用大剂量的抗精神病药物。他坐在我办公桌前的椅子上时，会用一种怪异而机械的方式反复扭动他的头和肩膀。我问他在干什么，他说他在试图让眼前的形状消失。显然他可以看到自己面前有一些几何图形，也想要去控制它们。我一直没有搞明白这些图形的含义，只知道他活在自己的世界里。

我为他咨询了好几个月，也在此期间开发了一些工具来使我们的咨询更有条理。来访者在刚开始咨询时只能表达很少的信息，但也足够让咨询继续了。我据此了解到，来访者学校里的一个女生对他产生了爱慕，但他告诉对方他并没有兴趣。那个女生产生了强烈的报复心理，把他的生活变成了地狱。她到处散布关于他的谣言，唆使男性朋友在学校里威胁他，也一直指使人在他往返校园的路上持续地羞辱他。父母注意到了他的困扰并告知了学校，但学校没有采取任何措施。为了避免麻烦，他在学校里新交的那些朋友都开始回避他，最后完全抛弃了他。他的状态开始恶化，而越发古怪的行为举止也彻底让他被孤立了，并最终使他崩溃。

我问他具体发生了什么，并让他在阐述现状时追溯到很久以前。我想搞明白到底是什么让他如此无力，以及在被那个受挫的追求者折磨时到底经历了什么。我为他提供了一个书写的框架，这样他写的东西就可以辅助他的表达。我和同事开发了一个叫成长史书写项目（The Past Authoring Program）

的在线写作练习，来帮助人们有条理地探索和理解自己的过去。得克萨斯大学奥斯汀分校的詹姆斯·潘尼贝克（James W. Pennebaker）博士和同事们已经证明，减少现实不确定性的写作可以降低焦虑，改善精神健康状况并提升免疫功能。这些效应都与复杂性引发的压力和相应的激素水平的降低有关。例如潘尼贝克博士发现，连续三天写下人生中最糟糕经历的学生会首先经历低落情绪，但在随后数月会获得情绪的显著改善。其他研究也表明学生在书写未来时会产生类似效应。潘尼贝克博士最初认为改善是由情绪表达和宣泄带来的，但在经过仔细的文本分析后，他发现对生命中事件的因果关系及其影响建立认知才具有疗愈性。对未来的书写也有类似效果，因为计划可以减少不确定性，让模糊的未来变得相对简单有序。我鼓励这位来访者也来尝试这个练习，而且是在我的办公室里完成，因为他的动力和认知水平不足以让他在家完成。我让他坐在我的电脑前，大声朗读练习中的每一个问题，然后写下答案并朗读给我听。如果他写的东西我没法理解，或者需要更详细地展开，我就会建议他进一步修改答案后再念给我听。

练习开始时，我会让来访者把生活划分成几个重要时期，这些划分是根据人生经历自然形成的。比如有的人会按照两岁到幼儿园、小学、初中、高中、大学来划分，也有些年纪更大的人会根据他们经历过的不同人际关系来划分。当来访者将人生经历以自己选择的方式划分好以后，接下来就需要在每一个时期找出塑造了自己人格的事件，不论是好是坏。当然，记忆中的负面事件很可能牵连着焦虑、愤怒和怨恨等负面情绪，所以人在回忆时会有很强的逃避倾向。

这位来访者将他的人生经历进行了划分，列出了积极和消极的关键事件，然后对其进行了因果关系的分析，也开始理解为什么有的事情发展顺利，有的则逐步恶化。他尤其关注过往负面经历的缘起，比如自身的行为细节、他人的动机以及时间地点的特性，然后分析了这些经历带来的影响。影响不全是负面的，因为人也可以从困难中获得成长。最后他也思考了故事的不同可能性，或者他本可以做哪些不同选择。原则上说，这些练习能够帮助一个人发掘过往经验对认识和行为的重要价值，更新自己的人生地图。

来访者根据不同年级划分了人生，故事从托儿所一直讲到了职业学校，他的表达也越来越清晰。对人生的回顾让他重新找回了自己。书写、朗读和回答我的提问让他对过去的描述越发详细，理解也越发深刻。我们讨论了儿童之间的不良行为，并由此延伸到成年世界里恶意和邪恶的问题。他对这个问题的想法很天真，认为人们普遍都是善良的，尽管他的经历就是反例。他无法理解破坏、虐待和掀起混乱等行为背后的动机。

我们一同回顾了他的过往经历，尤其是对那个折磨他的女生进行了详细讨论，他的思考更深入后也开始对她的动机有了一些初步理解。那个女孩在被拒绝之后感到受伤、羞耻和愤怒，而他并没有意识到自己的拒绝会带来多大影响，也不了解人们对被拒绝的反应普遍有多大。此外，他也没意识到他有权利保护自己，这导致他在学校里受了过多欺辱却从未求助。他本可以告知校方，或者尽早公开对质那个女孩并要求她停手。他也本可以让同学们知道他被折磨的唯一原因是拒绝了一个约会，而那个女生脆弱到承受不了拒绝，所以才用谎言来报复他。更极端一点，他本可以对女孩的骚扰和诽谤中伤进行刑事控告。这些策略不一定都能奏效，但都值得一试，而且是对当时情况合理又必要的反应。

随着对近几个月学校经历的梳理，来访者的精神病症状大为缓解。一次次的咨询让他的头脑越发清晰，也不再有怪异的行为。后来他报名了暑期学校并且完成了剩余的课业。这是一次近乎奇迹的康复历程。

将潜力转化成现实

担忧未来是常见的现象，担忧源于未来存在着不同道路，而对这些道路的探索也是担忧的一部分。许多时候担忧会不自觉地接踵而至，比如工作上的烦恼、友情和爱情的问题、经济和生存压力。每个担忧都关联着许多选择，哪些问题需要解决？以怎样的顺序采取行动？应该采用哪些策略？这都需要通过自由意志进行选择，选择主动地行动。坐以待毙虽然不能带来心理上的满足感，却是简单得多的选择。

相比之下，自主地做决定是个艰巨的任务，它和我们糊里糊涂前进时所依赖的自动条件反射和惯性完全不一样。人不是被过去的经历以宿命论的方式驱动的，也不像机械钟表那样由弹簧带动齿轮，齿轮带动指针报时。相反，当我们做决定时，是在主动地直面未来。我们注定要面对未来无数的可能性并决定什么会变成当下，然后成为历史。

> BEYOND ORDER　**人类通过对世界的想象来创造它当下的样子。这或许是人类存在的核心意义，甚至就是存在本身。**

我们面临着无数即将发生的可能性，并通过选择来将多重可能性简化为单一的现实，将世界从成为变成存在。这是世上最神秘的事情。我们面临的潜力究竟是什么？我们又是通过怎样的奇特能力来将一开始的想象转变成真实具体的现实的？

人在塑造现实中扮演了难以置信的角色，与此相关的另一个重要问题是，如果说我们的选择将无穷的未来转变成了当下的现实，那么更具体地看，这个角色是由我们选择当中的准则来实现的。有准则的行为建立在责任感、进取心、自律、勇气、主动和诚实之上，相比基于逃避、怨恨、复仇和饱含破坏欲的行为，前者会让自己和他人的现实都好得多。

> BEYOND ORDER　如果我们在最广泛意义上坚持依循道德行事，就可以从众多可能性当中创造出美好的现实，或者至少是能力范围内最好的现实。

每个人内心都知道这一点，所以我们才会在没做该做的事情，或者做了不该做的事情时受到良心的谴责。这是普遍的经验。哪一个做了缺德坏事的人或者推卸责任的人能逃避午夜梦回之际良心上的煎熬？这种无法逃避的良心煎熬又是从哪里来的呢？如果说我们是自己价值观的创造者、自己生活的主人，那么不论选择做什么都不应该受到悔恨、悲伤和羞耻的折磨才对。但我从来没遇到过能做到这一点的人，哪怕是最有反社会倾向的人都至少会用谎言去掩饰他们的恶行，而且恶行越严重，谎言越大。这说明，即使最恶毒的人也似乎需要为自己的邪恶找到理由。

如果我们不能坚守责任，其他人就会认为我们缺乏道德和诚信。此外，人们不光会追究错误和疏漏的责任，也相信自主做出正确决定的人理应获得相应的回报，每个人都应该可以公正地获取自己通过诚实自主的劳动创造的果实。这样的评判似乎是理所当然、无可厚非的，在心理和社会层面都广泛发挥着固有功能。这也就意味着不论是孩子还是成人，自我还是他人，都会抗拒变成机器上的螺丝钉而没有选择的自由。

> BEYOND ORDER　缺乏主观能动性、自由意志和责任感的人，是无法与包括自我在内的任何人建立良好关系的。

用语言治愈自我

人们作为拥有自主权利的个体，一方面自愿参与创造，另一方面根据自己选择的准则来评判创造的质量。这个双重概念无论在私人关系还是公共关系中都在以无数种方式体现，也被包含在构成文化根基的底层叙事当中。这些叙事不论拥有怎样的形而上寓意，多少都是人类长久自我观察和提炼行为规律的产物。我们是地图的绘制者，关注大地形态的地理学家。但更准确地说，我们其实是航线的开拓者，是水手和探险家。我们记得旅途和故事的起点，也会用过去的成败来指导未来。要做到这一点，我们就需要明确自己从哪里来、现在在哪里以及要到哪里去。所以我们将故事简化为因果叙事，以尽可能简单和实际的方式来描述发生了什么和为什么会发生。

正因如此，我们才会被会讲故事的人吸引，这些人能简明扼要地分享自己的经历，直奔故事的重点。这个重点就是故事的寓意，它总结了一个人是谁，从哪里来和要到哪里去。人们很渴望这样的信息，因为可以从前人冒过的险当中获取智慧。这些信息会告诉我们以前的生活是什么样的，那时的人想得到什么又为什么想得到，他们有了怎样的愿景和计划又是如何行动的，有时候成功而更多的时候发生了怎样的意外，遭遇了怎样的错误和悲剧，又是如何东山再起或一蹶不振的。

> **BEYOND ORDER** 人们最为珍视的是那些最具普适性的故事，它们讲述了与未知的英勇抗争，或者对压迫性秩序的颠覆和对美好社会的重建。[10]

世界各地的人都热衷于讲故事和听故事，而他们讲的故事大都跳不出上述情形。[11] 西方文化中影响最深远的叙事很多都源于《圣经》。这部影响深远的书籍开篇就将神明描绘成慈父的模样，将其视为直面混乱和创造宜居秩序的存在。据《创世记》记载，世上存在着某种类似潜力的东西，它在象征意义上与深渊、深海、沙漠、恶龙、母性、空洞、无形和黑暗有关。[12] 这些描述都是人们通过诗歌和隐喻来为无形之物赋予有序和概念性形态的尝试。深渊令人胆战心惊，它存在于世界的尽头，是我们思考死亡和自身脆弱性时所注视的东西，会吞噬所有希望；水象征了深渊和生命之源；沙漠荒无人烟，也是暴政之所和宜居之地间的空隙；恶龙是古老掠食者的象征，这个会喷火的生物是树、猫、蛇和鸟的结合体[13]，一直隐藏在部落和村庄之外那未知的森林中。它也是藏在咸水中的利维坦，是《约伯记》中提到的可怕怪物，也在许多其他作品中屡次出现。

人拥有一种属性或者说一种能力、一种工具来帮助他面对可能性和虚无，这个属性就是语言。然而语言必须和勇气结合在一起，才能应对所有尚未实现的潜在可能性，让现实得以展现。也许真理和勇气最终也可以被包含在更广泛的爱的原则之下，这个原则就是对存在的爱，就算存在包含了脆弱、暴力和背叛也无妨，这里的爱指向万物最好的可能性。真理、勇气和爱的结合构成了理想，理想促使每个人积极地发挥潜力，并努力实现未来。有人会不这么做吗？没人会教自己的儿子用恐惧和怯懦来逃避生活；没人会告诉自己的女儿欺骗可以让世界变得更好，凡是权宜之计都值得模仿和崇尚；也没人会告诉自己关心的人对存在的恰当反应是仇恨，施虐，制造痛苦、混乱和灾难。因此，我们可以通过分析自身行为来推断出善与恶的区别，以及就算我们不愿意承认，善和恶也是同时存在的。《创世记》关于创造的叙述中深刻蕴含了一种道德主张，即只要创造的动机是善的，那么从未知可能性中创造出来的事物也都是好的。我认为，在所有哲学和神学理论中，这算是比较大胆的观点。

你要真心去许愿。这意味着你愿意放弃与欲望不符的任何事物，不然就无法做到真心许愿。仅有一种不成熟、愤恨的或胡思乱想的愿望还不够，比如希望自己可以拥有想要的东西而不用做任何必要的付出。因此，许愿就要尽力汇总和完成未尽的事务并且立刻完成，同时也意味着决定要追求什么。

想象你已经得到了所需的一切，内在新的可能性等待时机被释放，外在的世界等待着启示和指导你，而所有好的、坏的和无法忍受的事物都是必要的存在。当事情不顺利时，你需要分析和解决问题、道歉、反省，然后转变。未解决的问题很少会停滞不前，它会像九头蛇一样长出新的头。谎言和逃避会滋生出更多撒谎的必要性，自我欺骗需要用更多幻觉来支撑，糟糕的关系如果不加以修复会破坏你的名誉和自信，让你更难建立新的更好的关系。

> 如果你拒绝承认或无法接纳过去的错误，错误的来源就会被扩大，你会被更多越发凶险的未知围困。

当这一切发生时，你会变得更加羸弱。因为拒绝改变，你无法变成本该成为的样子，更糟糕的是你为自己树立了榜样来证明如此逃避的合理性，而你也更有可能在未来犯同样的错误。这会让你回避的东西变得更庞大，也让你困在一个恶性循环的因果关系中。所以你至少需要向自己道歉和反省，承认你错了并且必须改变，必须谦卑地乞求、寻觅和叩问。如果能克服这个阻碍，那么每个人都有可能开悟。这并不意味着鼓足勇气直面生活有多么容易做到，但不这么做后果会更加糟糕。

化混乱为秩序是我们的命运。如果没有厘清过去，尚存的混乱就会困扰我们。那些对我们有负面影响的记忆中包含着重要的信息，就好像是人格的一部分依然隐藏在外部世界里，只有情绪爆发时才会显现。如果我们有无法理解的创伤，这就说明我们用来指引自己人生的地图有重要缺失。如果我们不想继续被过去折磨，就必须足够了解负面事件，这样才能在走向未来时避免重蹈覆辙。

> **BEYOND ORDER** 能够治愈你的，不是发泄不愉快的经历带来的负面情绪，而是构建起一套成熟的因果理论。

为什么我当时不安全？哪些环境因素让情况变得危险？我的哪些作为或者不作为增加了我的脆弱性？我应该如何将负面经历整合进我的价值观来理解这些经历？虽然改变很痛苦，但应该在多大程度上放弃旧地图，让我更全面地理解自己所有的人生经历？我有足够的信念让旧的自我死掉，让新的更智慧的自我生长出来吗？我们在很大程度上是由自己的假设构成的，是这些假设在帮助我们理解世界。当信仰的基本公理，比如"所有人都是好人"受到挑战时，信仰的根基就会倒塌。我们完全有理由回避痛苦的真相，但是对过去和当下清晰完整的理解只会让我们更安全。

> **BEYOND ORDER** 如果你不断遭受回忆的折磨，不要怕，这说明那些回忆中存在着自我救赎的可能性正待被你发现。

把害怕和痛苦表达出来，跨越那些想要遗忘的回忆。

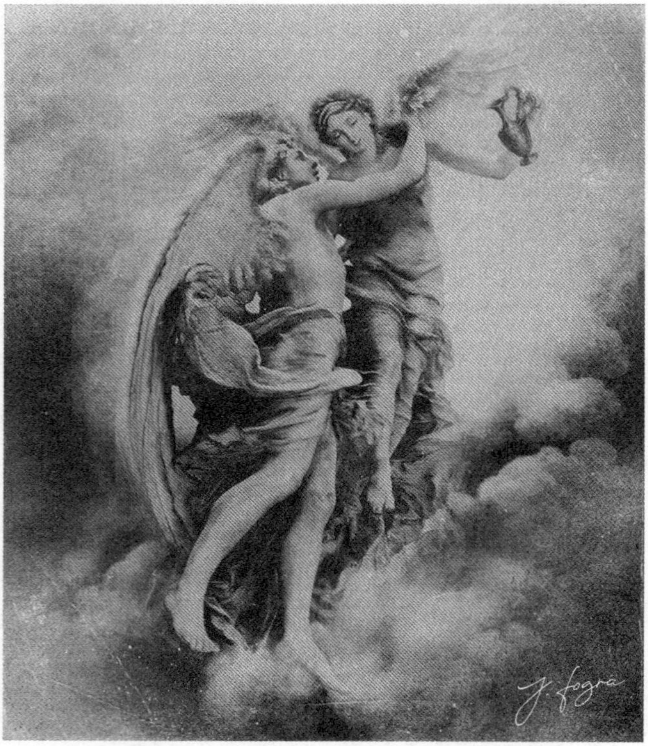

BEYOND ORDER

法则十

———

浪漫不仅是一种关系，更是一种能力

在一段浪漫
而永恒的关系中，
诚实为王。

无法忍受的约会

我不是伴侣关系治疗师,但在接待有些来访者时,让他们的伴侣加入很有必要。但我只在来访者明确要求的情况下这么做,也会让他们知道如果其核心诉求是婚姻咨询,就应该去找相应的专家。如果来访者的主要问题是对婚姻不满,那么仅和其中一方对话通常会适得其反。常见的情形是来访者的伴侣不信任他们另一半的咨询师,也就是我,而三人会谈可以很好地改善这种情况。

如果你想拯救婚姻

在与来访者的伴侣见面之前,我会先和来访者讨论一些改善关系的基本法则。比如,一个来访者决定每周花 4 个小时来维护感情,也许这是可行的;但要在一周 7 天中都安排出维护感情的时间,就需要周全谨慎地考虑。来访者在开始尝试有意识地和伴侣商讨、实践感情维护计划时会显得尴尬笨拙,伴随而来的则会是痛苦、怨恨和报复之心。这些负面情绪如果不断滋生就会伤害甚至永久破坏亲密关系。

也许当来访者和伴侣最开始与我讨论关系问题时，两个人的感情已经疏远了许多年。他们坐在这里并不开心，而且可能讨厌我更甚于讨厌他们彼此。他们双臂交叉，冷漠地坐着，互不相让，如果再翻白眼就更糟糕了，因为这是个坏兆头。[1] 我会问他们上一次做浪漫的事是什么时候，比如上一次约会。如果两个人的关系还没有太糟糕，他们会凄然一笑，或者当面讥讽。但我依然会建议他们出去约会，甚至让约会成为惯例。对他们来说，约会本身已经很糟糕了，要成为惯例就更无法忍受。他们会表示自己才不会去约什么会，约会是婚前做的事情，况且现在约会就是吵架。

面对来访者及其伴侣这类愤怒、苦涩而肤浅的回答，我通常会说："按照你们的理论，你们在整个婚姻生活中都不会再和对方约会，浪漫和亲密也就到此为止了。为什么不花点时间冒一下险呢？和对方去一个好地方，搂住彼此，把手搭在对方膝盖上。我知道你们有十足的理由对对方生气，也了解你们愤怒的原因，但是还是试试看吧。你不用期待自己能喜欢或擅长约会，会放下愤怒或玩得开心，你只要能容忍约会就可以了。"来访者和伴侣会烦躁地带着这个恼人的建议离开，但还是会勉强同意，然后在下一次咨询时告诉我："不出所料，我们的约会糟透了。我们出门前就吵架了，约会时也吵了，回家后又吵了一次。我们绝对不会再试图约会了。"

他们通常都会对这样的结论带着点骄傲，因为双方都预判到了我的建议毫无意义。所以我问他们："这就是你们的打算？你们要在一起生活60年，本来关系就不好，能享受约会的概率也微乎其微，还不愿意花一点时间去好好约会？而且你们讨厌我幼稚的建议，所以都会有意搞砸约会。然后你们就破罐子破摔，未来几十年对彼此都没有相互尊重，而只有厌恶和愤恨了？""我们换个角度来看问题，你们俩都没有什么约会的技巧，所以一次尝试是不够的。也许你们需要15次甚至40次练习来找回单身时的约会技巧，培养约会的习惯和善意。也许你们本来就不是很浪漫的人，或者只是曾经浪漫过。这些能力是需要学习的，而不是丘比特拱手赠予的。"

假设你已婚，按照每周进行两次浪漫的约会计算，一年就是100次，如果放在30年的婚姻里就是3000次。你的能力、魅力、沟通技巧和两性关系多少都会在这么多次的约会里得到完善，既然如此，在成就一次还过得去的约会之前经历15次痛苦的约会又有什么关系呢？15次相比于3000次，仅仅是你们有可能获得的浪漫时光的0.5%。也许你应该用更多的努力去判断两个人的关系能否修复。

为什么要假设维系婚姻这种复杂的事情不通过坚持努力练习就能实现呢？也许你会被第一次惨不忍睹的约会劝退，但你还是会坚持，因为你想拯救婚姻而不是直接放弃。也许下一次约会比上一次好了5%，也许反复尝试之后你开始偶尔能回想起当初为什么喜欢对方了。也许你能做点比抱住对方更有意思的事，也能得到那个看上去铁石心肠的人的一些关怀和回应。如果你能像婚姻誓言里说的那样长久坚持，或许有一天你就真的能修复关系。

也许夫妻双方会有足够的理性来计算所有浪费掉的时间，反思没有浪漫只有怨恨的沉闷生活，然后决定再去约会1次、2次或者5次、10次。到了第10次咨询时，他们会笑着来见我，告诉我他们的约会很开心。接下来我就会和他们更深入地讨论如何维系爱和尊重，如何激发欲望和回应。如何在长期关系里拥有神秘感？你能在未来3000次约会里调动你的意愿、想象力和情趣来实现这一点吗？这需要一些深思熟虑之后的努力。

每个人都是深不可测的谜团。只要足够细心，你就会在伴侣身上重新发现足够的神秘感来保持你们刚在一起时的情感。只要足够细心，你就能避免对伴侣习以为常，敢于打破生活的惯性，摆脱千篇一律的枯燥生活。幸运的话，你们会重燃最初相爱时的那种火花，那种对更美好的自我和生活的想象，而这正是两个人坠入爱河时发生的事情。在热恋时，两个人都变成了更好的人，但热恋状态随后会消退。热恋体验对两个人来说都是礼遇，它打开了双方的想象力。

> **热恋时期的爱能让人窥见真爱永驻的可能性，它一开始是命运的赠礼，随后却需要大量努力来实现和维护。**

一旦看清这一点，两个人的目标就很明确了。

伴侣关系的基石

夫妻生活往往能反映婚姻关系的真实状况，但也并不总是如此。我知道有的夫妻一边像猫与狗一样不断争斗，一边又有激情的生活，也有的夫妻虽然性情相配，两个人之间却不再有爱欲的火花。人和感情的复杂性都很难用单一维度来衡量，但好的婚姻应该包含对彼此身体的渴望和给予。不幸的是，爱欲不是独立存在的，把"修复爱欲"作为一个目标太过狭隘，并不能达到优化关系的目的。

维系和伴侣的长期浪漫需要更广泛的、涵盖整个关系的策略。不论这个策略是什么，其成败都取决于你的沟通能力。要进行有效沟通，你和对方都需要先了解各自需要什么和想要什么，并愿意坦诚地讨论这些想法。了解和分享自己的所需所想颇具挑战性。

> **如果你允许自己知道你想要什么，也就会在得不到的时候感受到挫败。**

当然，好处是你也会在得到的时候感受到成功，但是你的确有可能失败，所以你完全有可能因为害怕面对失败而不肯明确自己的愿望。结果就是，如果你没有明确愿望，那么你得到满足的机会就微乎其微了。

明确愿望是个重要的问题，而如果你有伴侣，问题就会更加复杂。对方对你的了解在绝大多数时候都不会比你自己更多，尤其不太可能知晓你内心深处的欲望。当你无法明确自己的愿望时，你那不幸的伴侣也就只好去猜测你的好恶，并很可能在猜错之后遭到某种惩罚。况且人的欲望和厌恶有许多可能性，所以你的伴侣猜错的概率非常大。结果就是你会更倾向于指责对方，至少在非语言和无意识层面认为对方不够在意你，没有发现你自己也没发现的愿望。你会有这样的想法或感觉：如果你爱我，就应该知道什么会让我开心。而这样的方式是没法让婚姻幸福的。

这已经足够糟糕了，而同时还有一个同样糟糕的潜在问题。你一旦知晓了自身的愿望，并与对方沟通了你的想法，也就同时赋予了对方一种危险的力量。这个了解你的人既有可能帮你实现愿望，也有可能剥夺你的需要，羞辱你的渴望，或者用别的方式伤害你，因为你对自身愿望的披露让你变得脆弱了。

天真的人会坚信所有人都是善良的，没有人会因为报复、无知或享受折磨他人而主动制造痛苦。然而足够成熟的人会打破天真，看见他们被自己和他人伤害背叛的可能性。既然如此，何必要让他人走进自己的内心，增加受伤的概率呢？为了避免背叛，人们经常会用愤世嫉俗来替代天真，而且不得不说这多少算是一种进步。但是这并不是真正的智慧，信任能战胜愤世嫉俗，而真正的信任不是天真。成熟之人彼此的信任是勇敢的表现，因为他们清晰地看见了背叛的可能性一直存在，在亲密关系当中尤为如此。感情里的信任就是以自我和无偿给予的信任为诱饵，去邀请伴侣展现出其最好的自我。这么做虽然有风险，但不这么做就无法实现真正的亲密，人就只能孤独前行，无法和另一个人亲密无间地共同面对人生的苦难。

> 浪漫需要信任，信任越深，浪漫就越有可能。

一个人需要勇敢到愿意信任对方，也要聪明到知道何时停止信任，而除此以外，信任还有其他前提条件。信任的首要前提是诚实。如果你撒谎或者做了需要用谎言来掩饰的事情，你就会无法信任自己。同样，如果你的伴侣撒谎或者背叛了你，也会打破你对他的信任。因此，为了保持夫妻关系中的爱，婚姻誓言最先要提出的就是不对伴侣撒谎。

如果实践得当，诚实可以为关系带来巨大价值。你可能会在某一天做了一些不该做的事或没做该做的事，而需要指导和支持，只要你愿意，你的伴侣恰好就可以提供这些。有时伴侣也会陷入同样的境地，而独自面对何其辛苦！如果你能坦诚对待伴侣，言行一致，那么有一天当你遇到生活的风雨甚至事关生死的问题时，也会获得对方的庇护。

> 在一段浪漫而永恒的关系中，诚实为王。

婚姻是践行誓言

我有一位朋友，他和他的女友都是北欧裔加拿大人。他们决定在瑞典结婚，以致敬共同的祖先。他们都有宗教背景，所以选择了相应的婚礼仪式。

在交换誓言时，两个人共同高举一根点燃的蜡烛。我花了许多时间来思考这个仪式的意义。

《创世记》中提到，夏娃是由亚当的肋骨创造的。女人来自男人的这个说法令人不解，因为正常的生物规律是男性由女性生育。为了解释这个创造过程的奇特性，一种神话学推测也应运而生，即认为亚当是雌雄同体的，后来才被划分成两个性别。

亚当和夏娃的产生体现了男女在与彼此结合时才能实现的完整性。[2] 共同举起的火烛象征着新人的结合，而蜡烛的高举和燃烧象征了结合是由更神圣的力量推动的。天地烛光中，光明启人心。在电灯出现之前，蜡烛经常充当这样的角色。另外，人们选择常青树做圣诞树，是因为它不像其他落叶树那样在每一年年末"死去"，从而象征了无尽的生命。所以这种树成了生命之树的象征，而生命之树就是宇宙之本。[3] 所以每年在临近12月21日这个北半球最黑暗的日子里，人们会点亮"生命之树"。[4] 光明的重现标志着其在黑暗中的永恒回归。

长期以来，人们都认为完美的精神特质是男性和女性元素平衡的理想结果。几个世纪以来，同样的说辞在古文献中不断出现，认为完美之人是其自身精神或心理层面阴性和阳性元素神秘结合的产物。

对自由结合的个体来说，不再绝望地逃避生活的真相，并在彼此存在的映照中修复自己是非常困难的。也正因如此，两人会在结合时立下至死不渝的誓言。"既然如此，夫妻不再是两个人，乃是一体的了。"立誓的一方称："我对你有约束力。"另一方说："我对你也是。"双方都意识到，他们应该通过改变自己和彼此来避免任何不必要的痛苦。那么，夫妻双方必须服从的最高原则是什么呢？它不是口头的抽象概念，并不是说双方仅认真思考和讲真话就够了，而是将承诺付诸行动。这是亘古不变的真理，应当知行合一。

许多已婚之人一生都在纠结一个概念上有误的问题："在婚姻中，究竟谁应该服从谁？"毕竟，人们通常认为婚姻是一场非赢即输的零和博弈。

> **感情不是输赢问题，甚至也不是轮流输赢的公平性问题，而应该是两人同时臣服于一个关于启迪和真理的更高原则的问题。**

两个人各自最好一面的理想结合应该被视为婚姻的主导原则，双方都不受控于伴侣，两个人同时遵从光明的原则，双方的方向同为最美好的未来，也同时将诚实视为最理想的前进道路。这种取向和真诚会激发变革性的对话，前提是双方都遵从对话的结果。对这个更高原则的主动践行既能增强双方的联结，又能滋养双方的关系。

想象你刚参加了一场前文所述的结婚仪式，参与会带来怎样的意义呢？你相信自己刚刚付诸实践的信念吗？你可以从戏剧和诗歌式的象征层面来体会男女的结合，而不是理性机械地理解，这样你就可以发现更深的真理。你想找到灵魂伴侣吗？显然这是一个浪漫的比喻，但爱情小说的存在自有其深意。比如你和一个人约会看电影，一起看着电影里的男女主人公找到他们的灵魂伴侣，如果幸运的话，你会一边看一边想，"也许坐在我旁边的这个人也是我的灵魂伴侣"，而也许对方也是这么想的。这种期待在现实生活里也许太难实现，但你内心浪漫的部分无论如何都会如此期望。人天生就渴望他人使自己完整，如果得不到理想的爱情，往往就会感觉自己有所缺失。

这的确有所缺失，否则人类就不会进化出性别了。自从繁殖方式跨越了单纯的细胞分裂阶段，我们的进化进程就一直依赖两个不相似个体的结合来创造下一代，而不是直接复制自我。每个人都有自己的特质、盲点和偏见，有些并不显著，也经常和个体的独特天赋复杂相连。每个人都是一个具体独特的人，具有某种优势特质的同时必然隐藏着相应的劣势。如果你只靠自己，就会不可避免地有所偏颇，而这往往不是最好的结果。

因为自身的幼稚与天真，如今的人们对婚姻制度普遍感到不屑一顾，其实这个制度中存在着尚未实现的价值。婚姻是一种誓言，这是有原因的。两个人共同向世人宣布："不论疾病或健康，贫穷或富有，我都不会离开你，你也不会离开我。"这是一种承诺，也是一种捆绑，即不论发生什么，两个人都不能抛弃彼此。如果你在新婚幸福之余尚有一丝理性，就会意识到这包含着一种可怕的可能性。你内心渴求自由的部分会想要保留必要的逃跑道路，虽然这部分实际上只是想逃避可怕的永久性责任。逃避看上去容易，而且有的婚姻确实令人难以忍受，但这个选择极为危险。

你真的愿意一辈子都因为拥有离开的选择而不断问自己是否选对了人吗？你会有很大概率选错了，世界上有70亿人，假设有1亿人可能和你相配，但你显然没有时间和他们逐一接触，所以你找到了最理想配偶的概率极小。其实你并不需要接触所有人，如果你不知道这一点的话就有大麻烦了。如果你有后路，就无法和当前的伴侣产生足够的能量来催化彼此的改变，因为成长和发展需要一定程度的痛苦，而有退路就可以避免痛苦。

由于个体差异，你和伴侣是没法轻松地和谐相处的，除非你接受压迫和沉默。相处之难正源于此。此外，两个人还各有自身的缺点，即使是在婚姻中有着良好意愿和品格的人，其伴侣也需要和他一起面对生活的平凡、琐碎、乏味、悲剧和可怕的一面。

人生之苦不可逃避，哪怕你尽力勇敢克服，有时也会招架不住。

既然如此，两个人共同面对或许能让生活稍微好过一点，在我看来这就是希望所在。那么两个人如何主动面对差异、建立真正的共识呢？你们需要带着诚意持续探讨出和谐有效的相处方式，否则接下来的60年里两个人就会一直掐住彼此的脖子。

我在咨询当中见过很多家庭都处在这种情况中。想象一下一家五口站成一圈，每个人都掐住前面一个人的脖子，可能持续几十年。这是一个在许多年无声的冲突和拒绝谈判中形成的决定："我要和你较劲，哪怕要花一辈子的时间。"你可能想要和家中的某个人对抗，或者也有人正对你做同样的事情，我希望没有，又或许你就算知道了也不愿意承认。但这样的事情很常见，如果你不和伴侣共商和平，它就会发生。

社会关系有三种基本状态，一是要求你做我想做的事情的"暴政"，二是我不得不做你想做的事情的"奴役"，三是商讨。暴政显然对被压迫者不利，但对压迫者也不好，因为压迫者的身份毫无高尚可言。这个身份只会带来愤世嫉俗、残忍和充满冲动性的无限愤怒。奴役也无益于双方，它充满痛苦、可怜、愤怒和怨恨，被奴役者会抓住每一个机会报复压迫他们的人，诅咒和攻击奴役者。要知道，对着一个人肆意挥舞棍棒是没法让他呈现出最好的一面的。可以确定的是，如果你想做个奴役者，那被你奴役的人只会想尽办法报复你，哪怕可能牺牲自己的人生也在所不惜。

妻子塔米给我讲过她在临终关怀病房做义工时看到的一个让人难过的故事，一个丈夫快要离世了，他的妻子在给他剪指甲，每一下都会剪得很深，明显会让丈夫感到难受。这很可能是一段充满欺骗和残酷的关系在尽头的样子。这样的关系很微妙，并不会大张旗鼓地展现其残酷性，除了夫妻之外没人了解真相，甚至有时候当事人自己也在尽最大努力逃避真相。只有细心的观察者才会发现在丈夫弥留之际，妻子出于某种原因仍要跟丈夫较劲。读者朋友，你可千万不要走到这样的境地里，务必要在出问题时与伴侣尽力商讨沟通。而关键是，什么能迫使你不得不沟通呢？想要维系关系中的爱，这个谜题就一定要解开。

商讨、暴政和奴役

商讨其实是相当困难的一件事。我们已经讨论过确定自己想要什么并勇敢告知他人的挑战，人们同时也会为了避免商讨而耍一些小把戏。比如你在一个艰难对话中问伴侣想要什么，对方经常会说"我不知道"，而小孩和青少年也经常这么说。

在一个需要坦诚相对的对话里，这不是一个可以接受的回答。有时说这话的人确实不知道自己想要什么，但更多的时候它真正表达的意思是"我不想讨论这个，别来烦我"。这个回答通常也伴随着足以让提问者退却的烦躁或愤怒，于是对话就此停滞，甚至可能永远停滞。如果你是那个提问者，当这样的事情发生了太多次之后，你也会对对方的抗拒忍无可忍，不想再好声好气地沟通，也不愿再接受"我不知道"这个回答了。于是你会坚持追问："那你总要说点什么吧？不管你说的是对是错，至少是个开始。""我不知道"往往不止意味着"别来烦我"，经常也意味着"既然你这么聪明，为什么不搞清楚问题在哪里后告诉我呢"，或者"既然我这么抵触思考我的问题，那你来打破我的选择性无视就非常无礼"。其实这并不无礼，而且就算是，两个人依然也需要了解彼此的需要，而不沟通怎么可能了解呢？这不是无礼，是残酷的爱。

这种情况下，坚持追问是像做手术一样必要的手段。要在伴侣明确抗拒的情况下坚持对话，需要的不仅是勇气，甚至要有点愚公移山的精神。这么做很艰难，但值得钦佩。因为那个回避问题的人内心多半也是矛盾的，纵使他会发怒，但未必不想解决问题，这时候要坚持对话在认知上、道德上和情感上都很有挑战性。此外，对话也需要信任，而人们经常会通过遇到敏感话题时发脾气的方式来测试对方是否真的在乎自己，是否有诚意克服一两次甚至十次困难来把问题彻底沟通明白。不过，回避加愤怒还不是拒绝沟通者唯一的把戏。

另一个有力的阻碍是眼泪。人们很容易把眼泪理解为悲伤的结果，所以心软的人很容易在看到眼泪时因为同情心的误导而不再坚持沟通。为什么是误导？因为你由于眼泪放过对方，会让他暂时好受，但他的问题可能永远都无法解决。眼泪在更多时候是愤怒而不是悲伤痛苦的表现。如果被你追问的人除了流泪还脸红，那他很有可能是愤怒而不是受伤。眼泪是有效的防御机制，只有铁石心肠的人不会受影响，不过流泪一般都是为了回避而进行的最后一搏。

如果你能克服眼泪的阻碍，就有可能开始真正的对话。

这需要对话者无比坚定，承受得住防御性愤怒带来的攻击和伤害，以及防御性眼泪引发的同情和怜悯。能做到这一点的人势必需要先整合好自己的阴影面，比如固执、严苛和冷酷无情，把它们用于创造长远益处。要注意，性格好的人不一定就是个好伴侣。

之前说过，我们的选择有三种，商讨、暴政或奴役。其中商讨是最好的结果，尽管在短期内也是最困难的，因为两个人需要拼命努力，也说不准究竟需要挖多深，切掉多少关系中的毒瘤。也许你正在对抗的其实是来自你妻子的祖母的影响，她被酗酒的祖父虐待导致的创伤和对男性的敌意代代相传到了当下。小孩的模仿能力非常强，在能开口说话之前就能习得很多或好或坏的隐性知识。

尽管希望可以激励我们克服商讨的痛苦，但仅凭希望是不够的，你也需要绝望的驱动，所以婚姻誓言里才有"至死不渝"一说。如果你对婚姻是认真的，那你就和伴侣捆绑在一起了，而如果你不认真，那你就依然是个孩子。婚姻誓言的重点是相互救赎，是创造人间最亲近的关系。在成熟的婚姻里，只要身体健康，两个人就会相守约 60 年，其间你们需要克服许多困难才能创造最终的和谐。人在结婚那一刻就应该长大了，关系和谐成了灵魂之必须，这或许比生存之必须还重要。

> **BEYOND ORDER**　逃避、愤怒、眼泪或离婚的退路都会引诱你回避不想面对的事情，但在暴怒、哭泣或分离的过程中，以及在你的下一段关系中，你尚未解决的问题和毫无改善的商讨能力还会回来纠缠你。

你可以在内心深处藏着逃跑的想法，不做永久性的承诺，但这样你就无法实现转变，因为转变会要求你赌上一切。商讨之难的另一面是生活的巨大成功，也就是拥有一段健康的婚姻。这项成就固然很有挑战性和难度，但的确是实实在在的，也有可能实现。人生中这种层次的成就屈指可数，大约也就有 4 种。努力建设的稳固婚姻是成就之一，这会创造可靠、坦诚和有生活气息的家庭，让你愿意生儿育女。在稳固婚姻的支持下生育后代，这是成就之二。你会为此承担起更大的责任，力争实现更好的自我，创造出高品质的新关系，从而在你老去时儿孙满堂。人生苦短，你应该尽量实现完整人生所有的成就，而婚姻和子孙以及伴随着的所有心碎与负担都会占据人生的大部分时间。错过这一切会付出巨大的代价。其余两种人生成就我将在后文介绍。

许多无知的年轻人会用不劳而获的愤世嫉俗来掩盖无知，他们会坚定甚至骄傲地宣称自己不想要孩子。许多 19 岁的人就会这么说，这可以理解，因为他们的人生还长，对世界还所知甚少。有人到了 27 岁还会这么说，但数量不多，其中大都不是女性以及对自己诚实的人。有些人到了 45 岁仍会这么说，也许有的人说的是实话，但是大多数只是在掩饰自己的遗憾。人们都不愿意在这个问题上说真话，当前的文化也禁止我们告诉女性，她们的人生目标里充满了谎言。

令人无法理解的是，社会总是强调人的主要满足感源于事业，但是大多数人拥有的只是工作，而不是事业。在我的临床实践和专业经验里，一个女性不论其才华、教育水平、生育意愿处在什么水平，或者拥有怎样的年少轻狂和文化熏陶，到了三四十岁时往往都会不惜一切代价地将新生命带到这个世界上。

对于本书的女性读者，我有一个强烈建议，就是最好别在 30 岁时无法生育。那会是一件令人遗憾的事，人的身体很脆弱，不要把生命的礼遇当作儿戏。年少无知的时候每个人都觉得怀孕是轻而易举的事，但其实成功怀孕并不像人们想象的那样是一个必然结果，也许你会想等到年纪较大时再生孩子，但很多夫妻都会面临不孕不育[5]的问题。

另一种情况也会导致人们对婚姻关系的不谨慎态度，即婚姻陷入僵局的人们开始想象外遇可以弥补他们的不满足时。当我的来访者打算出轨或正在出轨时，我都会尽量让他们回归现实："让我们把这个问题想透彻一点，不要只考虑这个星期或下个月。你 50 岁了，而这个 24 岁的女孩愿意打破你的婚姻，你觉得她是怎么想的？她是个什么样的人？她知道自己在干什么吗？""可是我真的挺被她吸引的。""是，但她的人格有问题，她究竟在对你做什么？为什么她会愿意破坏你的婚姻？""她并不在乎我是否离婚。""这样啊，所以她并不想和你有一段稳固的长期关系，你觉得这么做会对你有好处吗？想想看，这对你的妻子多么不好，而你要撒很多谎，还有你的孩子们发现后会怎么想？而且接下来你会花 10 年时间和几十万美元在法院里和妻子争夺抚养权，消耗所有的时间精力，你想过吗？"

我见过一些卷入了抚养权纷争之后，宁可付出任何代价也不想继续再打官司的人。这就是出轨的结果。在你和一个人结婚后，往往会看到他最糟的一面，因为你们在共同分担生活的艰辛。但你会把容易的部分都留给你的出轨对象，他不需要承担责任，只有昂贵的餐厅、打破规则的激情夜晚、精心营造的浪漫，以及对现实的不管不顾。当你享受这种不管不顾时，另一个人正在承受着生活之苦。你和出轨对象并没有共享生活的酸甜苦辣，在关系开始时只是在不停地吃甜点，只享受最好的部分，除了满足欲望什么也不想。但是当关系一旦转变为永久性的，婚姻里令你困扰的问题就会立刻呈现出来。出轨解决不了问题，而且会让人深受伤害，尤其是孩子——你最应该对他们保持忠诚。

我并不是要对婚姻和家庭做出绝对的评判，没有一项社会制度是适用于所有人的。你结婚的对象可能是个无情的野蛮人、天生的骗子、罪犯、酒鬼或施虐狂，这时候你是需要逃离的。这不是在给婚姻留后路，而是在避开灾难。也有的人会尝试非婚同居①，借此更深地了解彼此。可是这么做究竟意味着什么呢？严肃认真地看，它其实意味着两个人只是在当下需要彼此，否则他们可以结婚呀。同居让双方都保留了在任何时候用更好的选择替换掉对方的权利。我认为，这就是非婚同居明确包含的伦理论述，如果你不认同的话，可以试试看是否能想出更合理的解释。

你可能会觉得我这么说有些悲观，那就别听我这个老派的人的观点了，我们一起来看看统计数据。非婚同居者的分手比例比已婚伴侣的离婚比例高出许多[6]，而且婚前同居过的夫妻在婚后离婚的比例也比婚前未同居过的夫妻高许多。[7]所以用非婚同居来测试彼此的做法听上去诱人，但并没有什么用。很明显，没有永久承诺、告知世人和举办仪式的同居并不能带来更加稳固的婚姻，而这对人们毫无益处。尤其是对孩子来说，他们在普遍缺失父亲的单亲家庭里成长，过程会糟糕很多。[8]因此我并不认为同居足以替代婚姻。此外还有一个重要的问题是，人在一生中拥有健康亲密关系的机会并不多，遇到对的人可能需要两三年，通过相处看清彼此又需要两三年，加起来大约是 5 年。时间的流逝比你想的要快得多，而关于家庭、婚姻和子女的大多数事情都是在你二三十岁时发生的。这样算下来你有多少个 5 年呢？3 个，运气好的话是 4 个。

你的选择会随着时间的推移不断减少而非增加。如果你的伴侣不幸过世，那你就得在四五十岁时重返约会生活，这种人生悲剧没法避免。但我见过朋友有这样的经历，也不希望任何自己所爱的人有同样的命运。让我们继续理性地思考这个问题。十八九岁的人的共性是尚未成型、可塑性强，这不

---

① 值得注意的是，北美普遍承认事实婚姻，允许非婚同居者生育，因此作者对于非婚同居的整个讨论都和中国读者所处的法律环境有本质区别。——译者注

是批评，而是事实。也正因如此，他们可以和大学室友成为一生的挚友。当人到 40 来岁时，丰富的人生阅历已经把你塑造成一个独特的个体，我在这个年纪认识的一些人到十几年后依然只是普通朋友。

> **BEYOND ORDER** 友谊会随着年龄增长而变得复杂，更不用说爱情、婚姻甚至重组家庭了。

如果你足够坚持，也对任何不愿商讨和牺牲所导致的恶果充满恐惧，那么你就会在恰当的时候组建家庭，而且一切发展顺利。这样一来，你就准备好发展你的工作和事业了，这也是一个人在短暂人生中能实现的第三个成就。你学会了如何在最亲近和私密的关系里创造和谐，这种智慧也会延伸到你的工作当中，使你成为年轻人的导师、同龄人的帮手和可靠的下属，驱使你尽力改善当下。如果每个人都这么做，这个世界就不会有那么多悲剧和不开心了。也许最终你能学会好好利用家庭和工作之外的时间，让业余生活变得有意义、有价值。这是人生的第四个成就，和其他三个成就一样也会一直生长。你会在这些事情上越发得心应手，可以解决更多更困难的问题，并最终成为人类精神的代表。这就是生活的全部。

回到婚姻问题。你该如何努力规划和营造浪漫关系呢？首先你得决定自己的生活中是否需要浪漫。如果你不带怨恨和报复伴侣的快意认真想想这个问题，答案通常都是肯定的。人们会想要体验浪漫的亲密关系所带来的冒险、愉悦、亲密和刺激。你也应该渴望这些，人生喜悦本就稀少，不应该无缘无故地轻易放弃。如何获得这样的体验呢？运气好的话你可以和喜欢的人一起去体验。运气特别好，再加上足够的承诺的话，你就能找到爱的人一起去体验。这一切都不容易，成家之后你需要通过相当多的商讨才能维系喜欢和爱。

经营幸福的家庭

这里有一些现实问题供你考量,虽然看上去和浪漫的关系不大,却很重要,因为今天的人们不再扮演传统角色,但也尚未找到替代方式。

> 现代人容易高估自己对自由和选择的耐受力,所以看不到传统角色的巨大价值。

在一个变革缓慢的社会里,每个人都对自身的职责有一定的认识,虽然伴侣间的张力依然存在,但至少存在一个模板。如果没有模板可供夫妻双方参考,那么两个人就必须进行争吵,如果擅长商讨的话就进行商讨。但你多半不擅长,就和大多数人一样。

你和相亲相爱的人组成家庭之后,如果要维系感情就要想办法分配各自的职责,以替代传统角色。比如谁来叠被子?什么时候叠?叠到多整齐能让双方都满意?如果这个问题没处理好,两个人的对话就会很快陷入困境:"我叠被子了。""你没有叠整齐。""你总是这么挑剔,如果你觉得我叠不整齐那我就不叠了,你自己叠吧!""也许你该对这件事上心一点,也对自己要求高一点!"由此,哪怕是叠被子这样的事情也会需要好几天来分辨清楚,而这还只是早上刚醒来 10 分钟里发生的事。接下来的 60 年里,被子可能一直没人叠,或者总被很随意地叠一下,而除此之外,还有无数家庭事务需要关注。可如果这件事没处理好,那么日复一日,年复一年,两个人早上一醒过来、一走进卧室或者一吵架时就会为这件事生气。

谁的事业发展更重要?孩子要怎么教育?谁来教育?谁来做家务、做饭、扔垃圾、洗厕所？家庭财务由谁来管理？谁负责买菜、买衣服、买家具？谁来付钱？谁负责报税？经营一个家庭可能有数百件事要考虑，其复杂性堪比经营公司，况且还是日复一日地持续。生活主要是由不断重复的事情组成的，你要么把每件事的责任分配商讨清楚，要么就一直打太极，在固执和沉默中对抗，或者随意勉强地合作。这对两个人的感情没有一点好处，因此家庭事务协作分工的落实是重中之重。

这一系列问题非常具有挑战性，因为两个人需要有意识地梳理家庭责任的轻重缓急，商讨每个看似琐碎的细节。谁做饭？何时做饭？要做什么饭？孩子要帮什么忙？为了做饭可以放弃哪些事务？如何对做饭的人表达感谢？要使用哪些餐具？全家要一起吃饭吗？吃饭时间要固定吗？吃完饭后碗碟什么时候清理掉？谁负责洗碗？每一个问题都可能引发一场战争，大家各执己见，对错难分。所以两个人需要努力寻求共识，哪怕因此反复争吵也没关系，但应该有目的地争吵，而目的就是吵出一个解决方案来，使得进一步争吵不再有必要。

> BEYOND ORDER　和平只能通过商讨来实现，也需要双方通过做出强有力的承诺来忍受严重的冲突。

根据我 30 年的临床经验和婚姻生活体验，接下来你需要做的是每周花大概 90 分钟的时间和伴侣聊各种生活和个人问题，比如最近工作如何，孩子们近况如何，家里有什么事情需要打理，最近有什么困扰需要帮忙，要为下周的事情做哪些准备。这种对话应该纯粹是事务性的沟通，因为你和伴侣需要在各自有自己想法的前提下达成共识。两个人要持续对话，彼此表达和倾听，不一定是一次性谈 90 分钟，可以是每天 15 分钟，只要能保持事务性沟通的通畅，大家知道彼此的想法就行。如果你们花的时间少于 90 分钟，问题可能就会积压，共识可能就会混乱。当问题积压到一定程度时，你和伴侣就会都搞不清状况、彼此疏远了。关系失去连贯性是一个很糟糕的结果。

当我帮助来访者梳理他们的婚姻时，让他们做的都是稀松平常的事，而不是度假、特殊仪式或其他脱离日常的事。这并不是说那些事就不重要，但它们的重要性和日常习惯的重要性无法相比。日常才是需要厘清的，我需要了解这对夫妻典型的一天里主要有哪些互动。比如两个人每天都会起床和一起吃饭，如果这类事情会花掉5个小时，那就占据了清醒状态的三分之一，也是人生的三分之一。而一周7天里这些事会花掉35个小时，相当于一份工作所需的时间，所以必须妥当处理。两个人需要思考和讨论的是，我们愿意怎样规划这些事情？怎么能让起床的过程令人愉悦？我们可以在吃饭时不玩手机，礼貌地关注彼此吗？我们可以制作美味的餐食，并让进餐氛围舒适吗？又比如下班回家的过程，假设这是一个10分钟的日常事件，那每周就是一个多小时，一年就是50个小时，相当于一周半的上班时间。既然你每年都要花这么长时间进家门并且和家人打招呼，那它就已经是生活里不小的一部分了。当你回到家，是希望有人在门口愉快地迎接你，还是希望大家都在盯着手机或者向你进行一连串抱怨？怎样的迎接方式才会让你不讨厌回家的时刻？

> **BEYOND ORDER** 夫妻会每天一起做许多平凡的事情，但这些事情就是你的人生，做好这些事情给你带来的好处远比你想象的多。

如果两个人能成功地在家庭经营中创造和谐，那双方就都是大赢家。接下来你们就可以无忧无虑地在精品酒店、度假村或户外旅行中享受浪漫了，或许也不再会那么抗拒之前提到过的每周两次的约会。

把这些事情理顺，一切就都会改善。和家人愉悦地用餐，你就可以避免死于抑郁或者高血压。这样的成就需要你努力争取，而重点不是你是否要争斗，争斗本来就是必然的，重点是争斗是否能创造和平。和平是商讨解决方案的结果，作为夫妻，两个人需要在所有共担的责任、抉择和困难上商讨解决方案。这样你就能在遇到生活的困境时有个可以交流的对象，虽然两个人想法各异，但齐心协力也是优势。想要维系夫妻关系中的浪漫，你首先要知道自己想要什么并能与伴侣和谐地讨论它。

他人的存在让你保持理性，所以结婚才是一个好的选择。你和伴侣都有非理性的一面和弱点，而且最好是不尽相同的。有时候夫妻双方拥有相同的弱点，两者的结合会让弱点更加严重，比如两个人都爱喝红酒，于是一起滑向酗酒的深渊。更好的情况是两个人里只有一个人爱喝酒，这会带来一些短期矛盾，但长远来看是有益处的。不喝酒的那一方会在适当的时候喝一杯，从而变得更加友善随和，而爱喝酒的那一方也有希望在缺乏自控的时候得到友善的谴责。

幸好人的特质是随机分布的，当你和另一个人结合时，就有可能在彼此身上取长补短。从象征意义上来说，两个残缺的人有可能通过联结创造出一个完整而理性的存在。这对两个人都有益处，也会让子女有机会习得更多理性行为，双方与他人的友谊甚至整个世界也会受益于此。

对话沟通能让伴侣建立有效的联结。如果你有些生活阅历，就会知道人是很脆弱的。涉世未深的年轻人会对婚姻有两个不假思索的错误假设。第一个假设是世界上存在完美的人，而且带着这种幻觉你真的有可能遇到所谓的完美之人，然后疯狂又愚蠢地坠入爱河。之所以说愚蠢，是因为你爱上的只是你意识的投射，而不是真实的人，这也会让你的爱慕对象感到困惑。第二个假设是世界上存在着和你完美匹配的人。这两个假设当中包含着一些错误。

首先，完美的人是不存在的。人们都带着许多个人特质以及各种难以修复的伤害。况且就算真的存在完美的人，你又凭什么拥有他呢？有人愿意和你约会是件挺可怕的事情，因为人们可能都会觉得愿意和自己交往的人要么瞎了，要么疯了，要么和自己一样受过伤害。两个人的伤痕虽然可怕，但也比一个人的伤痕稍微好一点，就像刚跳出煎锅就掉进炉火一样，至少那炉火有可能转变你。所以你选择带着勇气、长线思维、承诺和责任感走入婚姻，努力让两个人转变成一个完整的人，而且哪怕是尝试的过程也会带来成长。

> **不论过程多么痛苦，伴侣双方都应当毫无保留地交流，这样才能获得来之不易的和平。**

永远不要忽视浪漫

在法则十开头讨论如何维护浪漫毫无意义，所以我把它放在最后。浪漫就是玩游戏，而人们没法在麻烦降临时玩游戏。玩乐需要和平，而和平来自商讨，有了和平后能够玩乐也是一件幸运的事。

婚姻中的浪漫和亲密是一个复杂的问题，问题背后都潜藏着恶龙。比如两个人结婚后在亲密关系方面应该给予对方什么？答案是不能没有亲密关系，因为让两个人都对感情生活满意是婚约的一部分，也是婚姻稳定的重要前提。答案既不是一天 15 次，也不是一年勉强有一回，而是介于两端之间，具体在哪就需要两个人商讨了。据我观察，需要承担工作、育儿、家庭经营等所有责任和挑战的典型成年夫妻每周可以有一两次甚至三次性生活。这样的频率能让双方都满意。而且两次比一次好，一次比零次好得多。零次意味着关系中的一方在压迫，另一方在服从，而且有人很可能会在身体、情感或者想象层面出轨。这些问题可不是随便说说的。

当亲密关系的次数降为零时，两个人就必须要做出改变，要意识到不能长此以往。我并不是鼓励外遇，但亲密关系缺失的话，外遇可能就是迟早的事。也许你会选择不再拥有亲密关系来推动外遇的发生，这样你就可以扮演受害者，对自己说"我的妻子背叛了我，我好可怜"。为什么她会这么做呢？"因为我们的亲密关系不尽如人意。"怎么叫不尽如人意呢？"我们两年都没有亲密关系了，所以她有了外遇。"

这并不奇怪。你应该假设伴侣是个正常人，即使在很忙的情况下也会希望每周有一两次亲密关系。刚结婚时对伴侣表达性趣并不困难，但在接下来的生活中需要承担的责任太多了。哪怕是单身时，约会都是一件辛苦的事情，虽然电影里的约会充满激情，但现实中人们在约会网站、短信对话、咖啡店、餐厅和酒吧里相遇时依然很尴尬。你必须努力提升约会能力，因为你很孤独，渴望关爱和肌肤之亲。

作为一个孤独且缺乏亲密关系的单身人士，你需要强化交往能力，但这并没有那么容易。你需要在生活里留出相应的空间，进行规划、想象和消费，找到合适的约会对象，并大量试错。人们在结婚后往往会松一口气，因为再也不用在这件事情上费心了，可这并不意味着你就能高枕无忧，毫不收拾打扮也能像个花花公子一样坐享鱼水之欢。你依然需要尽心尽力地维系浪漫，需要和伴侣进行那些艰难而又尴尬的对话，讨论性生活究竟应该安排在周二和周四，还是周一和周六。你会觉得这样特别做作又毫无乐趣，没了爵士乐和鸡尾酒相伴的怦然心动，也没了燕尾服和小黑裙，如此机械和刻意的安排会扼杀情趣，将美好的亲密关系贬低成义务。这真的是你对浪漫的想象吗？你在约会时就真的有这么浪漫吗？而且你期待两个人都有工作和收入，生两个孩子，生活维持在一定的水准之上，这时候又要求怦然心动？

我只能祝你好运。在我的临床经验和个人经验里，这样的事情没有大量努力是无法实现的。现实是，美好的情趣会不可避免地被生活的负担逐步取代，你每天需要做 10 件事，而性是第 11 件。也许性对你来说依然很重要，但你做完第 5 件事时就已经精疲力竭了。

你需要专门创造时间和空间，考虑清楚如何和这个曾经吸引你的人共度美好时光。也许你们忙到只能在睡前一起看半个小时电视，但依然能精心洗个澡，擦点口红，喷点香水，穿点性感的衣服。如果你是男性，那就为太太买点性感内衣；如果你是女性，那就勇敢地穿上它。也许男性也可以穿一些有情趣但不至于太夸张的衣服。当你的伴侣鼓起勇气穿上情趣服装时你也应该赞美一下对方，这种赞美会让对方更有自信。试着让灯光柔和一点，可以点一些蜡烛，而且不论是谁买蜡烛都应该受到鼓励，而不是在嘲讽声中让来之不易的兴致烟消云散。一个原则就是当伴侣做了你希望他持续做但没说出口的事情时，不要打击对方，尤其当对方壮着胆子做了一些超越义务的事情时。

或许你也可以把亲密场景安排得极具浪漫特色。我们已经提到了蜡烛，要不再来点音乐？让房间干净美观一点？许多夫妻会变得衰老、臃肿，多病又多疑，然后就会开始讨厌并抗拒彼此的身体。如果你们能避免这些，或许就可以令彼此满足。不过你们也需要承认自己的愿望，和伴侣沟通彼此都喜欢什么，如何表达渴望，能否包容不满足，能否顶住尴尬和困难学点新花样。

这些都不容易做到。有时候夫妻没办法讨论他们之间的所有事情，这是不利于婚姻关系的。也许你需要带着积极的姿态去交流，才能得到满意的结果。你需要问自己："我要如何安排这一切，才能在未来 20 年里一直对伴侣饶有兴致，而不是像很多人一样去做傻事？我获得满足的最低标准是什么？"你也许会说服自己没必要想这些，接受当下的一切，哪怕当下你一无所有。可是只要你有一丁点儿自尊和理性，就会接受不了。你明明有自己的需求，而只要愿意坦诚沟通并聆听伴侣的需求，两个人或许就不仅能满足彼此，甚至还能超过预期。

> **BEYOND ORDER** **安排并练习约会，直到你成为老手。**

练习商讨，允许自己看见自己的愿望和需求，也让伴侣看见这些秘密。努力投身于建设理想的坦诚关系，全身心地认真对待这件事。坚守你的婚姻之约，这样你才有动力想方设法地坦诚商讨。不要因为伴侣的无理抗议或者拒绝沟通而放弃，不要天真地认为爱情之美缺了全情投入也可以自动维系。合理地分配家庭责任，不要让自己成为压迫者或被压迫者。明确自己有怎样的满意尺度。做到了这些，也许你就能维系爱，和伴侣做知己，让生活多一点温暖舒适。这些很重要，因为生活的曲折随时有可能降临，如果你缺乏抵御的方式，绝望就会到来。

浪漫不仅是一种关系，更是一种能力。

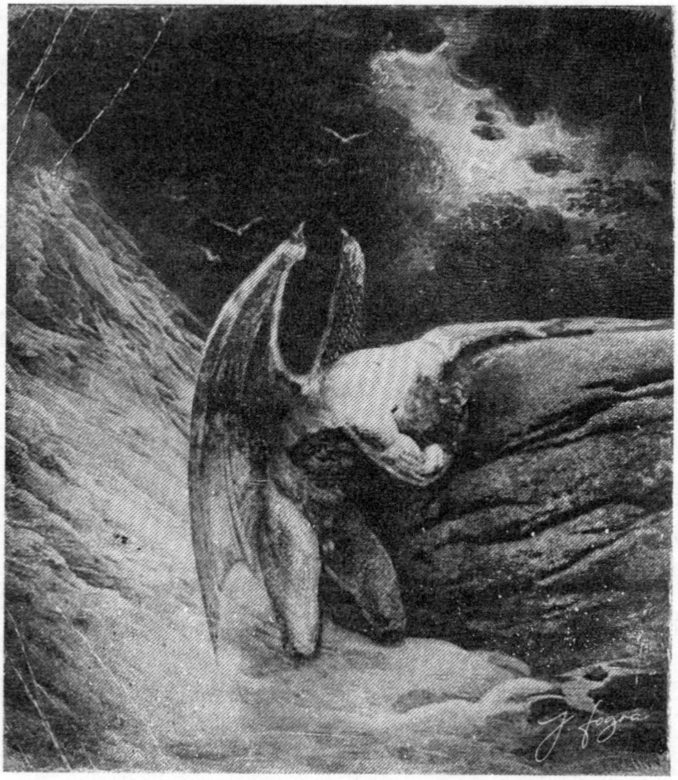

BEYOND ORDER

法则十一

——

不要用恶意对抗恶意

每个人心中
都存在着阴暗面，
这是所有恶龙中最强大的那一条，
降服了它，
你才有可能实现
最伟大的成就。

故事是理解世界的关键

人有理由怨恨、欺骗或者傲慢。有时候我们会被面前可怕的混乱打败，随之而来的是焦虑、怀疑、羞愧、病痛、良心不安、哀伤、梦想幻灭以及现实的背叛、社会的压迫和衰老至死的羞耻。这种情况下，人们当然会堕落、暴怒、犯罪乃至厌恶希望的存在。我想让你了解如何避免那种自甘堕落。

> BEYOND ORDER　**想了解自己的人格会如何被黑暗诱惑，你就必须先了解自己在对抗些什么。**

你需要了解自己作恶的动机，而怨恨、欺骗和傲慢的三合体是我迄今为止对邪恶最好的解构。

我们对世界的理解方式有可能帮我们抵抗堕落的诱惑吗？人类智慧普遍认为对问题的清晰描述和深刻理解是有益的，在尝试这样做之前我们需要先进行一个观念转变，一个对我们这些相信唯物主义的现代人尤其难以理解的转变。首要问题是，这个世界是由什么构成的？要回答它，我们就必须站在一个清醒的、活着的人的角度看待他对现实的全部体验，包括梦境、感官体验、感受动机和幻想在内的丰富主观体验。然后你就可以看到那个呈现在你眼前，或者说和你的独特意识相遇的世界。

如果早上醒来时有人问你看到了什么，你多半会说出那些在你身旁一同醒来的人也能看到的具体实物，比如卧室里的桌子、椅子和衣服。你的答案会非常客观，就像在描述舞台上的陈设一样。虽然你可能并没有自己想象的那么关注身边熟悉的事物，但这样的答案依然有其真实性。毕竟，为什么要浪费时间和精力去观察能够轻松记住的东西呢？

不过，你刚醒来时真正注意到的可能并不是卧室里的家具和其他物品。你很熟悉卧室的情况，所以不会专门花功夫去观察你已经了解的东西。相反，你可能会从心理层面感知环境，开始思考你在舞台上将有怎样的表现，而后果又是怎样的。你醒来时注意到的可能是一系列有关今天、这个星期、未来数月或数年的可能性，而此时你最关注的问题可能是我应该如何看待眼前这些复杂、麻烦、精彩、无聊、有限、无限、幸运或不幸的可能性。

可能你获得的一切都是潜在的，以未实现的可能性形式存在，而且没人完全了解这些可能性。理论上讲，从未知当中可以创造的事物是无穷尽的，未知包含了所有可以被创造的事物，我们完全可以把尚未发生的一切理解为一个永恒的宝库，就像丰饶之角一样。但这只是故事的一半，也是问题所在。如果因为你的错误或纯粹随机的厄运，你面对的未知以不良的方式现形，你就陷身麻烦了。

未知的未来是你在清醒状态下真正与之竞争的对手，而未来既包含了一切美好，也包含了一切恐怖、痛苦和危险。

因此，所有潜在的事物都并不遵循物质世界的简单规则。我们眼中真实的事物都有自己的规则，符合这个规则的物体会固定不变，而且不可能同时包含它的对立面。可能性却不能被这样划分，它同时包含了悲喜、善恶以及两极之间的一切，而且仅作为一种可能性存在。如果说当下的具体状况是现实最确切的存在状态，那么可能性就是现实在当下显现之前的结构。但人类这样的生物并不和当下竞争，所以也许可以认为，至少我们的意识不认为当下是最真实的。智者建议我们努力地活在当下，而一旦听任自己安排时，我们的心思就会转移到对未来可能性的关注上去。未来有什么？人生的本质就是试图回答这个问题，这才是和现实的真正相遇。

> BEYOND ORDER　**现在有什么是已完成的过去时，而未来有什么则取决于鲜活意识和庞大的矛盾可能性相结合的结果，预示着新的存在和新的冒险。**

既然可能性才是人们注定要与之抗衡的东西，那可能性或许就比现实性更真实，对可能性的探究也就是所有探索中的重中之重了。但我们要如何探索一个尚不存在于任何地方的东西，如何研究尚未显现的事物，又如何与他人有效讨论这些探索，交流最有效的理念和方法呢？答案就是通过关于当下和未来的故事来沟通。这意味着如果可能性是我们抗衡的终极现实，那故事则蕴含了我们最有必要了解的智慧。

人会本能地将人生视为故事，通过讲故事来分享人生体验。故事告诉他人我们在哪里，要到哪里去，这样就可以在人生道路上将可能性转变为现实。没人会觉得这种说法很奇怪，但我们不单是在将自己和他人的生活描绘成一系列事件。在更深的层面上，当你描绘一个人的行动时，也是在描述他的感知、评估、思考和行为方式，这时候故事就已经开始了，而且你描述得越好，故事就越精彩。此外，我们也会在现实中感知到许多代表了我们的抗衡对象的形象。我们用戏剧化的形式来表现未知、意外和新奇的可能性以及我们努力创造的现实，而我们就是面对未知与已知的演员。我们用故事来诠释这一切。

> **BEYOND ORDER** 也许我们用故事来沟通和理解彼此，是因为所有人的存在本质上都是一个故事。也许描述我们所体验的世界最好的方式就是讲故事。

理论上讲，我们已经适应了现实世界，如果将世界故事化是我们的本能，那么也许故事的确就是理解世界最准确或者至少是最实用的方式。你也许会反对说，科学视角才是最准确的，但科学视角本质上并不是一个故事。但在我看来，科学依然存在于一个故事当中，这个故事说的是"谨慎公正地追求真理可以让世界更美好，让人们更幸福长寿，并创造财富"。否则我们为什么要从事科学工作呢？人们承担艰苦严苛的科学训练的动力从哪里来？如果有足够的智力和自律，相比做研究，赚钱的道路其实还有很多。就内驱力而言，对科学的热爱也不完全是无欲无求的研究过程。我认识的优秀学者和科普作者都对他们的事业充满热情，他们的动力是感性的。虽然当下只是为了研究而研究，毫无功利之心，但他们都真心希望自己的研究可以让世界变得更好。这就给科学研究赋予了故事性、人物动机以及好故事当中包含的角色转变。

我们将体验理解为故事，故事描述了我们所处的地方和想去的地方，以及在旅途当中的策略、历险、失败和重建。人的所有感知和行为都遵从这样的结构，因为你随时处在从一个地方去下一个地方的过程中，也随时在评估自己与目标的距离。这样的思维在故事中体现为角色化的世界观，不同角色代表了起点、目的地、路上的意外或者作为演员的自我。有生命化的形象到处可见[1]，那也是我们帮助孩子理解世界的方式。因此《托马斯和他的朋友们》的主人公小火车和太阳都有一张笑脸。而成年人也会给孩子讲述月中人和天上神明。万物有灵，人们倾向于将事物视为有动机的人格，不论事物本身是否有生命。这也是为什么你愿意觉得自己的汽车车头有一张脸，而汽车的确是有的（仔细看看，是不是很像呢）。

我们之所以将事物视为有动机的人格，是因为人类自诞生以来，几乎所有行动都是在他人身边进行的。我们在进化过程中经历的绝大多数变化都是社会性的，不是在和他人互动，就是在和动物互动，捕猎、饲养或与它们玩耍。也有可能是动物在猎捕我们，而我们需要通过了解它们来脱身自保。

> **BEYOND ORDER** 部落化以及部落间和物种间的互动塑造了我们的大脑，让我们习惯了社会化的归类方式，而不是像科学那样的客观分类方式。

我们并非天生就对化学元素周期表有本能感觉，而是在经历了漫长的努力研究后才把它搞明白。此外，化学元素周期表是其他人通过艰难的研究建立起来的，我们学起来也很困难，因为对大多数人来说它很无趣，并不包含任何故事。毫无疑问，化学元素周期表对客观现实的描述具有很高的精确性和实用性，但它的抽象性导致它很难被大多数人理解。

相反，一个故事则会很快吸引你的注意力。故事也许很复杂，需要仔细思考和持续专注，甚至内容有可能是关于化学元素周期表创建过程中的艰难和胜利，不过这些都不重要。只要故事讲得精彩，你就会全神贯注，记忆深刻。如果你想教小孩子一些道理，就需要通过故事来吸引他们的注意力。他们会反复拉着你讲故事，而不是抓着你的裤腿祈求："爸爸，睡觉前再讲一行元素周期表吧！"孩子们听故事的兴致非常高，有时哪怕每天晚上重复同样的故事，他们依然会听得津津有味，可见故事的深刻性和重要性。如果你在讲一个深刻的传统故事，虽然你可能会觉得故事很简单，但听得入神的孩子却会在多个意义层面对故事进行处理，而你可能对这些意义毫无意识。

人类的体验具有共性，否则我们就没有办法沟通了。沟通的前提是不言而喻的共识，比如当你告诉一个人自己今天早上很生气时，如果双方都想让对话进行下去，对方就会问你为什么生气，而不是问你生气是什么意思。对方不这么问是因为他已经从自己的人生体验中了解了生气的含义，这种理解无须解释，假设即可。事实上，人们能够对话恰恰是因为有些东西永远不需要讨论，可以视为理所当然。比如我们知道所有人类甚至许多动物都拥有一些基本的情绪。[2] 每个人都能理解一只咆哮的母熊站在幼崽面前龇牙咧嘴的样子。正是这些无须提及的东西构成了人类的本质，就算社会和环境有可能使其转变也无妨。

那么现在开始讲故事吧，讲关于故事的故事。我们首先会认识那些帮助我们了解世界可能性的角色，如果幸运的话，你也会在这个认识的过程中逐渐理解他们和怨恨、欺骗、傲慢的关系，从而更好地保护自己。

构成世界的永恒元素

混乱：危险与宝藏

我儿子朱利安大约 4 岁时特别痴迷电影《木偶奇遇记》，尤其是描绘鲸鱼蒙斯特罗（Monstro）变成喷火龙的场景，他肯定看了不下 50 遍。我可以从他的表情看出，他并不很享受这个部分，也显然对剧情的高潮部分感到害怕。

他有理由感到恐惧，因为他关注的那个角色在故事里孤注一掷，使故事情节充满了危险和牺牲的可能性。但与此同时，这也是最令他着迷的部分。

朱利安为什么反复观看这部电影呢？尤其电影还会给他带来恐惧感。为什么一个孩子会去自愿承受这些？朱利安正在用他发育中的大脑里所有的理性和无意识部分去处理这个故事的情节。《木偶奇遇记》这样的故事充满了多层的复杂信息，所以能紧紧抓住孩子们的想象力。这并非偶然。一方面，孩子们年幼无知，缺乏生活阅历；但另一方面，他们也是古老的生物，绝不愚蠢。他们被《木偶奇遇记》这样的童话故事吸引，表明他们在这些故事中感知到了旁观的成年人可能再也注意不到的深度。

鲸鱼蒙斯特罗就是混乱之龙，是捉摸不定的潜力与可能性的象征。类似的象征形象随处可见，孩子们哪怕不理解形象的含义也能够发现它们。例如《睡美人》中的邪恶女王梅尔菲森特把菲利普王子囚禁在自己城堡的地牢里，并且不断给他描述六七十年后他被放出去时会是个怎样的颓废老人。梅尔菲森特很享受把王子贬低为假英雄的过程，会在每次离开时锁上监狱的门，然后一边邪恶地大笑，一边爬上楼梯回到城堡。梅尔菲森特是经典的吞噬性的俄狄浦斯母亲，通过拒绝儿子离家来阻止他实现自己的命运。

菲利普王子在三位仙女的帮助下逃出了地牢，仙女们代表了女性的积极面，也显然象征了梅尔菲森特的对立面。邪恶女王看到菲利普王子骑上马，不顾危险地穿过她的军队和正在收起的吊桥，逃上了离开城堡的大道，这让她越发恐慌，然后不断从一个炮台跳跃到另一个炮台，直到跳到城堡最高处。她在那里带着愤怒召唤出地狱之火，并将自己变身为一条巨大的喷火龙。

看电影的观众都会默认这一幕的发生，不会觉得邪恶女王变成巨龙是一件奇怪的事情。为什么人们普遍都能接受这个变身呢？表面上看这种变化完全说不通，前一秒她只是一个暴躁但不难理解的邪恶女王，后一秒却突然摇身一变成了喷火的巨龙。也许你会奇怪我为什么要挑剔这个细节，毕竟连4岁的小孩子都能看懂。我对邪恶女王变成恶龙没有疑问，显然这样的情节出现在卖座的电影里是能够从表面上被观众接受的，但这种显而易见反而让人们忽视了它背后的奇怪之处。

如果现实世界里的一位女王有一天在某个晚宴上突然变成喷火的巨蜥，人们显然会感到相当错愕。普通人也好，一国之主也好，是不会突然变成危险的爬行动物并攻击他的客人的。但当这样的情节发生在一个故事中时，我们就能接受。然而这还不能解释奥妙所在，因为并不是所有转变都能发生在故事中，比如梅尔菲森特不可能换上一身闪亮的粉色装扮，在菲利普王子越狱的路上抛撒玫瑰。那不符合梅尔菲森特的人设，也会打破人们对电影叙事的隐含预期。打破这种预期会令人不适，除非电影有高超的叙事技巧或更高明的结局。但是梅尔菲森特变成巨龙就是合理的，为什么呢？一定程度上是因为大自然的确有可能也经常会从尚可理解的危境退回彻底的混乱当中。比如一群人在露营地燃起篝火来烤热狗，围坐于篝火前唱着歌，突然一阵干热的风吹来，火星点燃了营地周围干燥的森林，让整个营地变成了熊熊燃烧的地狱。人们知道本可以掌控的危险有可能突然变成无法掌控的危险，所以看到邪恶女王突然变成混乱之龙时不会意外。

想象你是一个史前原始人，在入夜之后安营扎寨，营地暂时成为安全和可预期的领地。你的朋友和族人都在身边，你们手里有长矛，面前有篝火，在荒郊野外这算足够安全了。但如果你稍不留神走到了篝火以外60米的地方，就有可能被身披鳞片、长着獠牙的怪物吃掉。那就是外面的未知当中隐藏的危险。这样的认识被深深地烙印在人类身上，所以我们天生害怕爬行类掠食者。我们对它们的恐惧和习得这种恐惧的能力都是与生俱来的。[3]因为种种原因，每个人心中都有一个潜行于黑夜的掠食者的形象，这也是孩子一旦有了独立行动能力就会开始害怕黑暗的原因。[4] 到了夜里，孩子会坚称黑暗里有一只怪兽，而爸爸会安抚孩子说世界上不存在怪兽。事实上，爸爸错了，孩子才是对的。虽然眼前这片黑暗里没有怪兽，但对一个不到 1 米高、细皮嫩肉的儿童来说这并不足以让他安心，因为未来是会有怪兽的。

> **BEYOND ORDER** 家长最好直白地通过自身的言行来让孩子明白黑暗中总是隐藏着危险，而成熟的人都要负责直面黑暗并夺取里面藏着的宝藏。

成年人和孩子这么做时都会有很好的结果。

在朱利安认识匹诺曹一年半前，我带他去了波士顿科学博物馆。馆里有一具特别巨大的霸王龙骨架，从他的角度来看可能更大一些，所以他不敢靠近那具骨架。在距离约 45 米时，他会因为好奇而忍不住往前走，但他走到 30 米远的地方就不敢动了。这也可以理解为一种神经学现象，好奇心驱使他向前来收集有用信息，但恐惧会让他在某个位置止步。我可以清晰地看到他认为安全的距离，也许那个距离刚好可以躲过霸王龙突然转身的袭击。

人类深知，未知的世界里有可能隐藏着巨大的危险和难以抵御的掠食者。从现实层面来说的确如此，人类自诞生之初就一直是猎物，直到后来我们才开始使用武器联合抗敌。我曾在灰熊出没的地方露营，虽然灰熊能存在于地球挺好的，但我希望它们都怕人且不那么饥饿，站在远处成为风景就可以了。但精神和心理上的力量也有可能像掠食者一样袭来，而且更加危险。胸怀恶意的罪犯，为了复仇、掠夺和杀戮而发动战争的恶人，都属于这个类型。

> 每个人心中都存在着阴暗面，这是所有恶龙中最强大的那一条，只有降服了它，你才有可能取得最伟大的成就。

人对世界的戏剧化解读有很深的神经学基础。大脑中有一个古老的部分叫下丘脑[5]，它位于脊髓顶端，负责调节许多对危险和未知做出的反应。下丘脑有两个模块，其中一个模块通过饥渴和攻击性实现自我保护，并通过性唤起实现繁殖。另一个部分则负责探索。[①] 下丘脑的一半驱使我们利用已经探索过的东西来满足基本的生存需求，在遇到危险时保护自己，另一半则一直在问：外面有什么？它有什么用？它有危险吗？它有什么习性？这是在告诉我们，一方面你在吃喝玩乐时要始终警惕危险，另一方面你也需要走入危险但充满希望的未知世界中去发现隐藏的事物。虽然你已经知道了许多必要的事，但你知道得还不够，因为生活永远可以更好，而你的生命如此有限。因此你需要更努力地学习，不停地探索。人类眼中的世界像一个被永恒掠食者守护的永恒宝藏，这样的象征完美地反映了进化带给人类的最基本的处世方式。

自然：创造与毁灭

我们对大自然的形象都有想象，或许会想到画面优美的风景，体现出大自然仁慈、滋养万物的一面。感性的环保主义者就把世界观建立在这样的画面上。作为来自加拿大阿尔伯塔省北部的人，我对大自然的看法完全不

---

① 举一个科学文献中的例子，一只中枢神经系统仅剩下丘脑和脊髓的母猫，在相对简单的环境里仍然可以保持相对正常的状态，且会变得非常有探索性。这很惊人，因为你可能以为失去了95%大脑的猫只会坐着不动，其实当它大脑中掌管好奇的部分依然存在时它就会不停地探索。

一样。因为在我的家乡费尔维尤，大自然一年里有 6 个月都在想办法冻死其中的居民，还有 2 个月想用昆虫吞噬掉他们。这是大自然不那么浪漫且残酷的一面，这一面包含了伤病、死亡、精神错乱和所有可能降临在你身上的不幸。

未来存在着尚未被转化为现实的潜力，就像混乱之龙那样。但同时你也会在生活中与自然直接相遇，而自然并不是绝对未知的。自然有它仁慈的一面，所以你才能活着，而且有时候很快乐，能吃到美食、遇到有魅力的人、拥有丰富的生活。自然包含了惊艳的美景、浩瀚的海洋和种种奇妙的元素。但它同时也有非常可怕的一面，包含了毁灭、疾病、痛苦和死亡。这两面同时存在，甚至相互依存，就像你的身体一样，虽然看上去健康，但生命的延续是建立在新旧细胞的生死更迭之上的。

人类会在想象中将这两面人格化，一面是代表毁灭和死亡的邪恶女王，与之对立的则是仁慈的仙女教母，是充满爱意地呵护婴儿的年轻母亲。为了更好地生活，你需要同时熟悉这两个角色。如果你是个被母亲虐待的孩子，就会只了解邪恶女王，会为缺少爱和被忽视所伤害，被恐惧、痛苦和攻击性无端地困扰。在这样的糟糕生活里，你很难成长为一个健全优秀的人，内心会充满不信任、仇恨和报复欲。你需要找到能扮演仙女教母的人，她可以是朋友、亲戚、虚构人物或者是你自己内心的一个部分，只要她知道你遭遇了不公，就会愿意尽力帮助你摆脱不幸，重新平衡你的生活。也许走向这条道路的第一步是相信自己虽然遭受过虐待，但依然值得关怀。第二步则是想方设法给自己关怀，哪怕你得到的非常少。

如果你了解了自然的两极性，认识了恐怖和仁慈这两个永恒而不可避免的基本要素，就可以理解牺牲的必要性了。从宗教角度理解，牺牲可以让神灵们开心，而知道不开心的后果是什么是通向智慧的重要步骤。现代人难以理解牺牲的含义，因为说到牺牲他们会想到在祭坛上燔祭这样的古老仪式。不过我们完全可以在心理上理解牺牲，因为我们都懂得延迟满足的意义。你将一些东西奉献给邪恶女王，仙女教母就会出现。你会为了成为一名护士、医生或者社工花大量时间艰苦地学习。这种牺牲式的态度其实是在为人们未来的伟大发现做准备，它让我们有能力与未来进行博弈和磋商。

> **BEYOND ORDER** 我们通过放弃冲动满足和当下所需来换取长远利益，避免不幸。

你放弃玩乐，让自己沉浸在生活的艰辛当中。这样你会遇到更少的困难，收获良多，同时也因为牺牲自我而有了更多的力量来帮助他人。我们一直都在这样和未来博弈，用行动来表达和现实博弈的信念。我们的确可以做到，而且如果你是个聪明人，就会一直这样做。你会做好最坏的打算，迎接邪恶女王的到来，发挥你的能力和智慧尽力抵御她带来的危险。如果你成功了，仁慈的自然会向你短暂地微笑。这至少能让你对情况有所掌控，你不再是坐以待毙的靶子或案板上的鱼肉，你可以有所改变。

自然也是混乱的，因为它一直在破坏与它对立的文化，而文化就是我们接下来要讨论的主题。毕竟，正如诗人罗伯特·彭斯（Robert Burns）所言，"老鼠和人最好的计划都会被打乱"。这是自然的两面性经常带来的结果。生命何其脆弱，生育虽然必要但也充满未知，要在这些事情上找到确定性和可预测性是很难的。更何况还要考虑死亡，毕竟连癌症也只是另一种生命形态。但这一切并不是在说秩序比混乱更有价值——没有混乱就没有新生，虽然人们总希望混乱少一点。

这种自然和混乱的组合经常出现在流行文化中。正如之前提到的，在迪斯尼电影《睡美人》中有一个邪恶女王，就像《小美人鱼》中的乌苏拉、《白雪公主》里的格里姆希尔德、《101忠狗》中的库伊拉·德·威尔、《灰姑娘》里的特里曼夫人、《魔法奇缘》中的戈黛尔修女和《爱丽丝梦游仙境》中的红心女王一样，她们代表着自然界中的残酷元素。

《睡美人》的例子尤其具有代表性。记得电影开场时发生的事情吗？国王和王后盼望拥有一个孩子很久了，终于在焦急中盼来了婴儿的降生。他们为她取名爱洛，也就是黎明的意思。国王和王后以及整个王国的人都很兴奋，因为新生命终于到来了。他们计划为爱洛举办一场隆重的洗礼，但没有邀请邪恶女王梅尔菲森特来参加。他们知道她的存在，也熟悉她的力量，这么做不是因为无知，而是选择性无视，但这是个糟糕的决定。他们想要保护心爱的女儿不受现实中负面因素的影响，而不是想办法赋予她力量与智慧，让她在面对负能量时占上风。这只会让爱洛既天真又脆弱。梅尔菲森特还是不可避免地出现了。

> BEYOND ORDER
>
> **你需要邀请邪恶女王走进你孩子的生活，如果不这么做，你的孩子就会软弱无力，而那时你再怎么阻止邪恶女王都无济于事了。**

梅尔菲森特不请自来，还带来了一份礼物。这个礼物其实是一个诅咒，即让爱洛在16岁时因被纺车的纺锤刺伤而死。她下这个诅咒，只是因为自己没被邀请来参加洗礼。多亏之前提到的三位仙女之一也在场，她代表了母性的积极面，也拥有强大的力量。在仙女的干预下，诅咒的后果才使得爱洛从死亡变成了昏睡这样一个与死亡相差无几的状态。

那些到了16岁尚未醒世的女孩子们都会有这样的遭遇，她们不想清醒，因为她们尚未发展出面对世界阴暗面的勇气和能力。她们非但没有被鼓励去探索世界的复杂性，反而在被庇护，而年轻人一旦被庇护，就等于被毁掉了。因为他们没有见过邪恶女王，所以当有一天她展露全貌时，他们会麻痹自己甚至伤害自己。更糟糕的是，当你过度保护孩子时，你自己反而会成为他们最想远离的人。你不让孩子进行必要的冒险，就会弱化他们的人格，而你就成了破坏者的化身、吞噬自主意识的女巫。

许多年前我曾接待过一个可谓现实版睡美人的来访者。她留着一头金发，又高又瘦，极度抑郁。她就读于一所本地的专科学院，想要提升自己去考大学。她向我求助是因为她找不到活着的意义，所以她选择通过药物来麻痹自己，而给她开这些药物的医生们显然也忽视了她的动机。她可以让自己一天睡十五六个小时。她聪明而有文化，她给我看过她写的一篇关于自己人生和生命的无意义性的论文。她无法承担生活的责任，同时又对身边的不公感到痛苦。比如她是个严格的素食主义者，因为她对生命感到生理性恐惧。她甚至不敢靠近超市的肉类区域，别人眼中的肉制品在她看来是一排排死去的动物。这样的想法进一步强化了她对生命的抗拒。

来访者的生母因生她而死，她是由父亲和继母养大的，而这个继母着实可怕。我只见过这位继母一次，那本来是我和她继女的一次常规咨询，但她花了一整个小时来挑剔批评我，先说我的咨询没用，然后指责我不假思索地将这个孩子的所有问题归咎于她。这期间我几乎插不上什么话。我认为这段夸张的表演是源于我要求她降低与来访者通电话的频率，因为她会一天打两三通电话给在上学的来访者，而且讲的内容也都令人不悦。我并不认为一切都是继母的错，她也有理由感到沮丧。毕竟她的继女没有完全过好自己的生活，甚至在 2 年就可以完成的学业上浪费了 4 年时间。不过，她一天 3 次充满愤怒和侮辱的电话也并没有让来访者对生活更有热情。我建议来访者要求继母一周只打一次电话，而且在对话不开心时挂掉电话。我想可能是来访者开始这么做之后，她的继母才决定来与我当面对质。

　　来访者说她的童年如田园诗歌一般美好，而她过得就像童话里的公主一样，作为独生女的她非常受父母的宠爱。但当她进入青春期后一切就变了，她的继母对她从信任转为深深的不信任，她们从那时候开始不断地争吵。异性的问题开始出现，继母觉得自己天真纯洁的孩子被一个不认识的人替代了，而来访者则跟各种小混混式的人恋爱。一方面，她或许觉得自己不再是纯真的公主，所以就只配拥有这样的感情；另一方面，这也是对继母的完美惩罚。

　　我和来访者一起设计了一个帮助她克服恐惧的暴露治疗计划。我们先是拜访了附近的一家肉店，店主与我认识很多年了。在获得了来访者的许可后，我向店主说明了情况，问他是否可以带来访者到店里看他的肉制品，并在来访者准备好的情况下旁观店主和店员切割运送来的整个的动物。店主立刻就同意了。我们一开始的目标只是一起去店里，我也向她保证我们可以随时暂停或放弃计划，而且我绝不会引诱或哄骗她去挑战自己的极限。第一次尝试时，她成功地走进了店里，把手放在展示柜上，但流着眼泪，全身颤抖。到了第四次，她已经可以看着屠户用刀和锯子将仍有动物形状的肉块切割成可供销售的小块肉品了。这个过程明显对她有了帮助，她不再那么依赖药物，也有了去上课的意愿。她开始变得更加坚毅、强硬和犀利，这些描述虽然有时候不像赞美，却恰恰能够平衡阻碍成长的多愁善感。我也安排她在一个农场过了个周末，农场上养着猪、马、鸡和山羊。农场主也曾在我这里接受过心理咨询，我让来访者跟着他旁观了照料牲畜的工作。

　　作为一个彻头彻尾的城市女孩，我的来访者对动物一无所知，因此也容易用童话般的方式将它们浪漫化。她在乡下度过的 2 天时间里对动物有了近距离的观察，这也让她对人类饲养的牲畜形成了更加现实的认识。牲畜是有情感的，所以人类不应该无端折磨它们，但它们确实不是人类，也不是小孩子。此外，还需要从具体的现实层面去理解人与动物的不同。过度多愁善感是一种疾病和发育障碍，对孩子和其他需要我们照顾的人来说是一种诅咒。

我的来访者是个很能做梦的人，她通常每晚都会记得两三个梦。她不仅记得很多梦的具体细节，而且经常做清醒梦，也就是能意识到自己在做梦。她是我见过的唯一一个能够询问梦中角色代表了什么或者想表达什么的人，而且那些角色会正面回答她。有一天，她向我讲述一个梦，梦里她独自一人走入一座古老森林的深处，在昏暗中遇到了一个穿得像小丑一样的矮人。那个矮人答应可以回答她一个问题，于是她问矮人自己怎样才可以完成学业，因为她已经在这件事情上耗费了4年，也花了不少功夫说服学校让她继续读书。而她得到的答案是："你得去屠宰场工作。"

在我看来，梦不是由我们创造的，而是自然在向我们传递信息。我从未见过揭示谬论的梦，也不认同弗洛伊德所说的"梦在试图隐藏它的含义"。梦并不会神奇地凭空出现，它们是清晰想法形成过程的早期阶段。

> **BEYOND ORDER** 人们需要直面混乱和邪恶，却不知如何下手，而梦境因为揭示了基本的情绪、动机和生理反应而成为转化混乱、创造智慧的第一步。

梦是想法诞生的地方，尤其是那些不太容易进入意识层面的想法。梦并没有隐藏什么，它只是不那么擅长直白地表达自己的深刻性。

总之，这个梦并不难理解，尤其是矮人这个主角已经直抒胸臆了。所以我仔细听完了来访者的叙述，考虑到我们已经去过肉店和农场，我问她我们应该做点什么。我没办法安排她去屠宰场，甚至不知道我们所在的城市是否有屠宰场，而且就算存在，我估计他们也不太欢迎访客。但来访者却相信她掌握了要义，也需要有所行动。于是我们讨论了她变强硬之后的变化，以及她对自己和继母关系的成功驾驭。咨询结束前，我们决定想办法寻找一个替代屠宰场的方案。

一周后，她按时参加了咨询，然后告诉了我一个非常不像她能做出来的决定："我想去看入殓仪式。"我一时语塞，因为我完全不想去看入殓仪式。我在博物馆里见过人体标本，看了之后就怎么也忘不掉。我也看过十多年前很火的一个塑化尸体雕塑展，那段经历也把我吓得不轻。我之所以选择做个心理学家而不是外科医生或验尸官是有原因的。不过这件事情的重点不是我，而是我的睡美人来访者，是她想要觉醒过来，所以我不会让我的意愿阻碍她发现潜意识深处那个小矮人即将揭示的智慧。我告诉她我会想办法，结果事情比我预想的简单很多。我给殡仪馆打了个电话，对方竟然立刻就同意了。我估计入殓师见过太多悲伤和恐惧的人了，所以他很擅长平静而又睿智地待人。就这样，我铁定是要去殡仪馆了，而来访者也义无反顾。

两周后，我们去了殡仪馆，来访者问我能否带一个朋友，我同意了。入殓师先带我们三个人参观了殡仪馆，包括礼堂和棺材陈列室。我们问他是怎么应对这个不停与死亡和哀伤打交道的工作的，他说他真心地感到自己有责任让客户在最痛苦的时候多少好受一点。我们都懂这种感觉，也明白了他是如何日复一日地做这份工作的。

参观完之后，我们去了入殓室，那是个不到 10 平方米的小房间，里面的不锈钢桌子上躺着一个赤裸的、肤色灰白斑驳的老年男性尸体。由于空间不够，也为了保持距离，我和我的来访者还有她的朋友站在门外的走廊上观看入殓师工作，而入殓师丝毫没有受到我们近距离旁观的影响。他排干了尸体中的血液和其他体液，这种平淡无奇的处理方式反而让整个场景更加诡异，因为我觉得这么珍贵的东西应该被更好地对待。入殓师对尸体进行了修整，缝合眼睑，给脸化妆，然后注射了防腐液。我一边看他工作，一边观察我的来访者。她一开始看着走廊尽头，不敢看眼前的景象，但随着时间推移，她开始偷瞄尸体。大约15分钟后，她几乎可以直视尸体了，不过我也注意到她一直都紧握着她朋友的手。

睡美人亲身体验到了没有被本以为恐怖的事情吓到的感觉，没有惊慌、恶心、逃跑或者哭泣。她还问入殓师能否触摸尸体，入殓师给了她一只橡胶手套，她戴上后径直走入工作间，安静而若有所思地站在尸体边，然后将手放在了尸体的肋部。她一直把手放在那儿，就好像这对她和死者都是一种安慰一样。之后不久入殓流程就结束了，我们在向入殓师表达了真诚感谢之后安静地离开了。

我们三人都很惊讶能完成这样一次探访。来访者对她关于生死的恐惧有了重要的发现，同时她也让自己的恐惧有了一个参照点。尽管我不认为治疗就此完全成功了，但从这一刻开始，她体验到了一些真正引发敬畏的事情，一些严肃、可怕、真实而又难以直视的事情。相比之下，生活中其他的恐惧也就不足为奇了。她生活中那些世俗苦难有她主动面对的恐惧可怕吗？屠户商店比近距离观看人类尸体更可怕吗？她向自己证明了哪怕大自然抛给她再可怕的事物，她都可以勇敢地面对，而这就成为她矛盾但又不可动摇的安全感之源。

就像《睡美人》那个童话故事一样，来访者的家人没有邀请邪恶女王进入孩子的生活中，他们以为这是在保护孩子，却没想到，这使孩子完全无法应对人生的残酷现实，包括复杂的性和物种之间的相互捕食。邪恶女王在来访者青春期时以性格大变的继母的形象重新出现，也在来访者内心以无力承担成长和生存责任的问题展现。和睡美人一样，来访者需要借助探索、勇气和坚韧的力量醒来，这些力量通常由王子来代表，但来访者却在自己身上找到了它们。

文化：安全与专制

如果说混乱之龙和善恶并存的女王代表了潜力和未知，那么英明的国王和专制的暴君则代表了我们赋予潜力的社会和心理结构。人类通过文化的视角来诠释当下，通过追求传统和达成共识的价值来计划未来。这些看上去都不错，可一旦对现实和追求的理解变得过于死板，我们就会忽视新鲜感、创造性和改变的价值。

当指导我们的秩序足够安全且不乏灵活性时，我们就能在渴望规律和可预测性的同时也多出一点好奇心，而这种好奇能让我们对认知之外的事物保持关注和欣赏。当秩序趋于僵化时，我们就会逃离和否认未知和未发生的事物，并由此导致我们无法在必要时做出改变。了解这两种可能性的存在，一个人才有可能建立对生活至关重要的平衡。

我们可以用一个诗意的比喻来描绘迄今为止讨论过的所有经验要素，这个比喻其实广为存在。我们可以把混乱之龙的领土想象成在你头顶无限延伸的夜空，它代表了永远在你理解范围之外的事物。也许你正站在海滩上抬头仰望，迷失在深思和想象中，不过接下来你又注意到了大海。大海和星空一样宏大，但相对来说更为可见可知。而大海就是自然，它不仅是超越认知范围的潜力，也是看得见摸得着的未知。不过大海尚未被驯服成秩序的一部分。它的美源于它的神秘，月光倒映在海面，海浪安抚你入睡，你可以在水里畅游。然而这种美也是有代价的，你需要小心鲨鱼和有毒的水母，防止暗流将你和你的孩子卷入水底，小心风暴会摧毁你温馨的海景房。

再进一步想象，你踏足的沙滩是一座岛屿的海岸。岛屿象征了文化。人居住其中，有可能在明君的统治下安居乐业，也有可能生活在压迫、饥荒和战争中。文化有可能是"英明的国王"，也可能是"专制的暴君"，这两个角色就像邪恶女巫和仁慈女王的对立一样，你要同时熟悉他们俩才能保持平衡，笑对人生沧桑。

> **BEYOND ORDER** 太强调英明，人就会忽视自身的不完美在社会结构中引发的不可避免的不公和痛苦；太强调专制，人就会不再珍惜彼此的脆弱联结，无法抵御混乱。

运用这样的视角，我们可以很好地理解为什么人们愿意拥护让他们在群体和个人层面都变得两极化的意识体系。这些体系是像寄生虫一样的文化叙事，依附于一个更底层、更古老也更具有生物性的神话或戏剧化基础之上。意识体系会有选择性地采用宗教故事的结构，刻意剔除或保留一些特定角色。即便如此，这些故事也很有力量，因为保留的部分在本质上是神话性和生物性的，会赋予人们本能的意义感。而元素的部分缺失会导致被保留的部分不论多么有表现力，其功效都会因为偏颇而受限。这种偏颇在主观上很诱人，因为它能将复杂的问题简单化，但片面性也正是其危险所在。如果你所使用的地图是残缺的，那么当你遭遇缺失的部分时将会毫无准备。

> **BEYOND ORDER** 如果想既拥有简化的便利，又避免陷入盲目，就要与不同类型的人持续对话。

人们在立场观点和意识体系上的信念在很大程度上是由先天性情决定

的。如果他们因为生物性因素在情绪和动机上有所偏向，就会影响他们对自由主义和保守主义的偏好，而且和立场观点无关。动物有生态位，不同物种和其环境相匹配，所以狮子不会生活在海洋里，虎鲸也不会游荡于非洲大草原上。动物和它的生存环境是一体的。虽然人类能通过改变环境、调整生存行为来适应不同的地理环境，但我们在感知和认知上也有生态位。

例如，自由主义者会向往新的思想，这样的好处显而易见，因为解决问题需要创新，而偏好新鲜的人才能创新。这样的人通常不太循规蹈矩。[6] 这也许是因为如果你热衷于追求新想法、勇于尝试，那么你就要能忍受新旧思想交替之际的暂时混乱。如果你是个保守主义者，则会有相反的优势和劣势。你对新想法不那么感兴趣，因为相比发现新的可能性的诱惑，你更害怕预料之外的问题。能解决一个问题的想法，也完全有可能制造出其他新的问题来。如果你是个保守主义者，你会倾向于维持现状，也会希望人们遵循传统、谨慎负责地处事。

在现状稳定、改变有风险的时候，采取保守的方式对现状的维持是必要的。可当现状出问题，必须做出改变的时候，选择自由的方式就是必需的了。可什么时候保持现状，什么时候进行改革不是一个容易判断的问题，所以我们才有了政治，通过对话而不是战争、暴政和压迫做决定。我们有必要对稳定和改变的相对价值进行激烈的辩论，这样才能有效确保两者的平衡。一个重要问题是，人的底层立场信念会决定他们用保守视角还是自由视角看待现实的本质。

自由主义者倾向于看见专制暴君压迫仁慈女王的世界，因为武断狭隘的旧制度在压迫着所有人，现代社会的军事工业综合体在破坏地球，导致污染、生物灭绝和气候变化，这样的视角在文化变得专制时很有价值。保守主义者则会看到英明国王驯服邪恶女王，秩序和安全驾驭着混乱的自然世界。

这个视角也很有必要，因为自然虽然有美的一面，但它也随时可能带来饥饿、疾病和死亡。没有文化的保护，我们就无法抵御野兽攻击、恶劣的环境和食物匮乏。世界上存在着这两种不同的意识体系，两种都多少是正确的，但也都只讲了故事的一半。①

为了建立平衡的世界观，人需要同时接纳这两种不同的文化要素。性情保守、偏向维持现状的人需要看见光有秩序是不够的，因为当下与未来不同于过去，成功经验不一定会持续带来成功，而且稳定和专制的边界会随着世事变迁不断移动。同样，偏自由倾向和厌恶专制的人需要学会对社会和心理的诠释体系在抵御自然和未知的恐怖中起到的作用感恩。

> **BEYOND ORDER** 狭隘盲目是人性使然，所以我们才需要持续聆听与自己不同的人的声音，依靠他们来发现和应对自身的盲点。

个体：英雄与敌手

如果夜空代表混乱，大海代表自然，岛屿代表文化，那么个体就是英雄和敌手，是在岛上被迫与自己的孪生兄弟战斗的人。混乱包含了财宝和恶龙，自然有邪恶女巫与仁慈女王，文化有明君和暴君，个体也同样有二元性。个体的积极面是英雄，他可以为自然做出一些牺牲，用善意与命运进行博弈；他头脑清醒、专注、善于沟通且有责任感，能够抵御专制；他有自知

---

① 当然，保守者也有反对大政府的倾向，而这有悖于我的基本观点。保守者对文化的信念主要建立在宪法的真理和政府的永久性之上。同理，倾向自由者也会依赖政府来解决他们关注的问题。

之明，了解自己作恶和欺骗的倾向，所以不会迷失自我。个体的消极面则包含了人性中所有可憎和卑鄙的部分，这些部分有时见于自身，有时则来自他人和故事。这对敌对兄弟的形象构成了英雄和敌手这个古老的神话意象。该隐和亚伯可以说是这两股力量的原型和人格化代表，在更深的层面上，耶稣和撒旦体现了现实更底层的二元性。毕竟该隐和亚伯是凡人，而耶稣和撒旦则可以象征人格化的永恒元素。

所以，世界上存在着英雄和敌手、明君和暴君、仁慈女巫和邪恶女王，以及这6个角色终极意义上的诞生地——混乱。这7个角色都是永久性的存在主义元素，世间众生不论贵贱、尊卑、男女都需要直面它们。这些角色就是生命的本质，有意或无意地部分忽略都会让你脆弱、天真、不知所措，也容易陷入怨恨、欺骗和傲慢。宝藏由恶龙镇守，美丽的大自然有可能突显獠牙，祥和的社会随时都被暴政威胁，而你内心的敌手也一直在期待这一切的发生。如果你看不到这一切，就可能轻信一个只呈现部分现实的意识体系，你的盲目也会给自己和他人带来危险。如果你足够智慧，你的哲学思考就会全部涵盖这7个角色，哪怕你不一定能用语言清晰说明。我们永远都应该理性地记得现实的薄冰之下隐藏着怪兽，我在女儿小时候曾经看到过一个体现这一点的画面。

在我的家乡阿尔伯塔省北部的冬天，有时候湖水结冰后很久都不下一场雪，平滑剔透的冰面冻得像石头一样硬，也颇有美感。我脑海里显现出一幅画面：年幼的女儿米凯拉坐在离我不远处的冰面上，只穿了一条尿裤。冰面之下有一条巨大的鲸鲨，一动不动地悬停在女儿的下方，头朝上、嘴巴大张。它代表了生与死，以及试图破坏来之不易的确定性的纯粹混乱。但如果鲸鲨不杀生，它也会给幸存的人带来智慧和重生。

如果说这一画面已经帮我们明确了面对混乱的恰当姿态，那么英雄又应该以怎样的态度来面对其余 6 个角色呢？显然，我们应该努力保护自然，因为我们需要依靠自然的仁慈给予来生存。我们也应该深刻地认识到自然同时也在想方设法杀死我们，所以我们建立了自我保护的社会结构，哪怕会破坏环境也在所不惜。① 我们也应该用类似态度对待文化。我们应该感谢先辈花费巨大代价传承的智慧和传统，但也不应该期待能平均分配这些传承，因为它永远无法均分，就像自然的赠予也不平等一样。这种感恩也不能合理化对社会结构的盲目乐观。作为时刻与内心敌手和暴君对抗的个体，我们需要清醒地意识到等级结构有可能瞬间陷入停滞、压迫和盲目。我们有责任确保社会结构相对公正和廉洁，避免社会福祉因特权而非能力进行分配，通过持续关注和细心调整来维系社会的稳定和活性。这是勇于向善的人需要承担的基本角色和责任。这一点是通过不同政治家的定期更替来实现的。在无法确保总能找到智慧又善良的领导者时，最好的方式是让看见世界两个对立面的人轮流领导，这样大多数社会问题都可以在一个时期之内得到某种程度的关注。

  这种略微悲观但极为实际的策略的践行者并不相信乌托邦，他们知道自己的继任者会和他们以及前人一样不完美，那么在没有被意识体系蒙蔽的情况下，他们能怎么做呢？他们不会围绕愈趋完美的人性和理想化的乌托邦来构想社会体系，而是设计出哪怕在半数人都盲目和怨恨的群体里，也不会被严重人为破坏的体系。作为一个保守者，我认可这种愿景的智慧，认为这是更恰当的方式。我们不用好高骛远，只要设计出能带来一点点和平、安全和逐步改善可能性的社会系统就够了。

---

① 如果你把自然视为人类贪欲的受害者的话，人类的确在这个过程中创造了很多非自然的混乱。可是我们并不是随意为之的，所以我怜悯人类，也无法认可那些认为地球上没有人类会更好的人。

能做到这一点就是一个奇迹。我们应该有足够的智慧去怀疑人是否有能力同时创造个体、社会和自然的积极转变，尤其是出于真心善意的改善。虽然人们不愿意承认这一点，但这种善意实在是太稀少了。

化解怨恨

为什么人们会陷入怨恨这种混合了愤怒、自怜、自恋和报复欲的情绪中呢？当你看清了现实的戏剧性，也认清了主要角色，就会明白原因。

> BEYOND ORDER　怨恨源于可怕的未知、自然的谋害、文化的压力，以及自我和他人的恶意。

这些原因虽然并不能让怨恨变成正确反应，但的确变得更容易理解了。这些存在主义问题都相当重要，以至于真正的问题都不是"为什么你有怨恨"，而是"为什么人们没有时刻怨恨这个世界"。人一直承受着无比强大的外力威胁，就像《彼得·潘》中懦弱又专横的虎克船长被一只因吞了时钟而腹中嘀嗒作响的鳄鱼一直追赶一样。大自然竭尽所能地试图用数不清的方法谋害你，而社会也在把你教育成略微文明、略有价值的生物的同时，强行磨平了你的棱角，消磨了你的生命力。你本来有许多可能性，本来可以比现在更好，但是你被迫妥协和放弃了。

另外，你还不得不痛苦地面对自己。你会拖延、犯懒、欺骗，也会虐待自己和他人。难怪你会觉得自己像个受害者，因为摆在你面前的是混乱、自然的残酷、文化的压力以及自身的阴暗。难怪你会有怨恨，尤其是当这些力量对你的压迫看上去比对其他人更严重、更偏颇、更难以避免时。在这种情况下，一个人怎么可能不感到怨恨呢？

这样的逻辑看上去无可辩驳，却有一个漏洞。首先，并不是每个人都自认为是受害者并由此陷入怨恨，其中包括许多生活非常艰辛的人。事实上，反而是过得太轻松、被宠坏、自尊心被抬得过高的人才会陷入受害者的怨恨。

相比之下，有的人遭受过难以想象的伤害却不会表现出怨恨和自轻自怜。这样的人并不常见，但也并不少见。因此，怨恨似乎并不是痛苦的必然结果，还有其他因素在起作用。

当自己或身边亲近的人得了重病时，人们经常会问上天为什么这种事要降临在自己或亲近的人身上。可这个问题想表达什么呢？你希望疾病转移到朋友、邻居或陌生人身上吗？虽然你忍不住想让他人分担你的痛苦，但这不是一个头脑清晰的好人会做出的选择，也不会使情况变得更公平。公平地讲，"为什么是我？"这个问题是有一个心理上恰当的回应的。当遇到了不幸的事，你应该问自己以往做过的事情是否增加了不幸发生的概率，因为这么问可能让你学会降低再次遭遇不幸的概率。但人们通常都不这么做，而"为什么是我？"的问题里经常包含着对不公的责备，你会觉得世界上有那么多坏人，为什么不是他们遭报应，或者觉得世界上有那么多健康的人，凭什么自己生病了。"为什么是我？"当中包含了一种对不公正愤愤不平的受害者心态，当你将生活的不幸误解为是在针对你时，我们所讨论的怨恨就会由此产生。

不幸和风险都是现实的一部分，而且概率随机。你可能会觉得这么想并不能安慰你，但认识到随机性可以减少个人性的解释，在一定程度上避免强烈的主观怨恨情绪。此外，你也可以发现一个很有价值的事实，即人生的所有负面体验都伴随着正面的体验。

我从多年的临床心理学工作中总结出了一个经验。我一直在和被生活打击的人打交道，他们有许多无可厚非的理由感到怨恨。于是我会提议："我们来分解一下你的问题，尽管许多问题都是真实存在的，但让我们仔细区分一下，看看哪些问题是由你引起的，而哪些问题是生活的不幸造成的。然后你要学着克服因你而起的任何让情况变得更糟的事，并计划一下怎样能够更好地直面那些客观上的不幸。你要变成更真诚、开放和勇敢的人，然后看看会发生什么。"

来访者的情况一般都会因此改善，虽然不是所有人。有的来访者甚至在咨询进行到一半时因为突发的癌症或交通事故而去世了。

> BEYOND ORDER　即使最高尚的行动也会前途难料，世界的随机性总会不期而遇，我们没有理由保持无知的天真乐观。

但大多数来访者的情况的确在咨询过程中得到了改善，我的鼓励让他们准备好了直面问题，而这驱散了一部分恐惧。生活没有变得更安全，但直面危险让人变得更勇敢。人的坚毅和勇气，以及在主动直面问题时能承载的负担令人难以置信。我知道这些能力都有边界，但在某种程度上也确实是无极限的，而且一个人越主动直面问题，承受力就会越强。我不知道这种承受力是否存在上限。如果以前没说过，这里我一定要说，我一直都为妻子在2019年上半年面对癌症晚期诊断时所展现出来的沉着勇敢感到震撼，也为自己感到羞耻，因为我做不到像她那样。

人们受到鼓励后不仅能在心理上避免恐惧和怨恨,也能变得更有能力。从精神层面来说,他们不光开始更有效地与人生重负进行博弈,也开始变成更好的人。他们开始驾驭自己内心的恶意和怨恨,从而避免它们放大这个世界的不幸。他们会变得更真诚,交到更好的朋友,做出更多有意义的职业选择,以及拥有更高的目标。这样一来,他们既能更好地承受压力,也能减少自己和身边的人的压力,从而减少自身、家人和社交网中人们的一些不必要的痛苦。接下来他们就能看到故事的另一半,恶龙镇守的财宝、自然的仁慈面、社会和文化提供的安全庇护以及个体的力量,这些都是人们战胜困难的武器,能在人们的境况一塌糊涂时提供真实的力量和支持。关键问题在于,你是否能够重整现实的结构,从而找到宝藏、获得自然的青睐、追随明智的领导者,进而扮演英雄的角色。希望你的一言一行都可以让事情朝着这个方向发展,这是我们唯一的选择,比什么都不做好很多。

> BEYOND ORDER
>
> 如果你能诚实勇敢地直面痛苦和恶意,你和家人就会更强大,世界也会变得更好。否则你的生活里就只有怨恨,而怨恨会让一切更遭。

摆脱欺骗和傲慢

欺骗存在着两大类型:一种是作为之罪(commission),它是明知故犯、蓄意为之的罪;另一种是不作为之罪(omission),它是你故意忽视、该管不管的罪,比如你的公司合伙人在做假账,而你却不进行审计,或者你对自己的错误睁一只眼闭一只眼,又或者不去追究孩子或家人的罪行,等等。

这些欺骗行为是怎么产生的呢？一方面，在犯作为之罪时，一个人虽然知道自己不诚实并且会因此影响到他人，但还会为了私利而撒谎。他在试图让事情更有利于自己，也在逃避应有的惩罚，而将代价转嫁给别人。另一方面，犯不作为之罪的人则期望着自己逃避的问题有一天会消失，虽然问题很少会真的消失。这样的人将未来牺牲给了当下，即使一直受到良心的谴责也顽固不化。

撒谎的人会扭曲现实的结构，以牺牲他人甚至未来的自己为代价来为当下的自己牟利。为什么要这么做呢？其动机显然来自怨恨。

> BEYOND ORDER
> 心有怨恨的人内心深处相信这个世界的不幸都是在针对自己，而这个信念也帮他合理化了撒谎的行为。

不过要真的理解欺骗行为，我们需要把傲慢和怨恨结合在一起讨论。这两种心理状态本来就相互依存，像一对共谋者。

作为之罪

第一，欺骗和傲慢的阴谋是否定精神世界、真理和善良之间的关系。在很多传说中，神灵用代表着勇气、爱和真理的逻各斯（Logos）从混乱中创造出宜居的秩序世界。勇气就是神灵面对存在诞生之前的虚无的意愿，当我们努力摆脱卑微的出身，或在一切分崩离析之后重建生活时，或许就带着一样的勇气。而爱是终极的目标，意在创造尽可能好的一切。爱为存在提供了上层结构，这种关系就好像和谐的家庭氛围可以让人讲出真心话一样。傲慢会与欺骗联合起来，否定勇敢的真理以爱为目标能创造善这样的想法，取而代之的是狭隘自利的肆意妄为。

第二，傲慢导致欺骗的方式与对造物权力的假设有关。一个通过有为或无为、语言或沉默来撒谎的人，已经对那些尚未成型的潜力可不可展现做出了选择。这也意味着这个撒谎者决定人为更改现实的结构，而这背后的想象是，他自己通过欺骗来实现的自负想法要比基于真理的现实更好。从他的行为中可以看出，他相信自己创造的虚假世界哪怕只是暂时存在也比其他方式更能惠及自己的利益。当一个人傲慢的时候，他会相信自己可以通过伪装来改变现实的结构并且不受惩罚。这样的信念经不起仔细思考推敲，所以我不确定人们是如何坚持它的，还是说撒谎者从来没有仔细思考过。

一方面，撒谎者会意识到自己的言行是不可信的，而只要他的自尊是建立在这个事实上的，他的欺骗性言行就会不可避免地影响他的人格。最小的影响是他会无法和他人一起生活在现实世界里，因为去掉谎言面对真相的他在现实世界里会更加脆弱。另一方面，撒谎者要相信自己不会被抓住，就要相信自己比所有人都聪明并能骗过所有人。也许他可以成功地撒1个、2个或10个谎，而且胆子越来越大。每一次的成功都会让他更加傲慢，因为成功的喜悦会鼓励他再度撒谎，以获得更大的奖励。这无疑会导致更大和更冒险的谎言，以及谎言被戳穿后更大的自尊心打击。这样的策略是行不通的，会把人困在一个看似积极的反馈循环里，让人加速滑向更深的堕落。

第三，潜藏在欺骗背后的傲慢信念认为欺骗行为可以独立存在，不会被现实揭露或摧毁。撒谎者认为谎言已经永久性地改变了世界的形态，谎言成为现实生活的真实部分。但是现实非常复杂，万物都紧密相连。比如要想阻止婚外情的传播很难，人们会议论纷纷，你也需要撒更多的谎来解释那些花在婚外情上的时间。情人的气味犹存，你和原配的感情也会被仇恨和蔑视取代，尤其是在你知道原配是个好人、无法在他的过往行为中找到为自己的出轨开脱的理由时。

第四，傲慢合理化欺骗的方式与被怨恨扭曲的正义感有关。在这类情况下，人们对自己在这个悲惨世界里的遭遇感到怨恨和愤怒，因此选择欺骗。这样的反应可以理解，但他们的处境也会因此更加危险。尤其对那些真的被伤害过的人来说，他们的逻辑非常有说服力："我遭遇了不公正的对待，所以我可以为所欲为。"这种推理是一种单纯的正义，但他们欺骗的对象几乎从来都不是一开始让他们遭遇不公正对待的人。这里的傲慢在于相信不公正的待遇是针对自己的，而不是充满自然、社会和个体风险的存在的必然部分。如果命运和你开了一个残酷的玩笑，那你凭什么不能做点什么来让自己好过一点呢？但这些推理最终都会让生活更糟糕。

> **如果你欺骗的理由是生活很糟糕，那么继续欺骗的理由在逻辑上就不能是做一系列只会让生活更糟糕的事情。**

不作为之罪

许多原因都会导致人们对坏人坏事袖手旁观。不作为之罪的第一个缘由是虚无主义，虚无主义和傲慢的关系比较隐晦，更不用提它们和不作为之罪的关系了。持有虚无主义态度的人坚信一切都是没有意义和负面的，这种评判和定论其实就是傲慢之罪。人在一定程度上认识到自己的无知可以保持谦和，因为我们往往不愿去冒推翻存在的本质的可怕风险。

不作为之罪的第二个缘由是将走捷径合理化，这会使人逃避所有重要事情的责任。这看上去好像理所当然，既然有人在等着承担责任，或因为不够机灵而逃避不了责任，我为什么还要去承担呢？但责任需要所有人轮流承担，我们既要获取社会关系的回报，也需要承担维系社会关系的责任。

> 如果一个孩子到3岁还不能认识到轮流承担责任的必要性，他就交不到朋友，因为他不知道怎么玩一个可持续的游戏，而友谊以及职场上的工作关系本质上都是长期游戏。

不作为之罪的第三个缘由需要批判看待，它认为只承担部分责任是可行甚至聪明的举动。这其实是对存在的另一种评判："我不在乎自己是否走捷径"的前半部分是"我不在乎"，它断定同时也诅咒了你的存在，后半部分的"自己是否走捷径"则是一个自我施加的诅咒。当你愿意肩负困难的职责时，人们会更信任你，你也会更信任自己，并且会更加善于面对困难。相反，如果你逃避责任，就会像被父母包办一切事务的孩子一样，在面对人生的困难与挑战时没有能力茁壮成长。"我不在乎自己是否走捷径"成立的唯一前提就是一个人从不需要面对人生挑战。如果你选择靠走捷径来逃避命运，其实也就剥夺了其他人的应得利益。

不作为之罪的第四个缘由是一个人对自我和人性缺乏信念，因为他看见了人性的脆弱本质。《创世记》中有这样一幕，亚当和夏娃因为有了自我意识而意识到了自己的赤裸和脆弱，但同时也发现了善与恶。这两个变化为什么会同时发生呢？因为如果你真的想要伤害别人，就必须先知道自己会怎样被伤害。而你只有在拥有了完整的自我意识之后才能知道自己会怎样被伤害。自我意识让你发现自己有可能体验彻骨的痛苦、遭遇杀身之祸，而自己的肉身也脆弱不堪。当你发现了这些，就会意识到自己的赤裸，进而也就可以将这种意识以恶意的方式施于他人，于是也就掌握了行善和为恶的能力。

当上帝要求亚当解释他偷吃禁果的行为时，亚当将他痛苦的清醒归罪于夏娃和创造夏娃的上帝，他说是上帝赐给他的女人给了他树上的果子，所以他才吃了。这个男性始祖之所以拒绝为自己的行动承担责任，是因为痛苦的清醒带来了怨恨，所以他要掩盖自己主动选择的欺骗，还敢于指责上帝。亚当选择了走捷径，而我们每个人都有可能选择走捷径，认为自己不需要和伴侣吵架，不需要反抗霸道的老板，不需要践行自己相信的真理，不需要承担责任。这一部分源于人类的惰性和懦弱，但也有一部分源于对自身能力的深刻怀疑。你知道自己脆弱且满身缺点，所以自信尽失。这样的想法无可厚非，但是从根本上来说既没有价值也不可被原谅。

保持敬畏之心

要理解欺骗和底层的方向感本能之间的关系，就要明白拥有敬畏之心是获得智慧的开始。如果你知道欺骗会腐化和扭曲你在艰难人生中找到方向的能力，你就会谨言慎行。一个坦诚的人可以依靠他内在的意义感和真诚来做出漫长人生中的种种选择，但这个过程存在着一个所有电脑程序员都很熟悉的规则，"垃圾进，垃圾出"（garbage in, garbage out）。当你撒谎，尤其是自我欺骗时，带给你方向感的本能机制就会被破坏。这个机制潜藏在你的认知功能之下，对你进行着无意识的习惯性指导。如果你修改了这个无意识机制，建立了错误的假设，你的意义本能就会根据你的扭曲程度进行同等的误导。最可怕的事情莫过于当你遇到人生危机，需要调动一切能力来做出正确决定时，却发现你早已用谎言侵蚀了自我，所以自己的判断不再值得信赖了。祝你好运，因为这样的情况下只有好运可以救你。

> BEYOND ORDER 良心会与自我分享道德知识，而欺骗会迫使人主动拒绝良心的支配，让这个重要的功能病态化。

一个人没办法毫发无伤地摆脱这种堕落，哪怕在神经学层面也是如此。药物成瘾通常都建立在对神经递质的影响上，放大多巴胺的效用，而多巴胺会令人产生对希望和可能性的愉悦感。此外，由于大脑构成方式的影响，如果某个行为带来了愉悦感和多巴胺数量飙升，负责这个行为的部分就会变得更加强大，也更能抑制其他部分的功能。

因此，持续滥用药物就像在内心喂养一个怪物，怪物唯一关注和渴望的就是药物的效用。为了获得满足，这个怪物会构建起一套完整的说法来证明滥用药物的重要性。

想象你正在小心翼翼地戒除药瘾，生活中突然出现一些困扰你的事，让你感到怨恨。你会想"管他呢"，然后恢复滥用，也体验到多巴胺的刺激，导致那个产生"管他呢"的脑回路变得比产生自律的脑回路更强大。"管他呢"会包含很多层含义，比如"这令人兴奋的刺激值得我牺牲一切"，比如"没人在乎我，反正我一文不值"，比如"我不在乎我是否对爱我的父母、伴侣和孩子撒谎，反正没什么差别，我就是想要及时行乐"。这些想法是很难摆脱的。

在撒谎成性且未被揭穿时，人会建立一个类似维系成瘾机制的结构。撒谎会带来回报，而且如果你冒了很高风险，也并没有被发现，回报甚至会相当令人满足。这会强化你大脑中负责欺骗的整个神经学机制，随着成功的不断实现，这个部分的运行会越来越轻车熟路，也会因为无所顾忌而变得越来越傲慢。这个过程在作为之罪里很明显，但在影响不作为之罪时更难察觉也更加危险，因为你会傲慢地相信自己知道得足够多了。身边的痛苦累积得再多也没法使你警醒，因为你可以轻易地将问题归咎于现实和能力不足的神明。

你该追寻的方向

BEYOND ORDER 每个人都有能力直面未来之中隐藏的潜力，并将其转化为当下的现实；而要创造怎样的现实世界，则是由我们的道德和有意识选择来决定的。

早上醒来时，我们要面对这一天的所有可能性和恐怖，于是我们规划出路线，做出或好或坏的决定。我们知道自己可以作恶并创造出可怕的世界，但我们也知道自己哪怕做不了伟人也可以做个好人。要做到后者，最好的方式就是保持真诚、负责、感恩和谦逊。

面对存在之苦，拒绝怨恨、欺骗和傲慢的正确态度是相信自己、社会和整个世界值得存在，相信自己有能力应对存在，并努力追求尽善尽美。当生活中有了足够多高尚、宏伟和内在意义时，你也许就可以忍受所有的负能量，不因为怨念深重而把世界变成地狱了。

诚然，所有人都受制于存在根本的不确定性，自然有时会以不公正和令人痛苦的方式威胁我们，社会有时会偏向暴政，人心有时也会倾向邪恶。但这不意味着人不能向善，社会无法公正，自然世界不会对我们有所帮助。如果我们能少一些怨恨，尽力克制自身的恶意，更负责地服务于社会，改革社会，将会带来不可估量的价值。如果所有人都能抵御诱惑，不去主动或被动地扭曲现实的结构，用感恩和秉持真理替代对人生沧桑的愤怒，世界将会多么美好。只有所有人都坚持不懈地这么做，我们才能最有力地抵御自我、社会与自然的破坏性和残酷性，从而更友善地面对这个世界。

不要用恶意对抗恶意。

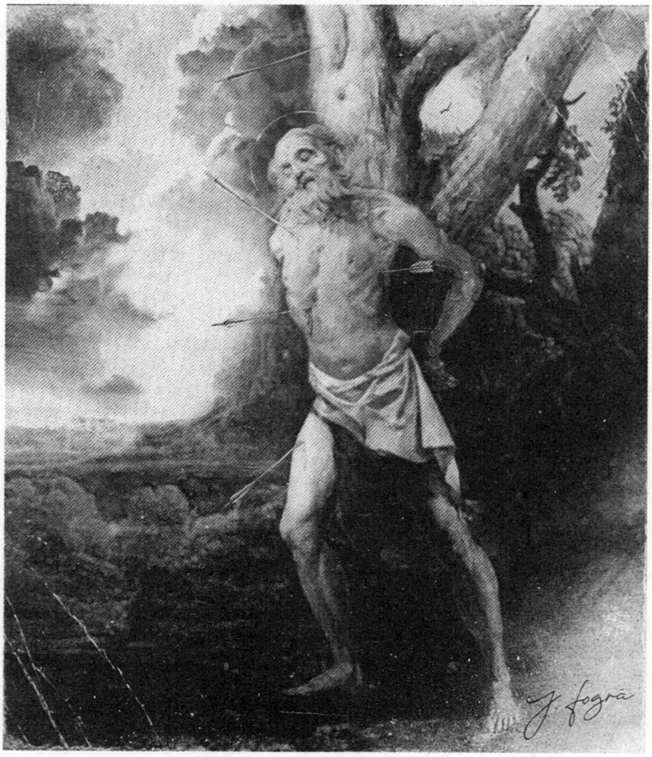

BEYOND ORDER

法则十二

———

不要怨恨世界给你的苦难，
用感恩和自己的内心和解

感恩不是因为没有痛苦，
而是你愿意
勇敢地铭记
你所拥有和有可能获得的一切。

超越痛苦

过去数十年来我一直在寻找确定性，这期间我不仅需要创造新的思想，还要试图推翻它们，然后认真探究和保存那些幸存的思想。这个过程就好像穿越沼泽时，在浑浊的泥水里寻找可以安全立足的石头一样。虽然我一直认为折磨和恶意对痛苦的放大都是无法动摇的人生真相，但也更加相信人是有能力在心理和现实中超越痛苦、克制自身恶意、战胜社会和自然之恶的。

人类可以勇敢地直面痛苦，在心理上超越它，在现实中改善它。这是心理治疗中无论哪个流派都认同的基本公理，也是人类成功和历史发展的关键所在。

> **BEYOND ORDER** 勇敢直面人生局限所带来的目标感可以成为痛苦的解药，主动直视深渊能让你深刻认识到自己的担当和无惧艰险。

勇气有巨大的宽慰作用，它体现了你在生理和心理上都能够把握对未知世界的感知。

不过直面绝非只有心理上的价值，在实操层面也很重要。如果你在痛苦的时候也保持高尚的言行，就能有效地缓解自己和他人的痛苦，改善现实世界，或者至少避免使它恶化。你也可以尽力克制内心的恶意，当你想说谎时，良知会告诉你这不是真的，它会通过一个真实的内在声音或羞耻、愧疚、软弱等情绪来让你注意到自己内心的割裂，然后你就有可能选择不撒谎。

BEYOND ORDER　如果你没法讲真话，至少可以避免有意识地撒谎。[1]

这是人们克制恶意的力所能及的方式之一，做到这一点就是朝着正道走了一大步。

人可以在直面痛苦的过程中找到勇气，然后着手减轻痛苦，这是我们关心自己和他人的表现。这种关心没有边界，你可以真心在意自己和家人，也可以关怀更广泛的群体。有些人可以在经过练习后变得无比擅长关怀，临终关怀工作者就是很好的例子。他们一直照料在痛苦中逐渐死去的人，每天都会有人逝去，但他们仍能每天早上起床去上班，面对所有的痛苦和悲伤，在无法想象的困难当中发挥作用。正是因为看到人们可以坦率地直面人生灾难，我才深信乐观比悲观更可靠。推导和坚守这种信念的过程，恰恰说明了为什么我们有必要在看见光明之前先面对黑暗。天真的乐观容易实现也容易破灭，进而就会被愤世嫉俗取代。可是窥视黑暗深处时找到的光芒则是永不熄灭的，这对我们来说实在是莫大的惊喜和宽慰。

感激也同样适用于光明前必经黑暗的真理。在你没有深刻体会人生的可怕重负之前，是没法真的感激你所拥有的幸福和免于遭受的痛苦的。一方面，你要首先认识到生活有可能糟糕到什么程度，而且变糟糕的概率有多大，这样的认识非常有价值，能让你有理由主动看清黑暗。另一方面，人们似乎也会被黑暗和邪恶所吸引。我们会看文艺作品里帮派分子、杀手和间谍的故事，主动通过惊悚和恐怖电影来寻求感官刺激。人们这么做是为了理解自身的那个拉扯于善恶之间的道德建构，这种理解让我们看见低劣的自我和高尚的自我，从而让我们找到感知、动机和行为的方向。这种理解也能保护我们，因为不理解邪恶的人容易被其影响。在遇到心怀恶意的人时，你对他们有多不了解或者有多大程度的回避，他们就对你有多少掌控。所以看清黑暗是为了预防黑暗的降临，为了找到光明。

抵御梅菲斯特的诱惑

伟大的德国作家歌德创作的著名歌剧《浮士德》讲述了一个人为了知识而将灵魂出卖给魔鬼的故事[2]。梅菲斯特是《浮士德》中的反派，也是一个神话人物，代表着永远与善意作对的魔鬼。你可以从心理学或形而上学的信仰层面来理解这个角色。人们能看见内心涌现的善意和它对自己为善的反复叮嘱，但也会痛苦地意识到自己会偷懒和作恶。

> **BEYOND ORDER** 每个人内心都有与自己主动彰显的道德意愿相悖的部分，当中包含多种阴暗的内隐动机和信念体系，它们都以子人格的形式呈现出来，有时甚至彼此矛盾。

意识到这一点令人惊恐，而精神分析学家正是做出这种伟大发现的人，他们认为人们内心盘踞着自己无法掌控甚至无法意识到的"反派"。这种意识也会带来一个重要而令人恐惧的问题，即如果你无法掌控自己，那么是谁或者什么在掌控你？自我貌似明确存在，但如果你无法掌控自己，那么自我的核心性、统一性甚至存在与否都会受到挑战。那些不属于自我的部分又想做什么呢？它有什么目标呢？人们希望自己是可以完全掌控自己、服从自我意志的生物，但经常事与愿违，而原因则令人费解。

当然，有时不去做该做的事情是个容易的选择，有益的行为做起来通常都很困难，而困难会带来气力耗尽的风险。

> BEYOND ORDER　惰性是成长停滞的重要原因，它能带来直接的安全感，但惰性不仅意味着懒惰，还会让你视自己为坏人。

这是令人不适的感受，但这种感受可能让你变好。你的良知会谴责你的不足和不道德，这种恼人的感受会诱惑你回避对自己的评判，但要合理化自己的回避行为往往非常困难。

只要愿意直视，你就能看见内心与你作对的力量在努力破坏你的善意。无数哲学、文学和心理学的思索都试图探明这种力量的本质，诸如梅菲斯特、撒旦、路西法和恶魔等宗教形象就是对这种力量重要的人格化想象。不过这些反派不仅存在于想象当中，尤其不止于个人的想象，恶意的动机和行为会以"附身"这样一种贴切的方式来描述。每当一个人在做了出格的事情后问自己"我究竟是怎么了"的时候，都能体会到这种"附身"的感受。于是人们就会惊愕地质问为什么会有这样精神世界的反派存在，为什么它存在于每个人心中。

答案在一定程度上与人内在的道德局限有关。人们承受着由自我、社会和自然引发的痛苦，由此突显的个人弱点与不足，环境的不公、不可预测性与挫败的随机性都会引发一定程度的自我蔑视和厌恶。这些令人失望的发现会让人认为自己永远无法对自我和人生感到满足，而这种不满非常容易产生自我放大的恶性循环。带着不满和怨恨，你向人性之恶的方向每走出一步，都会遭遇更多羞耻，也就有了更多自我敌对的理由。正因如此，大约每5个人里就有一个人在一生中会有某种严重的自我伤害行为[3]，而且这还不包括最严重的自杀念想和自杀行为。如果你不喜欢自己，为什么要尽力为自己好呢？相反，你的内心或许会产生报复性的念头，一边制造着所谓的应有惩罚，一边合理化这样的行为，目的就是要阻止你的正向行动。

如果你把所有和自己、朋友与家人作对的内在力量进行抽象整合，形成一个单一人格，就会得到敌对的反派形象，也就是歌德笔下的梅菲斯特所代表的恶魔。恶魔与一切作对，连他自己都说"我是否定的精神"。[4]为什么呢？因为世间万物都是有局限的和不完美的，由此也引发了诸多麻烦和困扰，因此万物的毁灭看上去不仅合理，甚至是道德所迫。至少合理化的逻辑是这样的。

万物毁灭并不是毫无生气的抽象概念，而是导致人们拼死挣扎的困扰。女性在考虑生育时就会有这样的困扰，会问自己："我真的应该把一个生命带到这样的世界上吗？这么做道德吗？"南非哲学家大卫·贝纳塔（David Benatar）是反生育主义哲学流派的主要倡导者[5]，他会果断地对这两个问题给出否定答案。几年前，我曾经和他进行过辩论[6]，我并非不理解他的观点，也相信世界的确充满痛苦。几年后，我和另一位哲学家斯拉沃热·齐泽克（Slavoj Žižek）辩论。他在我们的讨论中表达了一些在神学上有争议却让我颇感兴趣的看法。他说在基督教传说里，哪怕是作为上帝化身的耶稣也在被钉在十字架上时痛苦地质疑过生命的意义和上帝的仁慈。在死之前最痛苦的时刻，耶稣哀戚地问上帝为什么要离弃他。这样的叙述强烈暗示着生命的负担如此沉重，以至于面对不公正、背叛、痛苦和死亡等难以忍受的现实时，连神明都会失去信念。

这是一个能极大地激发凡人的同情心的故事，如果神明都会在自我施加的痛苦中经历怀疑阶段，作为平凡人类的我们怎么可能有不同的下场呢？反生育主义者贝纳塔的观点也可能是源于对人的关怀，因为我并没有看到他有任何明显的恶意。和歌德笔下的梅菲斯特一样，贝纳塔真心相信人的意识、脆弱和生命有限性是一种可怕的组合，在道德上没有理由延续其存在。当然，我们也不一定要相信梅菲斯特的观点，既然他是魔鬼的化身，那么他用来合理化自己敌对姿态的论点就或许站不住脚，甚至他自己都不一定相信。贝纳塔或许也是这样的，他无疑被人性的脆弱影响了。我始终坚信他的自我否定立场会带来严重的后果，包括反人性，甚至反存在的虚无主义。这势必会放大反生育主义者已经对存在产生的批判，这种批判也许本来是出于关怀，我并不否认其用意，但方向确实错了。

贝纳塔认为人生充满了痛苦，所以无论出于何种目的把新生命带到世界上都是罪过，而应对策略中最符合人类伦理的行为就是停止繁衍，主动灭绝。这种观点传播得比你想象的要广，不过人们通常不会长期认同。通常当你在惨遭不幸、梦想破灭或者至亲受到伤害时，更有可能觉得这个糟糕的世界或许停止转动会比较好。

当一个人在考虑自杀的时候也显然会这么想，而这种想法最极端的体现则是连环杀手、校园枪手和所有的凶杀与种族灭绝犯。他们将那种敌对的态度演绎到了极致，被附身的程度绝不仅限于象征层面。他们不仅认定生活不可容忍、存在的恶意无法原谅，而且相信所有人都应该为了存在之罪受到惩罚。

BEYOND ORDER 如果我们想要应对和克制邪恶的存在,就必须去理解这些邪恶个体的破坏性冲动。

对苦难的意识和恶意是令人心生怨恨的重要原因。我认为反生育主义的立场如果被广泛传播,最终也会不可避免地滑向怨恨。一开始人们也许只是会拒绝生育,但是用不了多久就会演变成想要毁灭现有生命的冲动,因为他们心存"怜悯"地判定有些糟糕的人生早点结束才算仁慈。在纳粹时代,这种哲学的出现使得被认定人生已毁的个体被以"道德仁慈"为由夺去生命。这种思维指向的问题是,仁慈的边界在哪里?一个人的病痛、衰老、智力障碍、残疾、抑郁、无用或政治不正确严重到什么程度就可以在道德上被理所当然地淘汰掉?当局限或灭绝生命成为一个人的方向所在,他又如何确信自己不会在这条路上走到地狱般的尽头?

在这个问题上,科伦拜校园枪击案凶手所写的文字尤其具有揭示性。他们写的东西非常潦草粗糙,语无伦次且充满自恋,但底层的哲学很明确,就是人们都应该为自己的存在而遭受苦难。这样的信念会让人对苦难进行创造性的延展。其中一个凶手认为自己是一切存在的判官,并且认为人类的存在有其不足,所有人类都应该被铲除。他和同伙射杀了他们的高中同学,但这还只是其计划的一小部分。他们还到处部署了燃烧装置,妄图毁掉整座城市。这样的计划是走上种族灭绝之路的其中一步。

有这样的想法只可能源于个体对敌对恶魔梅菲斯特精神的沉迷,而极端思考者打心底里相信人因为有局限和恶意而不值得存在。这种看法在我看来虽然大错特错,但在危急时刻的确很容易说服许多人。这种看法有误的部分原因在于,它一旦被实现了,只会让已经很糟糕的情况进一步恶化。

BEYOND ORDER 　如果你故意让事情恶化，事情就真的会恶化。

面对沧桑人生的最好态度是感激

如果你最初的动机来源于对存在的畏惧，那对社会或他人有害的结果无论如何也算不上是一种改善，任何有意识和感恩之心的人都不会这么做。反派逻辑因为内在的逻辑矛盾而显得似是而非，会让人觉得听上去有道理的表面背后，似乎隐藏着一些未言说的猫腻。

然而这种反派逻辑的谬误并不意味着构建确凿的反对观点是一件容易的事情。识别这种逻辑中的敌对和报复性是有帮助的，就像绘画中可以通过留白造成的对比来定义绘画内容一样。善良虽然看上去不容易定义，但将其理解为邪恶的对立面就可以了，因为邪恶通常比善良更容易识别。我一直在试着建立善良的检验标准，其中有些标准非常实际。比如我一直在向我的受众建议[7]，如果家里有人离世，你应该有意识地担负起重要的责任，照顾好悲痛的家人并料理好后事。这样的选择可以召唤出你的潜能，让存在的力量在你身上显现。你要知道，人类一直以来都在面对生离死别，而我们就是那些能成功面对这些悲痛的人的后代，天生拥有处理这个严峻问题的能力。

如果你深爱一个人，那么在他病重或离去时保持坚强和健康看上去就像是深深的背叛。这样的能力是不是和你爱的深度有关？如果你可以很快从对方的逝去中恢复过来，是不是就暗示了你们关系的肤浅与短暂，甚至是可替代性？如果关系真的很紧密，你难道不应该彻底崩溃吗？可我们不应该期待每一次离别都导致被牵连的人崩溃，如果真的如此，那我们将面临比现在更糟糕的命运。而逝者显然也不希望他们所爱的人承受无休止的痛苦，相反，许多人在弥留之际都会为自己的无力、制造过的麻烦尤其是为其他人带来的哀伤与困扰感到愧疚。因此，我相信他们在离开前最大的愿望是所爱的人可以在一定的哀悼之后走出来，幸福地生活下去。

> **BEYOND ORDER** **在哀伤中崩溃才是对逝者的真正背叛而非致敬，因为崩溃放大了死亡的灾难性。**

只有自恋和自私的人才会希望自己的死会给他人带去无尽的悲伤。勇敢面对死亡对将逝之人和活着的人来说都是更好的选择。逝者的家人需要照顾，尤其是那些年老、虚弱或者心理状况不佳的人可能会适应不了哀悼的过程，这时候就需要有个坚强的人来扮演支持大家直面死亡的权威。当你明白了自己有道德义务在如此逆境中展现力量时，也就向自己和他人表明了你有足够的力量战胜最糟糕的情况。短暂人生被无穷的虚空包裹，任何人在死亡面前都无力辩驳，因此在葬礼上能体会到他人的勇敢乐观是真正能带来宽慰与振奋的事情。

我不止一次在讲课时提出在至亲的葬礼上保持力量感是一个有价值的目标，后来人们也通过网络视频和播客了解到了这个观点，结果相当多人告诉我这个观点让他们在悲痛时刻振作了起来。他们有意识地维系了自己的可靠性和力量感，让身边情绪崩溃的人有了依靠和榜样。这样的行为大大降低了死亡给生者带来的影响，相当了不起。但凡你见过一个人在灾难、丧失、苦难和绝望面前昂首挺胸，就能确信这样的人生态度是完全可能存在的，也会在自己的艰难时刻模仿。

> **BEYOND ORDER** 痛苦之下看似合理的虚无和愤世嫉俗，其对立面恰恰就是勇气和高尚。

当然，我也理解那种消极态度。我做过数千小时的心理咨询，深刻地参与过许多来访者走出困境的过程，也在自己的生活里有过很多支持他人的经历。人生之苦难以想象，有时候你觉得你过得很难，也许确实很难，但你也会遇到一些境遇比你难得多的人，并且惊叹他们是怎么继续活下去的。然后你又常常会发现这些人又认识其他一些比他们生活境遇还要难得多的人，以至于他们会因为自己相比之下没那么困难而感到不好意思。

痛苦、背叛和灾难确实足以让人选择怨恨，但这个选择有百害而无一利。那么替代选项是什么呢？2018年感恩节前夕我在美国做巡回演讲时，开始认真思考这一主题。感恩节在西方各国几乎是最重要的节日，能与之匹敌的或许只有圣诞节。圣诞节在某种意义上也是在感恩，因为它主要庆祝了寒冷冬夜的一次降生，反映了希望的不断重生。表达感恩或许就是选择怨恨的替代选项，甚至是唯一选项。我发现，感恩节的核心地位不论在实践还是象征意义上都很有价值。一个最重要的节日将表达感恩作为主题，体现了根本伦理观念的积极面，也意味着每个人都在力争保持心地善良，而整个社会也都在鼓励这样的行为。为什么要在曲折的人生中做这样的努力呢？因为你可以选择勇敢。如果保持清醒专注，你就可以清晰地看见人生有多难，可即便如此，你也依然保持感激，无畏生活的挑战。感激并非出于天真，而是因为你决定伸出一只手去邀请自我、社会和整个世界将最好的一面展现出来。感激不是因为没有痛苦，而是你愿意勇敢地铭记你所拥有和有可能获得的一切，这是面对沧桑人生的最好态度。

感激家人就是尽力对他们好，因为他们随时都可能离去。感激朋友就是对他们保持友善与真诚，因为友谊本就少见。感激社会就是记得自己受益于前人的努力，感谢他们创造了伟大的社会秩序、仪式、文化、艺术、技术、水电和卫生体系，让我们比他们生活得更好。天真的感激是建立在无知和缺乏经验上的，算不上美德。当你从天真中醒来后，就会看到世界的面貌，也会发现怨恨是一种可行的反应。你也许会问自己何不走上这条黑暗道路，而我认为答案就是勇气。你要有勇气承认自己会被那条道路诱惑，以及尽管人生苦短，你也决定努力为世界创造福祉。

勇气之上，还有爱

BEYOND ORDER **选择勇敢的原因根本上可以归结于爱。如果说怨恨引发的仇恨在引诱我们走向对生命的折磨和毁灭，那么爱则会驱动我们改善世界。**

在我看来这是人生的根本选择，而且很大程度上是一个主动选择。造成争吵、愤怒、怨恨和恶意的原因太多了，所以选择用爱去滋养存在就像是一种没什么证据支持的信念的飞跃。在哀戚地问"你为什么离弃我"的时刻，依然选择"不管发生什么，依然前进"，正是这种难以置信的道德承诺使我们的世界可以正常运转。

你会在选择了爱的艰苦道路上找到勇气，从而在哪怕最艰难的时刻也能去做困难但必要的事情。当你有意识地发扬爱和勇气的美德时，即使知道自身的错误与疏忽已经让事情很糟糕了，也依然会去尽力改善一切。

你会努力改善自己，将自我视为一个你有责任去帮助的人。就算你看到了事物的缺陷和损毁，视野也有所局限，你依然会努力改善家庭乃至更大的社会环境，力争在所有这些层面创造和谐。这或许就是勇敢向前的正确道路，也是感激的定义，它与勇气和爱别无二致。

你也许会疑惑，人们真的会这么选择吗？他们能够这么选吗？我见过最有说服力的证据之一是失去至亲时的哀伤。就算你对生死和逝者的感受都是矛盾的，也依然会因为死亡而哀伤。哀伤反应不完全是有意识的，它是一种奇怪的体验，会突然占据你的感官。你会感到震惊和困惑，不知道如何反应。有意识的哀悼是不真实的，它只是在表演应有的行为，并没有被真实的哀伤驱使。如果你没有在不知不觉中被哀伤占据，就会觉得自己没有感受到应有的情绪，没有眼泪和悲伤，这件事对你来说如此平常。假如你是在遥远的他乡收到死讯的，就尤其可能有这样的反应。但在貌似正常的生活中，你会忽然被某个小细节触发，哀伤就像潮水一样袭来。这种情况非常普遍，而且没人知道会持续多久。这是一种从内心深处产生的情绪，你逃脱不了它的掌控。

BEYOND ORDER 哀伤是爱的体现，或许也是爱的终极证明。

浸于不可抑制的哀伤说明即使逝者是个不完美的人，即使生命本身有许多不完美，你也相信对方的存在是有价值的。否则你为什么会因为丧失而感到不由自主的悲痛？这样的情绪是自我欺骗无法企及的。你哀伤是因为有价值的事物不复存在了，不论逝者生前给你和他自己带来过多少麻烦，你在内心深处都认为他的生命是有价值的。在我的经验里，即使劣迹斑斑之人的死亡也会给身边的人带来悲伤。世上罕有生活惨不忍睹到死后无人哀伤的人。

人们内心深处的某个部分会在哀伤的过程中认定逝者的生命无论如何都有价值，也许这也反映了一个更为底层的论断，即生命本身无论如何都有价值。因此，感激就是面对生活种种灾难时主动地勇敢保持感谢的过程。也许这就是我们在节日、婚礼或葬礼上与家人相见的目的，虽然见面的过程经常充满矛盾和挑战。家庭关系总是存在着矛盾和紧张的拉扯，一方面我们和挚爱的人保持亲近，为他们的存在感到庆幸，另一方面却又期待从他们那里得到更多。所以我们不可避免地会对彼此，也对自己感到失望。

在任何家庭聚会中，人们在感受到温暖和共同回忆带来的联结的同时，都会不可避免地感受到随之而来的悲伤。当你看到一些亲人生活停滞或者走歪了人生路时，当你看到某些人逐渐衰老、健康与活力不再时，当记忆中年轻力壮的人们变得脆弱、让你的回忆也随之扭转时，都会让人感到痛苦。然而，在根本上大家依然会认为我们能够在一起吃饭、聊天、分享喜悦或哀伤是一件好事，而且每个人都相信只要团结一致，就能渡过难关。所以当你在哀伤时和家人相聚，其实也做出了一样的底层选择，"虽然当下艰难，但至少我们能在一起并彼此依靠"。这是多么振奋人心的事。

一个人和子女的关系也是如此。在过去几十年里，我对生活的哀伤因为女儿多年的病痛而放大了许多。每个孩子都拥有巨大的潜力，可能不断发展优秀的自主性和能力，但同时他们幼小的身心又相当脆弱。甚至在父母眼里，15岁或25岁的孩子依然脆弱，因为这样的感知在育儿过程中已经烙印在父母心中。拥有子女的喜悦与悲伤都来源于此，悲伤是因为父母知道脆弱一定会导致受伤害。可是我也觉得如果我想办法消除了孩子的脆弱性，也就失去了感激的可能性。我在儿子3岁时清晰地意识到了这一点。那时他非常调皮可爱，但毕竟只有3岁，所以会摔倒、头撞在桌子上、跌下楼梯或者和其他小朋友起冲突。他可能会在超市停车场里乱跑，在有那么多车的地方这是很不明智的行为。儿童毋庸置疑的脆弱性让你时刻都执着于保护他们，但同时也让你想培养他们的自主性，让他们变得强大并独自面对世界。脆弱性也会让你对生命的脆弱感到愤怒，埋怨两者不可分割的必然事实。

当我想到父母时也会有同样的思考。人会因为成长而逐步定型，我的父母在老去，而他们的性格都很鲜明。他们在 50 岁时个性就很明确了，而现在更是如此。他们既有局限也有优势，而且两者往往紧密相连。他们现在都 80 多岁了，也都有各自的种种毛病。有时候面对这些毛病很烦人，你会不禁想象他们要是变成另外的样子就好了。我并不是在针对或批评父母，其实他们以及许多人也会这样看我，但像父母所爱的孩子一样，他们所有的毛病、脆弱和局限其实都是你所爱的一部分。

所以你会不顾一个人的缺点而爱他，也会因为他的缺点而爱他。这是一个非常重要的认识，也会让你得以保持感激。虽然这个世界有时很糟糕，每个人也都有阴暗面，但我们却可以看见彼此身上独特的现实与可能性。我们是在基于信任和爱的联结当中看见这些的，实在是堪称奇迹。这种看见值得你去感激，也可以帮助你对抗生活的深渊与黑暗。

不要怨恨世界给你的苦难，用感恩和自己的内心和解。

后　记

　　正如我在前言中所说的，这本书的大部分创作都是我在医院度过的漫长的几个月里完成的。一开始是女儿米凯拉，然后是妻子塔米，最后我也因为病情恶化而开始反复入院。我认为前言中对这些个人经历的叙述已经足够了，一方面因为新冠肺炎疫情给每个人都带来了无法想象的打击，在此基础上还要详细描述我的个人和家庭苦难显得有些多余。另一方面，这本书也不是要写我和家人的困境，而是要写一些心理层面具有普遍价值的话题。不过我认为极有必要向所有支持过我们的人表达感谢，所以这里还是要再讨论一下各种和疾病有关的事情。

　　在和公众的互动中，我们收到了成千上万熟悉我作品的人发来的祝福。人们会在公共场合遇到妻子或者我的时候亲自表达问候，也会通过电子邮件和社交媒体以及我的视频的评论栏与我们交流。这给我们带来了莫大的鼓励。在世界各地的人们发送给妻子的信息里，我的妹妹选出了一些尤其暖心的内容，将它们用鲜艳的颜色打印出来贴在妻子病房的墙上供她阅读。后来那些发送给我的祝福也帮助我坚定了战胜困难的决心，以及坚持写出一本在疫情围困之下仍然关注普遍性的心理问题的书。我们也受益于医护人员的照料，虽然治疗很困难，但医护人员带给了我们乐观、出色和充满关怀的治疗。妻子的癌症手术是由玛格丽特公主癌症中心（Princess Margaret Cancer Centre）的内森·珀利斯（Nathan Perlis）医生勇敢地完成的，而随后严重的术后反应又是由宾夕法尼亚州淋巴疾病中心（The Penn Center for Lymphatic Disorders）的马克西姆·伊特金（Maxim Itkin）医生治疗的。

在私人生活里，妻子和我都获得了来自家人和朋友的持续支持，许多人放下手头的事务，腾出数天、数星期甚至数月来陪伴我们。我严重怀疑如果角色互换，我是否能慷慨地投入同样多的时间精力。我尤其想要感谢家人，女儿米凯拉·彼得森（Mikhaila Peterson）和女婿安德雷·科里科夫（Andrey Korikov）、儿子朱利安·彼得森（Julian Peterson）和儿媳吉莉恩·瓦迪（Jillian Vardy）、妹妹邦妮·凯勒（Bonnie Keller）和妹夫吉姆（Jim），弟弟乔尔（Joel）和弟媳凯瑟琳·彼得森（Kathleen Peterson）、父母沃尔特·彼得森（Walter Peterson）和贝弗莉（Beverley）、妹夫戴尔（Dale）和配偶莫琳·罗伯茨（Maureen Roberts）以及他们的孩子塔沙（Tasha），小姨德拉·罗伯茨（Della Roberts）和姨父丹尼尔·格兰特（Daniel Grant），还有我们的朋友韦恩·梅雷茨基（Wayne Meretsky）、米里亚姆·蒙格莱恩（Myriam Mongrain）、奎尼·于（Queenie Yu）、摩根（Morgan）和艾娃·阿伯特（Ava Abbott）、沃德克·森贝格（Wodek Szemberg）和埃斯特拉·贝基尔（Estera Bekier）、威尔·坎宁安（Wil Cunningham）和肖纳·特里特（Shona Tritt）、吉姆·巴尔西利（Jim Balsillie）和尼夫·佩里奇（Neve Peric）、诺曼·杜奇（Norman Doidaye）博士和凯伦·杜奇（Karen Doidge），对《人生十二法则》提供巨大帮助的格雷格·赫尔维茨（Gregg Hurwitz）、德丽娜·赫尔维茨（Delinah Hurwitz）博士、科里（Cory）和纳丁·托格森（Nadine Torgerson）博士、索尼娅（Sonie）和马歇尔·塔利（Marshall Tully）、罗伯特（Robert）和桑德拉·皮尔（Sandra Pihl）博士、丹尼尔·希金斯（Daniel Higgins）博士和爱丽丝·李（Alice Lee）博士、梅赫梅特（Mehmet）博士和丽莎·奥兹（Lisa Oz）、斯蒂芬（Stephen）博士和尼科尔·布莱克伍德（Nicole Blackwood）博士。他们都在过去两年里给了我和妻子大量的关怀。另外还有三位神职人员也帮助了妻子，他们是埃里克·尼古拉（Eric Nicolai）、弗雷德·多兰（Fred Dolan）和沃尔特·汉纳姆（Walter Hannam）。

为了治疗我的逆向反应和苯二氮䓬类药物依赖，家人想办法将我送到了莫斯科。虽然当时正是2019年末的圣诞节和新年期间，但整个过程在俄罗斯驻多伦多领事馆总领事基里尔·S. 米哈伊洛夫（Kirill S. Mikhailov）和其同事的支持下得以高效推进，包括数天内获得的紧急签证。许多人都帮忙推进了这个复杂的进程，包括凯利（Kelly）和乔·克拉夫特（Joe Craft）、阿尼什·德维迪（Anish Dwivedi）、贾米尔·贾瓦尼（Jamil Javani）、扎克·拉恩（Zach Lahn）、克里斯·霍尔沃森（Chris Halverson）、梅特罗珀利坦·乔娜（Metropolitan Jonah）以及维克多·波塔波夫（Victor Potapov）牧师和迪米提尔·伊万诺夫（Dimitir Ivanov）牧师。

在俄罗斯期间，亚历山大·尤索夫（Alexander Usov）负责了我的安全保障，而米凯拉和安德雷日复一日的探访大大降低了我的孤独感，我对他们感激不尽。感谢俄罗斯的医疗团队，包括在各种专家认为太过危险时依然坚持负责我治疗的罗曼·尤扎波利斯基（Roman Yuzapolski）、他的下属赫尔曼·斯蒂芬诺夫（Herman Stepnov），以及两个星期一直为我翻译、连衣服都没换过的治疗师亚历山大（Alexandr）。俄罗斯医学科学院（the Russian Academg of Medical Sciences）收治了患有未诊断出的双肺炎、处于焦虑和谵妄状态的我，并让我恢复了行动能力。学院副主任玛丽娜·彼得罗娃（Marina Petrova）博士和再生医学病房首席医师迈克尔（Michael）博士提供的帮助尤其重要。我外孙女斯嘉丽的保姆乌莉安娜·埃弗罗斯（Uliana Efros）一直支持着我们，跟着米凯拉、安德雷和我在俄罗斯、塞尔维亚和美国佛罗里达州跑了8个月，一直照顾斯嘉丽，尤其是隔离的1个月时间。感谢乌莉安娜的女儿莉莎·罗曼诺娃（Liza Romanova）在俄罗斯对斯嘉丽的照顾，让米凯拉和安德雷有时间去医院探访我。最后，我也想感谢在俄罗斯的米哈伊尔·阿夫迪耶夫（Mikhail Avdeev），他在突发的情况下为我们提供了大量医药和医学信息翻译方面的支持。

2020年6月，我又入住了位于塞尔维亚贝尔格莱德的IM内科诊所（IM Clinicfor Interal Medicine），在这家专门进行苯二氮䓬类药物戒断治疗的机构，我得到了伊戈尔·博尔布赫（Igor Bolbukh）博士和他团队精心有效的治疗。博尔布赫博士之前也在我处于昏迷状态时前往了俄罗斯，为我提供了数月的免费医疗指导，让我在抵达塞尔维亚后调整到了一个更加稳定的状态，他也负责了之后的康复治疗。IM内科诊所是由尼古拉·沃罗比耶夫（Nikolai Vorobiev）博士创办的，他的团队非常耐心，这在疫情带来的封锁隔离之下实属难得。

还有许多专业人士也值得我深深地敬佩和感激。我想感谢我的经纪人莫莉·格里克（Mollie Glick）、萨利·哈丁（Sally Harding）以及她的同事苏珊娜·布兰德雷思（Suzanne Brandreth）和哈纳·埃尔·尼韦里（Hana El Niwairi）。感谢《人生十二法则》的编辑和出版方，包括对该书品质起到关键作用的企鹅兰登书屋的高级编辑克雷格·派伊特（Craig Pyette）、前任首席执行官布拉德·马丁（Brad Martin）、现任首席执行官克里斯汀·科克伦（Kristin Cochrane）、诺夫兰登书屋加拿大出版集团的出版人安妮·柯林斯（Anne Collins）以及副总裁和营销战略总监斯科特·塞勒斯（Scott

Sellers）、企鹅兰登书屋英国编辑劳拉·斯蒂克尼（Laura Stickney）和她的同事佩内洛普·沃格勒（Penelope Vogler），以及首席执行官汤姆·韦尔登（Tom Weldon），还有企鹅兰登书屋国际首席执行官马库斯·多勒（Markus Dohle）。感谢本书的编辑和出版人，除了前面已经提到的一些人，还包括企鹅兰登书屋美国分部的出版人阿德里安·扎克海姆（Adrian Zackheim）和编辑海伦·希利（Helen Healey）。还要感谢布鲁斯·帕迪（Bruce Pardy）教授和贾里德·布朗（Jared Brown）律师冒着个人名誉和职业安全的风险对我的思想提供的积极支持。

我和妻子在这本书的酝酿阶段进行的 160 座城市巡回演讲和书的前期策划也是由创新艺人经纪公司（CAA）的贾斯汀·埃德布鲁克（Justin Edbrooke）、其助理丹尼尔·史密斯（Daniel Smith）和科莱特·席尔瓦（Colette Silver），以及经纪公司现场国度（Live Nation）的安德鲁·莱维特（Andrew Levitt）以极为高效和积极的方式组织的。在澳大利亚和新西兰的巡回演讲受惠于制作人布拉德·德拉蒙德（Brad Drummond）、巡演经理西蒙·克里斯蒂安（Simon Christian）和安保斯科特·尼克尔森（Scott Nicholson）。贡劳古尔·约翰松（Gunnlaugur Jónsson）和他的团队在冰岛热情地接待了妻子、我、我的母亲和姨妈。约翰·奥康纳（John O'Connell）担任了主要巡演经理，他擅长解决问题且非常专业，在几个月的组织和旅行中始终保持着乐观和支持的态度。

鲁宾报告（The Rubin Report）的戴夫·鲁宾（Dave Rubin）和我们同行，担任我演讲和问答环节的主持人，也为本来过于严肃的场面增添了不少轻松愉悦之感。罗布·格林沃尔德（Rob Greenwald）帮助确保了适当的媒体报道。乔·罗根（Joe Rogan）、本·夏皮罗（Ben Shapiro）、道格拉斯·穆雷（Douglas Murray）、加德·萨德（Gad Saad）和史蒂文·克劳德（Steven Crowder）也通过他们的媒体影响力分享了我的演讲。扎克利·拉恩帮了许多忙，罗杰夫·桑德弗（Jeff Sandefer）分享了许多人脉资源。比尔·瓦迪（Bill Vardy）、丹尼斯·蒂格彭（Dennis Thigpen）、邓肯·梅塞尔（Duncan Maisels）和梅兰妮·帕奎特（Melanie Paquette）担任了我们在北美巡演时的房车司机。妻子和我也想感谢设计师谢莉·基尔希（Shelley Kirsch）和SJOC建筑公司的团队，他们为我们装修房子的过程中几乎没让我们操心。过去3年发生了太多事情，如果我漏掉了任何重要的人，我想表达真诚的歉意。

最后，我也想感谢所有读过《意义地图》《人生十二法则》《人生十二法则2》的读者，以及我的YouTube和播客订阅者。我和身边的人都被你们在过去5年里表现出来的非凡忠诚和关怀深深震撼。愿所有阅读或聆听这本书的人都能成功地渡过当下的困难时期。

希望和你相亲相爱的人常伴你左右。希望你能战胜当前时代带来的挑战，也希望所有人都能有幸在大洪水退去后开始重建世界。

注释与参考文献

前　言

1. 这里阐述了大卫·休谟（David Hume）著名的"归纳法的耻辱"（scandal of induction）。详见 D. Humes and P. Millican, *An Enquiry Concerning Human Understanding* (New York: Oxford University Press, 1748/ 2008)。

2. J. B. Peterson, *12 Rules for Life: An Antidote to Chaos* (Toronto: Random House Canada, 2018).

法则一

1. S. Hughes and T. Celikel, "Prominent Inhibitory Projections Guide Sensorimotor Communication: An Invertebrate Perspective," *BioEssays* 41 (2019): 190088.

2. L. W. Swanson "Cerebral Hemisphere Regulation of Motivated Behavior." *Brain Research* 886 (2000): 113–164.

3. F. B. M. de Waal and M. Suchak, "Prosocial Primates: Selfish and Unselfish Motivations," *Philosophical Transactions of the Royal Society of London: Biological Science* 365 (2010): 2711–2722.

4. J. B. Peterson and J. Flanders, "Play and the Regulation of Aggression," in *Developmental Origins of Aggression*, eds. R. E. Tremblay, W. H. Hartup, and J. Archer (New York: Guilford Press, 2005), 133–157.

5. J. Piaget, Play, Dreams and Imitation in Childhood (New York: W. W. Norton & Company, 1962).

6. F. de Waal, Good Natured: The Origins of Right and Wrong in Humans and Other Animals (Cambridge, Mass.: Harvard University Press, 1997).

7. K. S. Sakyi et al., "Childhood Friendships and Psychological Difficulties in Young Adulthood: An 18- Year Follow- Up Study," *European Child & Adolescent Psychiatry* 24 (2012): 815–826.

8. Y. M. Almquist, "Childhood Friendships and Adult Health: Findings from the Aberdeen Children of the 1950s Cohort Study," *European Journal of Public Health* 22 (2012): 378–383.

9. 这里所有关于成年人的数据都来自 M. Reblin and B. N. Uchino, "Social and Emotional Support and Its Implications for Health," *Current Opinions in Psychiatry* 21 (2009): 201–202。

10. R. Burns, "To a Louse: On Seeing One on a Lady's Bonnet at Church," *The Collected Poems of Robert Burns* (Hertfordshire, UK: Wordsworth Poetry Library, 1786 /1988), 138.

11. J. B. Hirsh et al., "Compassionate Liberals and Polite Conservatives: Associations of Agreeableness with Political Ideology and Moral Values," *Personality and Social Psychology Bulletin* 36 (2010): 655–664.

法则二

1. 最新发现表明，新的体验会创造新的基因。这些基因会为新的蛋白质编码，从而构建新的心智和生理结构。因此，新的需求似乎可以激活生物开关，使得曾经潜伏的思想和行动得以显现。有关评论请参见 D. J. Sweatt, "The Emerging Field of Neuroepigenetics," *Neuron* 80 (2013): 624–32。

2. From the traditional spiritual "Go Down Moses," Ca. 1850.

3. C. G. Jung, *Psychology and Alchemy*, vol. 12 of *Collected Works of C. G. Jung* (Princeton, N.J.: Princeton University Press, 1968), 323.

4. 在《人生十二法则》中，我详述了这套观点以及美索不达米亚的创世神话：J. B. Peterson, *Maps of Meaning: The Architecture of Belief* (New York: Routledge, 1999)。

5. （楔形文字）泥板 7:112, 7:115; A. Heidel, *The Babylonian Genesis* (Chicago: Chicago University Press/ Phoenix Books, 1965), 58。

6. I. H. Pidoplichko, *Upper Palaeolithic Dwellings of Mammoth Bones in the Ukraine: Kiev- Kirillovskii, Gontsy, Dobranichevka, Mezin and Mezhirich*, trans. P. Allsworth- Jones (Oxford, UK: J. and E. Hedges, 1998).

7. J. R. R. Tolkien, H. Carpenter, and C. Tolkien, *The Letters of J. R. R. Tolkien* (Boston: Houghton Mifflin, 1981), letter 25.

8. 关于这个符号世界以及各种等价物的详细讨论，参见 Peterson, *Maps of Meaning*。

9. M. D. Seery, "Challenge or Threat? Cardiovascular Indexes of Resilience and Vulnerability to Potential Stress in Humans," Neuroscience & Biobehavioral Reviews 35 (2011): 1603–4.

10. Y. Bokek-Cohen, Y. Peres, and S. Kanazawa, "Rational Choice and Evolutionary Psychology as Explanations for Mate Selectivity," Journal of Social, Evolutionary, and Cultural Psychology 2 (2008): 42–55.

11. 关于这一点，我在下列书目中有详细阐述：J. B. Peterson, *12 Rules for Life: An Antidote to Chaos* (Toronto: Random House Canada, 2018), Rule 2: Treat yourself like someone you are responsible for helping。

12. 这种古老的掠食者探测系统所产生的抑制作用会导致战斗或逃跑、恐惧、惊慌。关于该神经心理学机制，详见 Peterson, *Maps of Meaning*。

法则三

1. J. Habermas, *Discourse Ethics: Notes on a Program of Philosophical Justification*, in *Moral Consciousness and Communicative Action*, ed. J. Habermas, trans. C. Lenhardt and S. W. Nicholsen (Cambridge, Mass.: MIT Press, 1990).

2. 值得注意的是，这里探讨了"空虚混沌"（tohu wa bohu）的不同含义。《创世记》开头的经文指出，神正是从这种混乱中创造了秩序。Rabbi Dr. H. Freedman and M. Simon, eds., *The Midrash Rabbah: Genesis*, vol. 1 (London: Soncino Press, 1983), 15。

法则四

1. 每周工作 45 小时而不是 40 小时的人，增加了 13% 的工作时间，却能平均多赚 44% 的钱。W. Farrell, *Why Men Earn More* (New York: AMACOM Books, 2005), xviii.

2. J. Feldman, J. Miyamoto, and E. B. Loftus, "Are Actions Regretted More Than Inactions?," *Organizational Behavior and Human Decision Processes* 78 (1999): 232–55.

3. 因此，作为基督教中邪恶的化身，撒旦其实可能是从塞特的人格在后期发展而来的形象。J. B. Peterson, *Maps of Meaning: The Architecture of Belief* (New York: Routledge, 1999).

4. J. B. Hirsh, D. Morisano, and J. B. Peterson, "Delay Discounting: Interactions Between Personality and Cognitive Ability," *Journal of Research in Personality* 42 (2018): 1646–1650.

5. J. Gray, *The Neuropsychology of Anxiety: An Enquiry into the Functions of the Septal- hippocampal*

System (New York: Oxford University Press, 1982).

6. N. M. White, "Reward or Reinforcement: What's the Difference?," *Neuroscience & Biobehavioral Reviews* 13(1989): 181–186.

法则五

1. W. G. Clark and W. A. Wright, eds., *Hamlet: Prince of Denmark* (Oxford: Clarendon Press, 1880), 1.3.78, 17.

2. 有关的批评性评论，参见 H. Pashler et al., "Learning Styles: Concepts and Evidence," *Psychological Science in the Public Interest* 9 (2008): 105–199。

3. M. Papadatou-Pastou, M. Gritzali, and A. Barrable, "The Learning Styles Educational Neuromyth: Lack of Agreement Between Teachers' Judgments, Self-Assessment, and Students' Intelligence," article 105, *Frontiers in Education* 3 (2018).

4. V. Tejwani, "Observations: Public Speaking Anxiety in Graduate Medical Education— A Matter of interpersonal and Communication Skills?," *Journal of Graduate Medical Education* 8 (2016): 111.

法则六

1. F. Dostoevsky, *The Devils* (*The Possessed*), trans. D. Magarshack (New York: Penguin Classics, 1872/1954).

2. J. Panksepp, *Affective Neuroscience* (New York: Oxford University Press, 1998).

3. D. J. de Solla Price, *Little Science, Big Science* (New York: Columbia University Press, 1963) 指出了"帕累托原则"（Pareto principle）一个非常有趣的变体，即完成一半工作或积累一半价值的人数是总参与人数的平方根。

4. T. A. Hirschel and M. R. Rank, "The Life Course Dynamics of Affluence," *PLoS One* 10, no. 1 (2015): e0116370, doi:10.1371/ journal.pone.0116370. eCollection 2015.

5. F. Nietzsche, *On the Genealogy of Morals*, trans. W. Kaufman and R. J. Hollingdale, and *Ecce Homo*, trans. W. Kaufman, ed. W. Kaufman (New York: Vintage, 1989), 36–39.

6. *Monty Python's Flying Circus*, season 3, episode 2, "How to Play the Flute," October 26, 1972, BBC.

法则七

1. B. E. Leonard, "The Concept of Depression as a Dysfunction of the Immune System," *Current Immunology Reviews* 6 (2010): 205–212; B. E. Cohen, D. Edmonson, and I. M. Kronish, "State of the Art Review: Depression, Stress, Anxiety and the Cardiovascular System," *American Journal of Hypertension* 28 (2015): 1295–1302; P. Karling et al., "Hypothalamus- Pituitary- Adrenal Axis Hypersuppression Is Associated with Gastrointestinal Symptoms in Major Depression," *Journal of Neurogastroenterology and Motility* 22 (April 2016): 292–303.

法则八

1. E. Comoli et al., "Segregated Anatomical Input to Sub- Regions of the Rodent Superior Colliculus Associated with Approach and Defense," *Frontiers in Neuroanatomy* 6 (2012): 9.
2. D. C. Fowles, "Motivation Effects on Heart Rate and Electrodermal Activity: Implications for Research on Personality and Psychopathology," *Journal of Research in Personality* 17 (1983): 48–71. 福尔斯（Fowles）认为，心脏其实会因奖励而加速跳动。在逃离穷追不舍的掠食者时，未来可能得到的安全正是对心脏加速跳动的奖励。
3. E. Goldberg, and K. Podell, "Lateralization in the Frontal Lobes," in *Epilepsy and the Functional Anatomy of the Frontal Lobe*, vol. 66 of *Advances in Neurology*, eds. H. H. Jasper, S. Riggio, and P. S. Goldman- Rakic (Newark, Del.: Raven Press/ University of Delaware, 1995), 85–96.
4. R. Sapolsky, Personal communication with the author, September 11, 2019. 我对一些听众讲这个故事时曾错把角马说成了斑马。记忆就是如此变化无常。不过这里所说的动物确实是角马。

法则九

1. J. B. Peterson and M. Djikic, "You Can Neither Remember nor Forget What You Do Not Understand," *Religion and Public Life* 33(2017): 85–118.
2. P. L. Brooks and J. H. Peever, "Identification of the Transmitter and Receptor Mechanisms Responsible for REM Sleep Paralysis," *Journal of Neuroscience* 32 (2012): 9785–9795.
3. J. E. Mack, *Abduction: Human Encounters with Aliens* (New York: Scribner, 2007).
4. R. E. McNally and S. A. Clancy, "Sleep Paralysis, Sexual Abuse and Space Alien Abduction,"

Transcultural Psychiatry 42 (2005): 113–122.

5. D. J. Hufford, *The Terror that Comes in the Night: An Experience- centered Study of Supernatural Assault Traditions* (Philadelphia: University of Pennsylvania Press, 1989).

6. C. Browning, *Ordinary Men: Reserve Police Battalion 101 and the Final Solution in Poland* (New York: Harper Perennial, 1998).

7. I. Chang, *The Rape of Nanking* (New York: Basic Books, 1990).

8. H. Ellenberger, *The Discovery of the Unconscious: The History and Evolution of Dynamic Psychiatry* (New York: Basic Books, 1981).

9. H. Spiegel and D. Spiegel, *Trance and Treatment* (New York: Basic Books, 1978).

10. J. B. Peterson, *Maps of Meaning: The Architecture of Belief* (New York: Routledge, 1999).

11. M. Eliade, *A History of Religious Ideas*, trans. W. Trask, vols. 1– 3 (Chicago: University of Chicago Press, 1981).

12. E. Neumann, *The Great Mother: An Analysis of the Archetype*, trans. R. Manheim (New York: Pantheon Books, 1955); E. Neumann, *The Origins and History of Consciousness*, trans. R. F. C. Hull (Princeton, N.J.: Princeton University Press/ Bollingen, 1969).

13. D. E. Jones, *An Instinct for Dragons* (New York: Psychology Press, 2002).

法则十

1. J. Gottman, *What Predicts Divorce? The Relationship Between Marital Processes and Marital Outcomes* (Hillsdale, N.J.: Erlbaum, 1994).

2. C. G. Jung, *Mysterium Coniunctionis*, vol. 14 of *Collected Works of C. G. Jung*, trans. G. Adler and R. F. C. Hull (Princeton, N.J.: Princeton University Press, 1970), 407.

3. M. Eliade, *Shamanism: Archaic Techniques of Ecstasy*, trans. W. R. Trask (Princeton, N.J.: Princeton University Press, 1951).

4. C. G. Jung, "The Philosophical Tree" in *Alchemical Studies*, vol. 13 of *The Collected Works of C. G. Jung*, trans. G. Adler and R. F. C. Hull (Princeton, N.J.: Princeton University Press, 1954/1967), 251–349.

5. 不孕不育的定义是在尝试一年后无法受孕：W. Himmel et al., "Voluntary Childlessness and Being Childfree," *British Journal of General Practice* 47 (1997): 111–118。

6. Statistics Canada, "Common- Law Couples Are More Likely to Break Up."

7. 也许第一年除外。M. J. Rosenfeld and K. Roesler, "Cohabitation Experience and Cohabitation's Association with Marital Dissolution," *Journal of Marriage and Family* 81(2018): 42–58.

8. US Census Bureau, 2017. 中列出的数据有关成长过程中没有生父、继父或养父的儿童。另见 E. Leah, D. Jackson, and L. O'Brien, "Father Absence and Adolescent Development: A Review of the Literature," *Journal of Child Health Care* 10 (2006): 283–95。

法则十一

1. J. L. Barrett, *Why Would Anyone Believe in God?* (Lanham, Md.: AltaMira Press, 2004).

2. P. Ekman, *Emotions Revealed*, 2nd ed. (New York: Holt Paperback, 2007).

3. A. Öhman and S. Mineka, "The Malicious Serpent: Snakes as a Prototypical Stimulus for an Evolved Module of Fear," *Current Directions in Psychological Science* 12 (2003): 5–9.

4. J. Gray and N. McNaughton, *The Neuropsychology of Anxiety: An Enquiry into the Function of the Septo- Hippocampal System* (New York: Oxford University Press, 2000).

5. L. W. Swanson, "Cerebral Hemisphere Regulation of Motivated Behavior," *Brain Research* 886 (2000): 113–164.

6. 所有这些想法都在下面的实验中得到了证实：J. B. Hirsh et al., "Compassionate Liberals and Polite Conservatives: Associations of Agreeableness with Political Ideology and Moral Values," *Personality and Social Psychology Bulletin* 36 (December 2010): 655–664。

法则十二

1. 这在"法则八"中有详细阐述。参见 J. B. Peterson, *12 Rules for Life: An Antidote to Chaos* (Toronto: Random House Canada, 2018)。

2. 我在下列书目中讨论过这个剧作：J. B. Peterson, *Maps of Meaning: The Architecture of Belief* (New York: Routledge, 1999), 319– 320, 以及 Peterson, *12 Rules for Life*, 148。

3. J. J. Muehlenkamp et al., "International Prevalence of Adolescent Non- Suicidal Self-Injury and Deliberate Self-harm," *Child and Adolescent Psychiatry and Mental Health* 6 (2012): 10–18.

4. J. W. Von Goethe, *Faust*, trans. George Madison Priest (1806).

5. D. Benatar, *Better Never to Have Been: The Harm of Coming into Existence* (New York: Oxford University Press, 2008).
6. Jordan B. Peterson and David Benatar, *The Renegade Report*, January 9, 2018, podtail.com/en/podcast/the-renegade-report/jordan-b-peterson-david-benatar.
7. 我在《人生十二法则》的后记中简要地提到了这一点。

译者后记

　　翻译《人生十二法则》耗费了我不少精力，因为它思想深刻、语言精细，完成这项工作颇有挑战。所以当出版方再次盛情邀请我翻译《人生十二法则2》时，我是迟疑的。但这些年来彼得森教授的思想广为传播，许多人受益颇深，我想如果能邀请协作译者来共同翻译，那么一方面可以分担翻译任务，另一方面也可以让热爱彼得森教授思想的读者以这种特殊的方式与他联结，或许正能促成一段佳话。于是我通过社交网络发布了招募启事，消息一出，报名邮件如雪片般飞来。

　　我最终选定的两位译者都长期关注彼得森教授，也拥有出色的翻译经验。鹏程是在4年前初次接触到彼得森教授有关追求至善和肩负责任的观点的，这些观点改变了他的人生态度，也激励他踏上了远渡重洋的旅途。对鹏程来说，参与《人生十二法则2》的翻译工作令他充满了梦想成真的喜悦。这期间他也刚好处于完成学业的人生转折点，这本书带来的力量和宽慰支撑着他走过了紧张而动荡的时光，并再次为他的人生抉择指点迷津。

鹏程不止一次提到，书中的故事让他深感共鸣并为之动容，比如法则四中提到的古埃及神话，其中的英雄之旅让他心潮澎湃。结合自己的亲身经历，他深深认同责任背后蕴含的无限可能。彼得森教授在法则八里讲到自己从育儿经验中发掘出的"童心之眼"也让鹏程触动良多，他由衷地感慨，"当各地的许多事务因为防疫纷纷停摆时，人们依然有可能在生活中发现久违的点滴之美，是何其幸运的一件事"。

翊瑄邂逅彼得森教授是在 2019 年。那时她报名参加了国际乐施会（Oxfam International）组织的百公里毅行者慈善徒步活动，在 32 小时里完成了 100 公里的山地徒步，并和三位团队成员一起筹集了约一万纽币的善款。在准备这场活动时，她遇到了《人生十二法则》并从中获得勇气和智慧，这支持她完成了此项看似不可能完成的身心挑战。自那以后，她开始关注彼得森教授的视频和播客频道，追随他在心理层面进行深刻的自我探索。

翊瑄翻译这本书时的处境颇为波折，独身一人旅居海外，没有家人和朋友的陪伴，对自己的前程纠结不已。翻译此书对翊瑄来说恰是一个治愈的过程。因为彼得森教授正是一边与病魔抗争、一边写完《人生十二法则 2》的，他靠着完成这本书的意念支撑着自己战胜生活中的种种困难。同时，书中的诸多临床案例，也展示了历经苦难洗礼的人们是如何通过心理辅导和改善自我认知来让生活重回正轨的。这让翊瑄意识到，很多问题并不是她独有的，而是普遍存在的，也一定会有解决之道。这给了她希望和鼓励，并让她顺利渡过那段黑暗的时期。

我们三人在翻译《人生十二法则 2》之初就知道这是一个不小的挑战，一方面需要精准理解英文原文，另一方面又要以精炼流畅的中文进行转述，尤其是彼得森教授因为追求言辞精确会添加许多限定性元素，这让译文忠实度和易读性变得难以平衡。带着敬畏心，我们通力协作，以细致、耐心和相互支持的态度共同翻译，力求让本书以最佳状态呈现在读者面前。

激励人心的翻译过程画上句号之际，我们也希望借此分享彼得森教授其人以及这本书带给我们的启发，为读者朋友们抛砖引玉。

作为心理咨询师，我知道在进行心理咨询的过程中，来访者有时需要关注自己、建设自己，但有时也需要咨询师来拉一把，带自己走出迷茫和痛苦。《人生十二法则 2》从功能上就扮演了这样的角色，能给人带来思想上的力量和信念感，帮助人建立自洽和完整的底层价值观，很适合想摆脱困境、走出低谷的人阅读。人们对彼得森教授的赞美与感激正是因为他的文字具有这种功能。

鹏程叹于这本书内容的丰富性，知道很多人读完之后也许无法清晰记得所有细节。因此他建议，读者可以感性地体验其中的叙事部分，在脑海中将其场景化，这有助于自己对相应法则的联想。在生活中遇到似曾相识的情景时，也才能提醒自己避免选择性无视和错误。他还指出，尽信书则不如无书。正如法则七提到的，学成之后的大师不再需要服务于教条，教条反而会为其服务。当听从书中的告诫与建议，认同其背后所根植的道德基础，并通过实践认识到其局限性后，你便能有创见地探索出专属于自己的生活法则，为自己独特的人生境遇指明方向，完成更高阶的自我整合。

翊瑄认为，彼得森教授在书中引用了大量的古籍经典和现代流行文化，通过独特的观察角度带领读者走上一条反思自我和探索生活其他可能性的道路。她也建议读者在遇到这些内容时不妨回归到内容出处，亲自体会一下这些文化符号背后的象征意义。同时，她也向读者推荐彼得森教授在本书中提到的成长史书写项目，它能帮读者通过审视自己的人生，领悟到成长是一个需要勇气的过程。比如当你自强不息，而身边的人却停滞不前时，你就很有可能因此失去朋友和伴侣。但如果你不采取行动，不勇于迈出远离不适合自己环境的第一步，那长远来看，你终将活在悔恨与自责当中。

最近有朋友告诉我，《人生十二法则2》都快出了，他还没读完《人生十二法则》，我劝他不要着急，也不必以阅读效率来苛求自己。如果不是为了早日让中译本与读者见面，我也更愿意把这本书的翻译过程变成一个漫长而细致的思考过程。翻译虽然费神，可我又不断期待着再多读一句，多翻译一句，因为下一句话很可能又会让我停下来，凝视窗外，陷入沉思。毫不夸张地说，这些沉思已经够我写一本同样厚的书了。

最后，感谢两位协作译者与我共享这段旅程，感谢湛庐的大力支持，也感谢读者朋友们的厚爱与耐心。希望大家读完可以有更大的勇气去探索属于自己的人生道路，在沿途中用爱滋养自我和身边之人。就像彼得森教授说的那样，生活是一场艰辛的斗争，但最终是值得的。

史秀雄　张鹏程　杨翊瑄

未来，属于终身学习者

我这辈子遇到的聪明人（来自各行各业的聪明人）没有不每天阅读的——没有，一个都没有。巴菲特读书之多，我读书之多，可能会让你感到吃惊。孩子们都笑话我。他们觉得我是一本长了两条腿的书。

——查理·芒格

互联网改变了信息连接的方式；指数型技术在迅速颠覆着现有的商业世界；人工智能已经开始抢占人类的工作岗位……

未来，到底需要什么样的人才？

改变命运唯一的策略是你要变成终身学习者。未来世界将不再需要单一的技能型人才，而是需要具备完善的知识结构、极强逻辑思考力和高感知力的复合型人才。优秀的人往往通过阅读建立足够大的抽象思维能力，获得异于众人的思考和整合能力。未来，将属于终身学习者！而阅读必定和终身学习形影不离。

很多人读书，追求的是干货，寻求的是立刻行之有效的解决方案。其实这是一种留在舒适区的阅读方法。在这个充满不确定性的年代，答案不会简单地出现在书里，因为生活根本就没有标准确切的答案，你也不能期望过去的经验能解决未来的问题。

而真正的阅读，应该在书中与智者同行思考，借他们的视角看到世界的多元性，提出比答案更重要的好问题，在不确定的时代中领先起跑。

湛庐阅读App：与最聪明的人共同进化

有人常常把成本支出的焦点放在书价上，把读完一本书当作阅读的终结。其实不然。

时间是读者付出的最大阅读成本

怎么读是读者面临的最大阅读障碍

"读书破万卷"不仅仅在"万"，更重要的是在"破"！

现在，我们构建了全新的"湛庐阅读"App。它将成为你"破万卷"的新居所。在这里：

● 不用考虑读什么，你可以便捷找到纸书、电子书、有声书和各种声音产品；

● 你可以学会怎么读，你将发现集泛读、通读、精读于一体的阅读解决方案；

● 你会与作者、译者、专家、推荐人和阅读教练相遇，他们是优质思想的发源地；

● 你会与优秀的读者和终身学习者为伍，他们对阅读和学习有着持久的热情和源源不绝的内驱力。

下载湛庐阅读App，
坚持亲自阅读，
有声书、电子书、阅读服务，
一站获得。

本书阅读资料包
给你便捷、高效、全面的阅读体验

本书参考资料　　　　　　　　　　　　　　　　　　　湛庐独家策划

☑ **参考文献**
为了环保、节约纸张，部分图书的参考文献以电子版方式提供

☑ **主题书单**
编辑精心推荐的延伸阅读书单，助你开启主题式阅读

☑ **图片资料**
提供部分图片的高清彩色原版大图，方便保存和分享

相关阅读服务　　　　　　　　　　　　　　　　　　　终身学习者必备

☑ **电子书**
便捷、高效，方便检索，易于携带，随时更新

☑ **有声书**
保护视力，随时随地，有温度、有情感地听本书

☑ **精读班**
2~4周，最懂这本书的人带你读完、读懂、读透这本好书

☑ **课　程**
课程权威专家给你开书单，带你快速浏览一个领域的知识概貌

☑ **讲　书**
30分钟，大咖给你讲本书，让你挑书不费劲

湛庐编辑为你独家呈现
助你更好获得书里和书外的思想和智慧，请扫码查收！

（阅读资料包的内容因书而异，最终以湛庐阅读App页面为准）

Beyond Order : 12 More Rules For Life

Copyright © 2021 Jordan B. Peterson, by arrangement with Creative Artists Agency, CookeMcDermid Agency Inc., Intercontinental Literary Agency Ltd, and The Grayhawk Agency Ltd. Originally published in English by Portfolio, an imprint of Penguin Random House.

All rights reserved.

本书中文简体字版由 Luminate Publishing Ltd. 授权在中华人民共和国境内独家出版发行。未经出版者书面许可，不得以任何方式抄袭、复制或节录本书中的任何部分。

著作权合同登记号：图字：01-2022-1164 号

版权所有，侵权必究
本书法律顾问　北京市盈科律师事务所　崔爽律师

图书在版编目（CIP）数据

人生十二法则 2 /（加）乔丹·彼得森
（Jordan B. Peterson）著；史秀雄，张鹏程，杨翊瑄译.
-- 北京：中国纺织出版社有限公司，2022.5（2025.6重印）
书名原文：Beyond Order : 12 More Rules for Life
ISBN 978-7-5180-9369-4

Ⅰ. ①人… Ⅱ. ①乔… ②史… ③张… ④杨… Ⅲ. ①人生哲学 Ⅳ. ①B821

中国版本图书馆CIP数据核字（2022）第034192号

责任编辑：刘桐妍　　责任校对：高　涵　　责任印制：储志伟

中国纺织出版社有限公司出版发行
地址：北京市朝阳区百子湾东里 A407 号楼　邮政编码：100124
销售电话：010—67004422　传真：010—87155801
http://www.c-textilep.com
中国纺织出版社天猫旗舰店
官方微博 http://weibo.com/2119887771
天津中印联印务有限公司印刷　各地新华书店经销
2022年6月第1版　2025年6月第5次印刷
开本：710×965　1/16　印张：20.5　插页：1
字数：289千字　定价：89.90元

凡购本书，如有缺页、倒页、脱页，由本社图书营销中心调换